寻

环境设计学科研究生校企联合培养的探索与实践

Seeking

Discovery and Practice of the College and Enterprises Joint Training for Environmental Design Postgraduates

潘召南　肖平　等著

Pan Zhaonan, Xiao Ping, et al.

中国建筑工业出版社
CHINA ARCHITECTURE & BUILDING PRESS

重庆市教育委员会研究生教改项目
Postgraduate Educational Reform Project of Chongqing Education Committee

《四川美术学院设计学科校企联合研究生培养工作站的探索与实践》成果
Achievement of *Discovery and Practice of the College and Enterprises Joint Training for Postgraduates of Design from Sichuan Fine Arts Institute*

四川美术学院 · 深圳广田装饰集团股份有限公司
校企联合培养研究生工作站（环境设计学科）
Sichuan Fine Arts Institute & Shenzhen Grandland Decoration Group Co.,Ltd
The College and Enterprises Joint Postgraduates Training Studio (Environmental Design)

项目管理：四川美术学院研究生处王天祥、四川美术学院设计学院许亮
Project Managers: Wang Tianxiang—Postgraduates Office of Sichuan Fine Art Institute
Xu Liang—Design College of Sichuan Fine Art Institute

学术委员会 Academic Council

（按姓氏拼音排序　In alphabetical order by pinyin of last name）

郝大鹏　Hao Dapeng
琚　宾　Ju Bin
龙国跃　Long Guoyue
潘召南　Pan Zhaonan
庞茂琨　Pang Maokun
王天祥　Wang Tianxiang
肖　平　Xiao Ping
许　亮　Xu Liang
张宇峰　Zhang Yufeng

工作站负责人 Studio Directors

潘召南（校方站长）College Director: Pan Zhaonan
肖　平（企方站长）Enterprise Director: Xiao Ping

导师团队 Tutors

校方 -潘召南　龙国跃　赵　宇　沈渝德
College Tutors: Pan Zhaonan, Long Guoyue, Zhao Yu, Shen Yude

企业 -肖　平　杨邦胜　琚　宾　孙乐刚　严　肃
Enterprise Tutors: Xiao Ping, Yang Bangsheng, Ju Bin, Sun Legang, Yan Su

工作组 Administration Group

校方管理人员 -刘珊珊　蒋智丽　杨丽娟
College Group: Liu Shanshan, Jiang Zhili, Yang Lijuan

企业管理人员 -邓　薇　崔　俊
Enterprise Group: Deng Wei, Cui Jun

进站学生：
王秋莎　罗钒予　雷星月　梁　轩　李　岱　宿　影　易亚运　唐　旗
Participating Postgraduates: Wang Qiusha, Luo Fanyu, Lei Xingyue, Liang Xuan, Li Dai, Su Ying, Yi Yayun, Tang Qi

“川美 · 广田校企联合培养工作站”项目简介

Introduction of the College and Enterprises Joint Postgraduates Training Studio of Sichuan Fine Arts Institute & Shenzhen Grandland Decoration Group Co.,Ltd

四川美术学院 深圳广田装饰集团股份有限公司

校企联合培养研究生工作站（环境设计学科 · 深圳站）简介

Sichuan Fine Arts Institute & Shenzhen Grandland Decoration Group Co.,Ltd
About the College and Enterprises Joint Postgraduates Training Studio (Environmental Design · Shenzhen)

四川美术学院 深圳广田装饰集团股份有限公司 校企联合培养研究生工作站（环境设计学科·深圳站），简称“川美·广田研究生工作站”。川美·广田研究生工作站本着“互惠共享、互利共赢、共同发展”的原则，于2014年5月在中国深圳市正式挂牌成立，是中国环境设计学科第一个校企联合培养研究生工作站。

Sichuan Fine Arts Institute & Shenzhen Grandland Decoration Group Co.,Ltd: the College and Enterprises Joint Postgraduates Training Studio (Environmental Design · Shenzhen) is known as “SCFAI · Grandland Postgraduates Training Studio” for short. Based on the principles of “reciprocal sharing, mutual benefit with win-win strategy and joint development”, SCFAI · Grandland Postgraduates Training Studio was formally established in May 2014, which was the first college and enterprises joint postgraduates training studio of environmental design in China.

宗旨 Aim

充分发挥四川美术学院的设计学科优势和深圳市广田建筑装饰设计研究院的行业优势，双方共建发展平台，共享信息资源、人力资源、科技资源，创新学校人才培养模式、提升企业综合发展实力。

Taking full advantages of design disciplines in SCFAI and leading position of Shenzhen Grandland Architecture & Decoration Design and Research Institute, we aim at building a development platform to share information resources, human resources and technology resources in order to create a new talents training mode in the college and to improve comprehensive development capacity of the enterprise.

运作方式 Operating Mode for Environmental Design Postgraduates

整合高校学科资源和企业社会资源，建立高校与企业合作的平台，通过设计企业的优秀设计师带项目\课题进站，成为驻站导师；在校研究生通过遴选进站的方式，成为进站研究生。驻站导师在企业里指导研究生参与实际项目或者进行课题研究，将最前沿、最实用的经验传授给学生；进站研究生进入到企业实际的工作环境中，实现在校生与企业员工身份的磨合与过渡，通过这种身份的转换实现真正意义的产、学、研结合的目标，并获得在校园里无法学习到的知识与能力。

By integrating college academic resources with enterprise social resources and by building the platform of cooperation between colleges and enterprises, excellent designers will bring in projects to become residency tutors, while postgraduates in school will become residency postgraduates after selection. Residency tutors teach students cutting-edge and most practical experiences by mentoring them in doing actual projects or researches in companies; residency postgraduates fully achieve the goal of combining manufacturing, learning and researching and gain knowledge as well as capabilities that are not taught in school during the transition from a student to an employee in a real working environment.

每期进站研究生实践时间为每年7月至第二年4月(共10个月)，每年5月至6月分别在企业(深圳)和学校(重庆)举行进站学习成果汇报展览。

Each practice period for residency postgraduates is from July to the next April (10 month in total), and there are exhibitions of training outcomes respectively in enterprises (Shenzhen) and colleges (Chongqing) from May to June every year.

建站意义 The Significance of Postgraduates Training Studio

作为环境艺术设计学科国内第一个校企联合培养研究生工作站，针对目前高校设计学科研究生培养与社会企业需求脱节的问题，为高校培养高层次人才创建全新的平台和专业环境，并为建站及进站企业所需高层次、核心竞争人才及核心队伍建设提供坚实和可持续保障。

As the first college and enterprises joint postgraduates training studio of environmental design in China, the Studio gives attention to the gap between design postgraduate education in college and the demand of enterprises in society and then provides a new platform with professional environment for colleges to cultivate advanced talents so as to give firm and sustainable supply of advanced talents and teams with core competitive capacities to meet the demand of residency enterprises.

川美·广田研究生工作站将通过建立院校、企业联盟的方式，促进企业与高校的广泛合作与交流；创新设计教育高端人才培养模式，推动设计教育与设计行业接轨；传承中国设计精神，激发青年学子实现设计强国的梦想与热情。

Through the cooperation between colleges and enterprises, SCFAI · Grandland Postgraduates Training Studio will promote cooperation and communication between enterprises and colleges, create a new mode for high-end design talents training to promote the integration between design education and design industry, inherit the Chinese design spirit and stimulate young students' dream and passion to make China a strong country of design.

四川美术学院 深圳广田装饰集团股份有限公司

校企联合培养研究生工作站（环境设计学科·深圳站）站长简介

Sichuan Fine Arts Institute & Shenzhen Grandland Decoration Group Co.,Ltd
Studio Directors of the College and Enterprises Joint Postgraduates Training Studio (Environmental Design · Shenzhen)

潘召南

Pan Zhaonan

毕业院校：四川美术学院

工作单位：四川美术学院

职务：四川美术学院创作科研处处长

专业职称：教授、资深室内设计师、国际 A 级景观设计师

代表性作品与获奖经历

■2010 年 10 月，作品“丽江古城民居风貌旅游度假酒店（五星级）建筑、环境、室内设计”获首届中国国际空间环境艺术设计大赛“筑巢奖”铜奖。

■2012 年 10 月，设计作品“重庆中国当代书法艺术生态园规划设计”获中国美术家协会环境艺术委员会主办第五届“为中国而设计”最佳创意奖。

■2014 年 1 月，主持成功申报科技部“十二五重大国家科技支撑项目——中国传统村落民居营建工艺保护、传承与利用技术集成”。

■2014 年 11 月，合作作品“四川美术学院校园环境设计”获第十一届全国美展铜奖。

■2014 年 5 月，完成重庆科技学院艺术馆建筑方案设计。

专著与教材

《生态水景观设计》，西南大学出版社；《室内设计师培训考试教材》，中国建筑工业出版社；《景观设计师培训考试教材》中国建筑工业出版社。

发表论文

《消费时代的消费设计》；《在生活中寻找设计的原点》；《趋同与不同——关于城市环境中的人文意义》等。

个人荣誉

■2004 年 8 月，被中国建筑装饰协会评为首届全国杰出中青年室内建筑师。

■2005 年 4 月，被感动中国建筑设计高峰论坛评为“中国最具影响力的设计师”。

■2006 年 3 月，被中国建筑装饰协会评为“全国资深室内建筑师”。

■2006 年 9 月，劳动部与国际商业美术设计协会授予“A 级景观设计师”。

■2015 年 3 月，获国家级奖项“2014 中国设计年度人物”。

设计主张

功能与形式

当我们面对一个项目时常常先考虑项目本身的使用功能问题，而后再考虑视觉形式与文化的问题，这已经是惯常的设计程序，这也是现代设计的基本法则（1837 年美国雕塑家格林若斯第一次提出形式服务于功能）。但这里存在两个问题，一个对象将被进行两次不同目的分解处理，先功能、后形式，而没有把设计目标放在整体的层面上思考。所谓整体即将多种系统的功能与形式贯穿于设计的始终，而不是孤立的。

设计的社会角色

设计师都有自己的理想，但我们要清醒地认识到设计在社会工作中的任务和角色。设计不能给人们创造幸福和快乐，设计只能通过设计师理解的方式创造让人们找寻快乐的条件，只有通过自己在体验环境条件的同时才能感受到是否快乐。这要求设计师在设计时必须拟己化，打动自己、体验到快乐，才能打动他人，让他人感到快乐。这是设计的伦理，也是设计的方法。

关于创新

设计最可贵的是创新，但不是凭空想象，不是所有的新事物都是有价值的，我们之所以感到责任之重、工作之艰苦，是因为限制太多、条件相同、要求相似、方式相近，而教条一样。因此，我们要通过自己的认识、体验、理解、判断，去寻求突破、创新。这是最艰辛，也是最有价值的劳动。

肖 平

Xiao Ping

毕业院校：四川美术学院

工作单位：深圳广田装饰集团股份有限公司副总经理，深圳市广田建筑装饰设计研究院院长、董事、创意设计总监

行业荣誉

中国建筑装饰协会设计委员会执委会委员。

四川美术学院设计学（环境艺术）专业硕士研究生导师。

中国建筑装饰协会专家库专家。

个人荣誉

■ 2014年第九届中外酒店白金奖2014年度高端酒店终身荣誉设计师。

■ 2013 第五届"照明周刊杯"中国照明应用设计大赛特等奖（全国唯一金奖）。

■ 2013 年度中国室内设计卓越成就奖。

■ 2013 年度室内设计行业杰出贡献奖。

■ 2013 年中国酒店创新峰会 2013 年度杰出影响力酒店行业设计师。

■ 2012 年度全国有成就的资深室内建筑师。

■ 2012 年第七届中外酒店白金奖。

■ 2012 年度十大国际酒店设计师。

■ 2011–2012 年度第二届国际环艺创新设计大赛十大最具影响力设计师。

■ 2011–2012 年度第二届国际环艺创新设计大赛十大最具创新设计人物。

项目荣誉

2014 年主持设计"遵义宾馆"荣获 2014 年亚太第五届中国国际空间环境艺术设计大赛"筑巢奖"酒店空间方案类金奖。

2014 年主持设计"遵义宾馆"荣获 2014 年度中外酒店白金主题酒店设计白金奖。

2013 年主持设计"成都太平洋国际饭店"荣获 2013 年亚太第四届中国国际空间环境艺术设计大赛"筑巢奖"酒店空间方案类金奖。

2013 年主持设计"三亚亿隆温德姆至尊酒店"荣获 2013 年亚太第四届中国国际空间环境艺术设计大赛"筑巢奖"优秀奖。

2013 年主持设计"月亮湾滨海旅游度假区一期建设项目展示中心工程项目"荣获 2013"居然杯"CIDA 中国室内设计大奖公共空间·商业空间奖。

2012 年主持设计"三亚亿隆温德姆至尊酒店"荣获 2012 年度中外酒店最佳精品酒店设计白金作品奖。

2012 年主持设计"天津恒大绿洲餐饮、娱乐、运动中心"荣获第七届中国国际设计艺术博览会"华鼎奖"餐饮娱乐空间类一等奖。

2011 年主持设计"上海恒大会所"荣获 2011 年亚太第二届中国国际空间环境艺术设计大赛"筑巢奖"餐饮与娱乐空间方案类金奖。

设计主张

讲一个故事，先打动自己，再去感动别人；做一个产品，自己先试用，再推向市场。设计无优劣之分，只有不足之处，好用、好看，匠心精湛，别无他求。

杨邦胜
Yang Bangsheng
毕业院校：清华大学美术学院环艺系
工作单位：YANG 酒店设计集团
职务：YANG 酒店设计集团创始人、设计总监
专业职称：高级室内设计建筑师

设计主张

创意的根源

对客户的尊重并不等于要无条件满足业主的任何要求。做设计不能没有原则，一味满足业主不正确的需求，只会让设计面目全非，浪费业主的资金，最终损害客户的利益。所以做设计要先做人，人正作品才直。人只有一片心灵的纯净，才能容纳世间更多美好的事物，才能产生智慧。而这些都是帮助我们创意的根基，也只有保持自我内心的本真，才能让我的作品更有力量。

设计的最高境界

设计的最高境界是将自然融入其中，这里所说的自然，是一种“重天成，反生造”的理念，使设计给人以无状之状的感觉，看不出经过刻意设计，好像把某样事物还原了，但又似乎有所不同，设计充满灵气，而不只是匠气。

孙乐刚
Sun Legang
毕业院校：法国 CNAM 学院
工作单位：广田装饰集团股份有限公司
职务：董事、副院长、一分院院长（兼）
专业职称：高级室内设计建筑师

设计主张

设计首先是实用美术的范畴，是要为人服务的，开展一项设计，再好的理念也应满足这项基本要求，设计师应站在生活的前沿，适度、适时地把新的生活方式和新的体验融入设计中，带给使用者全新感受。好的作品如一缕清风，吹及内心，好的设计也应体现投资方的价值需求，是艺术表达和使用要求的合体。

严　肃

Yan Su

毕业院校：瑞士伯尔尼应用科技大学建筑硕士，北京林业大学景观设计研究生

工作单位：深圳市广田建筑装饰设计研究院

职务：深圳市广田建筑装饰设计研究院副院长，五分院及园林景观分院院长

设计主张

设计有所为，有所不为。

可持续设计虽然社会提倡，大家耳熟能详，但要把各种资源之间的关联性、互补性、差异性因地制宜地组合在一个项目里，却不是件容易的事，也不是设计师单方面就能完成的。怎样才能把可持续设计手法运用于实践当中，怎样与商业的地域文化、现代文化相结合，却又不生硬地喧宾夺主，而是巧妙地隐于其中。可持续设计提倡的节能、舒适性，是否与我们传统的建筑理念有相通共生之处？

"天人合一"是可持续设计理念最新也是最古老的解读——天：我们的环境；人：环境中的我们；友好的、舒适的、优美的、共生共荣……

琚　宾

Ju Bin

HSD 水平线室内设计有限公司（北京｜深圳）创始人、设计总监，中央美术学院建筑学院、清华大学美术学院实践导师，高级建筑室内设计师

设计主张

致力于研究中国文化在建筑空间里的运用和创新，以个性化、独特的视觉语言来表达设计理念，以全新的视觉传达来解读中国文化元素。

在作品中，将"当代性"、"文化性"、"艺术性"共融、共生，以此作为设计语言用于空间表达。从传统与当下的共通、碰撞处，找寻设计的灵感；在艺术与生活的交错、和谐处，追求设计的本质。在历史的记忆碎片与当下思想的结合中，寻找设计文化的精神诉求。

序 Preface

寻——设计学研究生教育改革的理想与路径

庞茂琨
Pang Maokun
四川美术学院油画系教授，四川美术学院党委常委、副校长，中国美术家协会会员，中国油画学会理事，重庆美术家协会副主席

四川美术学院研究生教育改革，与兄弟院校相较，既面临中国高等教育共同的背景与主题，也有与兄弟院校完全不同的问题与机遇。

共同的背景与主题在于：

大数据、智能化、微生活，社会发展日新月异。

转型、升级、发展，成为“十二五”时期我国经济社会发展主题词。

分类培养，提升质量，是我国全面深化研究生教育改革的着力点。

不同的问题与机遇在于：

一是，2011 年艺术学学科门类独立，艺术学学科规范亟待建立。

二是，截至 2014 年，全国开设艺术设计类专业院校已逾 2000 所，高等艺术教育大众化背景下的研究生教育在质量标准与数量扩张方面都迎来了严峻挑战。

三是，艺术与科技的跨界融合，为我们的社会生活带来巨大变迁。国家文化创意类产业政策的密集出台，昭示了社会对高层次艺术人才的急切需求。

四川美术学院研究生教育正是在这“三同三不同”的背景下展开。四川美术学院设计学科的研究生教育改革，路在何方？抓手在哪里？

四川美术学院研究生教育改革的重点，可以归纳为二：

一是分段培养，二是开放培养。前者从时间视角，突出不同学年不同重点；后者从学科与空间视角，突出跨学科培养、校企联合培养等探索。

本次在中国改革开放前沿，中国设计之都深圳，与深圳最大的建筑装饰企业共建环境设计学科校企联合培养研究生工作站，是学校研究生教育改革的重要探索。“寻”，恰如其分地形容了这件事情对于学校乃至与设计学科研究生教育的重要意义。

“寻”，是一种态度，是一种主动的探寻。

“寻”，是一个过程，是一个不断摸索合理合适途径的旅程。

“寻”，是一种理想，是一个不断向育人目标抵达的梦。

目录 Contents

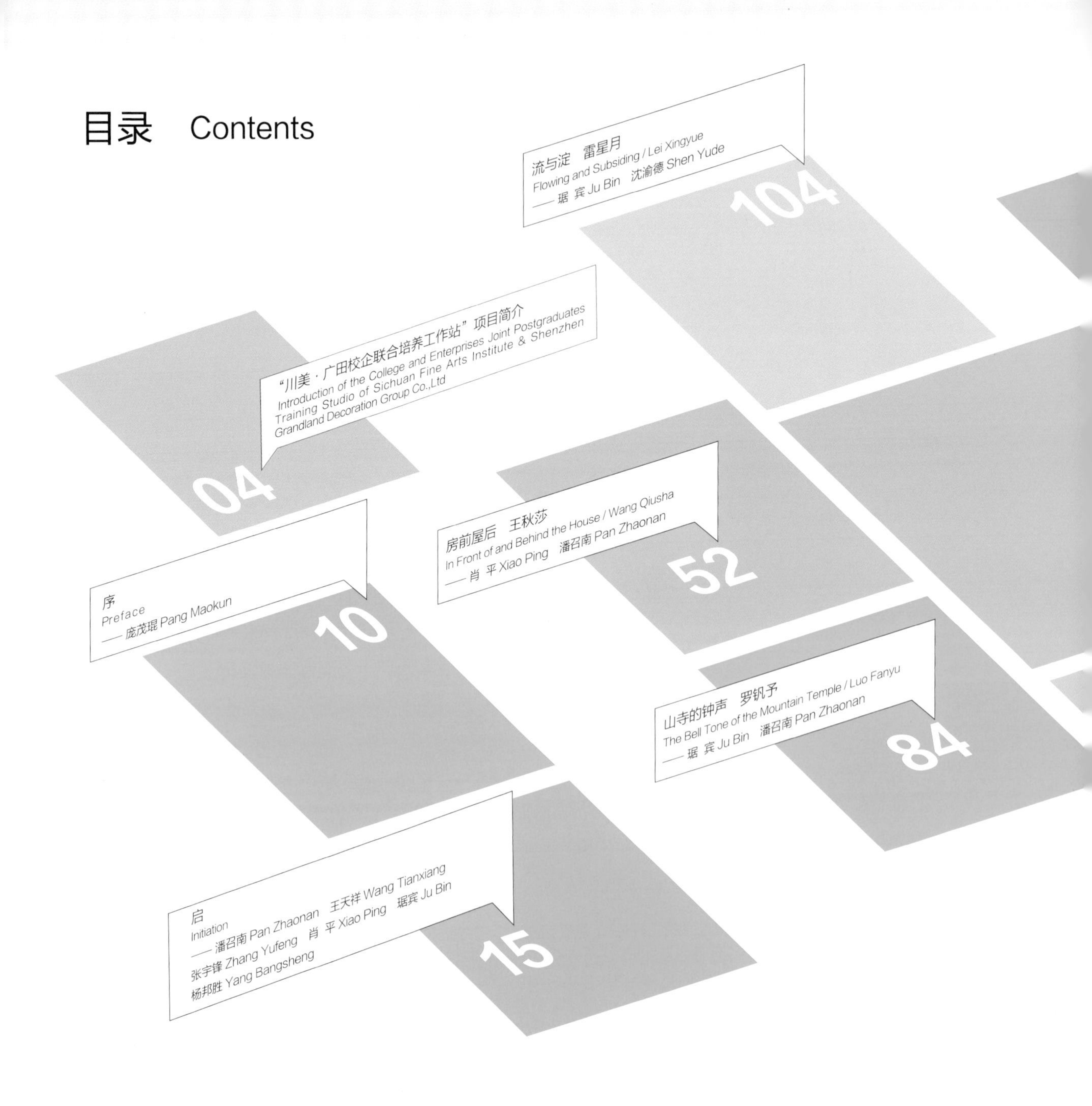

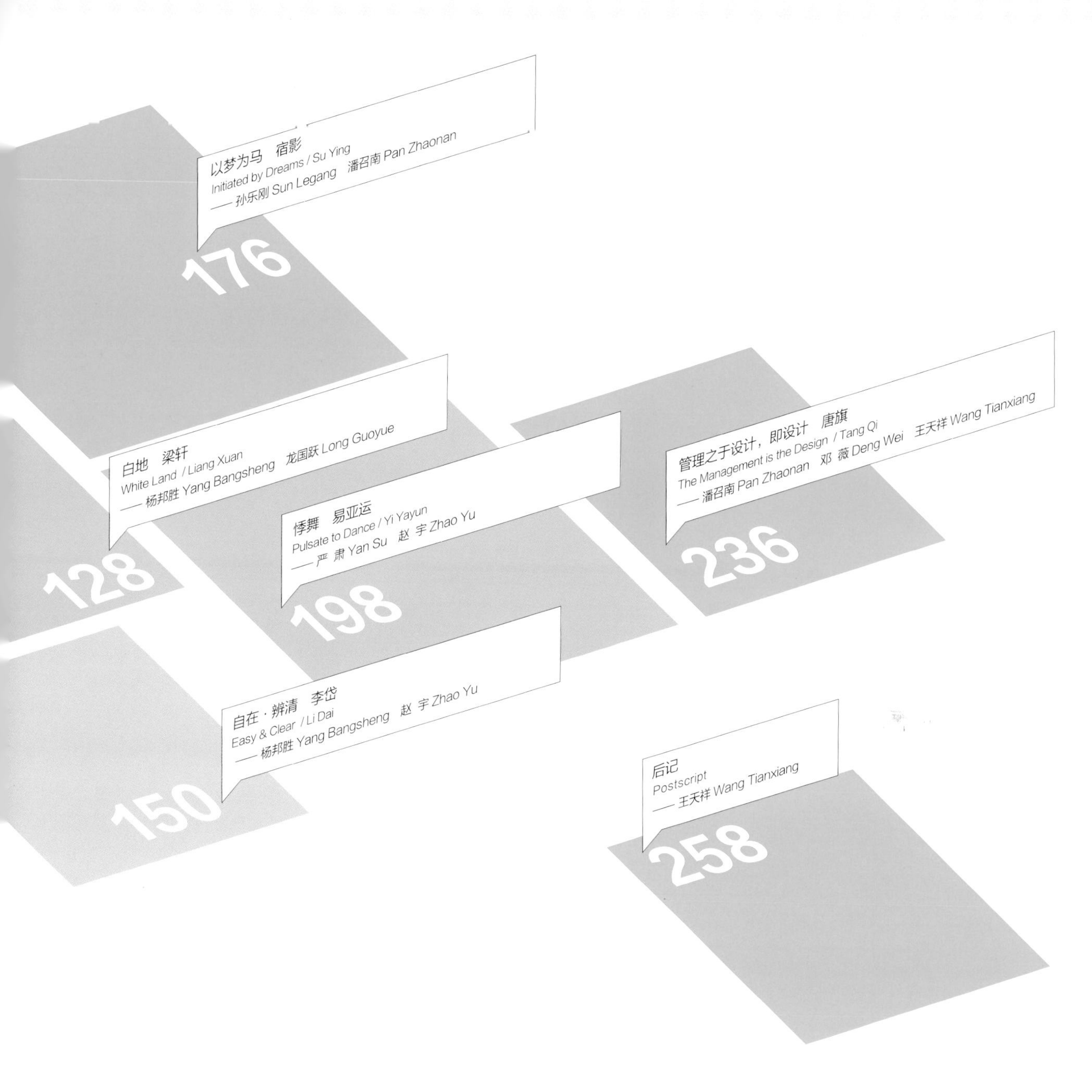
以梦为马　宿影
Initiated by Dreams / Su Ying
—— 孙乐刚 Sun Legang　潘召南 Pan Zhaonan
176
白地　梁轩
White Land / Liang Xuan
—— 杨邦胜 Yang Bangsheng　龙国跃 Long Guoyue
128
悸舞　易亚运
Pulsate to Dance / Yi Yayun
—— 严 肃 Yan Su　赵 宇 Zhao Yu
198
管理之于设计，即设计　唐旗
The Management is the Design / Tang Qi
—— 潘召南 Pan Zhaonan　邓 薇 Deng Wei　王天祥 Wang Tianxiang
236
自在 · 辨清　李岱
Easy & Clear / Li Dai
—— 杨邦胜 Yang Bangsheng　赵 宇 Zhao Yu
150
后记
Postscript
—— 王天祥 Wang Tianxiang
258

启　Initiation

潘召南
Pan Zhaonan

四川美术学院设计艺术学院教授

一、事件的发生——由展览引发的思考

如果说一个展览是引起话题的条件，那么学生作品年展则是暴露教学问题的起因。

又到一年一度组织学生年展的时候，这种常态化的规定动作，就像夏天的蚊虫、秋天的枯叶那样准时，具有生态化的特征。对于我们组织者来说，由于活动本身缺乏针对性，使展览整体显得无聊和漫不经心，尤其在设计类研究生作品部分，所呈现出来的水平很难说服我们从事研究生教学的自己，难道这就是我们培养的高层次学生的作品吗？这些东西大部分不能从本科生水平中区分出来，这样的展览意在何为？

展览依旧到时间开办，热热闹闹，各个院系负责人和学校领导依旧参加开幕式、评审出优秀作品、颁奖等例行仪式，程序完整。按不同学科作品数量的比例评出奖项，获奖的学生仍然高兴满怀，完成了学分、得到奖励。在工作室临时展场的空间中，斑驳的墙面上，高高低低挂满了大大小小制作粗糙、课堂练习式的作品，在昏暗的光线下杂乱地摆放在一起，有点像杂货铺。

这让我想起28年前在美院读书时的一次展览经历，一群瘦骨嶙峋、精力旺盛的学生，在自己的宿舍和租的民房里，满怀理想地宣泄着自己的青春。无论是学油画、版画、雕塑或是学工艺美术设计的学生，都坚信自己是艺术家，坚持绘画创作是升华精神世界的信念，这样的意识和行为成为当时四川美术学院校园的一种风尚，也成为影响后来教学的一种传统。不管你是即将要毕业、还是刚进校，在这种氛围的感染下，学生们常常在一起讨论，并积极地、天真地、固执地将思考与理解通过单纯的绘画创作方式表达出来。这种丰富的思想碰撞和单一的表达路径构成了那一时期奇特的川美人文景观。

那个时候，我们期望有一个我们自己的展览，将这些自认为是创作的东西公诸于社会，至于目的是什么我们真不知道。于是，我和一群同学为此找到学校陈列馆馆长王官乙教授，把这个愿望反映出来，以求得到校方的支持。王馆长是一个随和的艺术家，对学生们的不安分的想法很理解，作为当年创作震惊中国的群雕《收租院》的主要作者之一，想必他也是有过不安分的经历。他将我们的想法很快汇报给了学校，当时的四川美术学院院长是著名雕塑家叶毓山先生，他是一个开明的领导，对学生的关爱出自于内心，这种印象在后来发生的一些事件中得到了验证。学校认为这是件值得鼓励的好事，对我们非常支持，并把一层大厅给了这帮不知天高地厚的学生。真把我们高兴坏了，一群人像炸了窝一样四散开来，而后又像疯子一样举着自己的画从宿舍、教室、街上的民房奔向陈列馆。希望能占到一个好的位置，能挂上自己的画，这应该是四川美术学院第一届学生自选作品展，没有组织，没有干预，只有学生们的热情和久久不能平静的兴奋。

好像很多同学都有不少的作品，大部分都是课余的画作，油画、版画、雕塑或是装饰画，但国画，设计很少，或许学生们认为这些形式过于传统，或者不能表现观念和思想。不画画又能干什么？学设计的同学也没有真正学到与市场和社会发生关系的设计，因为改革开放初的中国还没有真正意义上的设计，我们是在学如何画设计，还是在画画，画画成为当时学生学习、思考、娱乐、生活的主要行为方式。这是一种非常简单的生活、学习方式，它影响了我们一批人的思维，甚至到现在，我仍然局限于形象化的思维考虑问题，不知道是好或是不好。

1. 发现必须面对的问题

反观现在，学生们大多手上没有自己课余时间创作或是设计的作品，由于学校要求和学分的压力，因而拿来参展的东西几乎都是课堂作业，于是这个学生作品联展便成为研究生和本科生的教学汇报展。从 28 年前的那一次展览到近些年的学生年展，已经无法平行、对应地比较它们之间的好坏。就像美国的独立战争不能同海湾战争相提并论，安格尔不能与安迪・沃霍尔做类比一样，唯一可比的就是热情与状态。现在的学生们生活在资讯极其丰富的信息时代，生活方式、受教条件、社会条件等已经产生质的区别。虽然是 28 年不长的间隔，但对于中国几乎是农耕文明到工业文明的巨大差异。在这样的背景下学生的知识结构被不断地系统化、格式化、模式化，以求用所谓科学的、规范的方法解决艺术人才培养的问题。

我从 1987 年毕业留校至今，工作从轻松到忙碌，教学课程从 1、2 门到 5、6 门，学生从十来个到几十个。我的工作状态反映出学生们的学习状态，他们被五花八门课程和作业安排得死死的，疲于应付一个又一个专业课程和作业，少有更多的闲暇考虑课程以外的事情，这几乎延续从小学到高中的中国基础教育方式。这种匆匆忙忙的填鸭式的教学，迫使学生接受了许多来不及吸收消化的知识，却让他们丧失了主动的思考和漫天的想象，消磨了对生活的好奇与热情。

从展览大部分作品反映出学校设计学科本科教学的某些现象，学生的专业知识相较于我们那个年代要丰富得多。各种不同的课程增加了学生们对不同方面的认知，因而在作业上反映出他们所学和所想，还能看得出教学的要求和一些缺少冲动的想法。但在研究生的参展作品中从能力和知识面上却反映出不尽如人意的一面，学生们普遍进步缓慢，三年的学习漫不经心，知识水平与专业能力不能明显高于本科生，造成的原因我想有这样几个方面：

（1）如何改变基础教育所造成的主动学习与独立思考能力下降的问题

我们的学生从小到大一直都被老师、家长安排怎样去学习和生活，所学知识大多来自于课本的标准答案和生活经验，习惯于被灌输，而鲜有主动寻找、思考、发现的思想。因此，课程教学成为学生在校期间主要的知识来源。而到研究生层次教学方式则采用西方教育的导师制教学，以发挥学生主动发现问题、思考问题的问题教学模式替代了传统的课程教学模式，这一转变使学生与老师显得不在状态。虽然也有培养计划，但是，从本科生每天被安排的课程学习状态到研究生的真空自主学习状态，松懈和缺乏自我管理成为研究生们普遍的现象，大多数学生不知道该如何去学，学什么；导师在制定培养计划上缺少系统性和针对性，面对学生的教育经历和不同的能力背景如何给予引导，能够点燃学生主动学习的热情，并重塑他们的独立思考能力。

（2）欠缺对专业和职业的认知与了解

设计类学科从本科到研究生大多都是从学生到学生，对专业到职业的转变知之甚少，鲜有本科毕业经历几年工作和思考后再进校研读的，有清晰的目标和学习要求。缺乏从业经历使得研究生对读研的目的、专业特征、职业流程和课题研究的深度难有确切的认识。研究生学习虽然形式上有别于本科教学，但意识上和性质上仍然关在校园，按照导师安排的内容、时间、要求指导听课，这无疑是本科的延续，而没有真正进入研究学习的状态。

（3）缺少可供培养研究的实际项目

学校虽然不是企业，不能追随市场，但作为应用类学科的设计却不能无视企业的用人需求而脱离市场。设计学是一门具有应用性、市场性、时代性和时尚性特征的学科，设计研究必须遵循其特征规律进行。研究生们在本科阶段已经接受了相关设计专业的基本原理、方法的学习训练，掌握了一定的专业基础知识，但上升到研究生层次的专业学习却明显乏力。学校虽然在培养方案上明确了方向性的要求，在导师的具体培养计划中或教学执行过程中却因人而异，研究的课题大多是虚拟的，或者是遇到导师有什么项目就以此为研究的对象，随意性强，常常导致研究生在二、三年级时的学习缺乏系统性和针对性，出现学生专业能力与水平参差不齐，研究方法和思路眼界遭遇瓶颈。本科的课程教学到研究生的问题教学，这是一个质的区别，师生之间的虚拟假设仍然处于被动的思考，而缺少主动的发现，只有通过现实项目的带动才能真正进入实际问题的发现、分析、解决的研究情境之中，才能让学生举一反三地认识专业、职业，认识自己的发展方向，并有目标地建设自己。

（4）专业硕士与学术硕士的趋同性培养

自 2010 年学校已经开始进行学术硕士与专业硕士的分类招生培养，由于学制相同（3 年），在培养方案和培养计划上没有做到实质上的区别，其原因：首先是认识不足，对这两类研究生应有的培养方向理解含混，没有认识到设计学科研究生层次应用型人才培养的职业能力和学术型人才培养的研究能力与理论素养之间的区别；其次是没有预设好针对不同培养目标所需要的基础条件和路径。因此，这种名义相异实则相同的培养方式，暴露了我校乃至中国多数高校设计学科研究生教育的普遍诟病。在中国经济飞速发展的今天，设计从来没有这样受社会重视，而我们却没有真正利用好行业、市场、企业的资源，用心去发现各方对人才诉求和自身发展目标，并将这些需求与人才培养发生各种关联，以不同方式结合起来，形成可供教学利用的资源，同时又是各参与方的利益共同点，实现具有实际意义的产、学、研合作模式，而不仅仅是一个口号和愿景。只有这样，设计的各个专业在研究生层次的培养才能厘清不同目标下的教学系统，才能明确地保障专业硕士与学术硕士的基本能力、素质和水平。

（5）导师的问题

面对多元而丰富并不断发展的设计学科，师生将同样面临时代对其知识与能力、理论与实践、专业与市场的各种检验。就设计学科不同专业研究生应有的知识结构而言，没有任何一个学校和导师能够完全满足学生所需面对未来的知识与能力的全面培养。在就读期间，学生的本分是如何去学，学什么；导师的本分是如何去教，教什么。对于长期习惯于经验性理论知识讲授并结合案例进行对应分析的导师，他们中的大部分人长期疏离设计一线的现场，虽然也时常参与设计实践活动，但由于其身份和教学工作的压力，使得他们不能、也不可能全身活跃在设计的市场之中。面对设计在今天的状态，专业与行业发展的现状，材料与技术的发展给专业理论带来的变化，市场需求导向的变化等，不断发生、涌现的新现象、新问题，这些正是学校和导师们所欠缺的，也正是学生需要而我们不能满足的缺陷。如何将设计理论与应用实践相结合，使研究生的选题研究有的放矢，这不仅要求导师在自身能力与水平建设上加强，同时要引进企业优秀设计师进入导师队伍，形成知识维度丰富的导师团队，以他们鲜活的现场经验和高水平的专业设计能力，充实教学内容，弥补校内导师的不足。

（6）教学方式的问题

多年以来学生们对于读书即在校园学习的现状习以为常，坐在教室研究设计，除了根据书本画册对已有的案例进行泛泛的了解之外，缺乏实践经验的学生很难从这些书本和案例中主动发现自己需要的东西。长期形成的理论讲述结合案例教学，看似理论联系实际，这在基础原理学习阶段尚可采用，但在研究生层次的教学上却暴露出明显问题。首先，案例教学是一种先入为主的逆向式教学的路径，从成果进入，再向过程推导，最后到问题的起因和概念原点。对于仅有基础理论知识的研究生，很容易被案例形式所吸引，以有限的理论知识和理解力对应大师的经典作品，折服于一个又一个的高峰，从而丧失自我想象的主动性。其次，案例教学使学生很容易找到自己喜欢或流行的一种范式，提供了一种标准答案，这种教学方式极易培养学生走捷径、少思考、重形式、不创新的惰性习惯。

（7）地域条件的问题

如果说四川美术学院的艺术成就得益于重庆这个偏安一隅、相对自由、质朴的地域基因，那么设计的低水平现状则受限于区域经济长期欠发达、思想意识落后、市场化程度不高、设计行业整体水平低下等因素的影响。本土优质设计企业较少，更缺乏在国内同行业中有影响的领军企业，在这样的环境下，自然就难以产生有影响的优秀设计师。行业缺少标杆、学生没有榜样，这不能不说是人才成长的缺憾。重庆作为中国西部唯一的直辖市，经济文化的引导作用是辐射整个中国西部地区，设计是反映区域社会文明和生活水平的重要因素，其发展与教育程度的高下与重庆在中国经济社会发展布局的地理价值的重要性上不相匹配，与四川美术学院这所西南唯一的专业艺术高校的影响不相匹配。我们的学生来自于全国各地，毕业后又将带着四川美术学院的标签走向全国各地，我们暂不说培养他们具备全球视野的专业眼界，就地域设计行业落后的现状条件将局限他们的眼界。环境影响人，我们如何能够跳出地域不足的行业条件，让研究生在受教过程中得到优质企业的设计、规范行业的要求、优秀设计师的服务等良好的影响。

2. 思考如何解决问题办法——开展调研分析

这些问题已经形成多年，它长期浸泡在研究生教学体系中，使研究生培养难有作为，也可以说是我们的教学体系造成了这样的结果。面对这些症结我们试图去改变它，从教学的程序与方法上去改变它，从培养什么样的人才这个源头问题开始理解，到如何培养这个路径方法问题，再到他们应该具备什么样的能力与水平的结果问题。根据重新认识和反省的结果，对不同培养阶段进行系统检查，并希望通过找到一个问题的支点切入，以此撬动系统的逐渐改变。

（1）查找问题的关键节点

而发现这个切入点是如此之难，因为它不是单一的、孤立的问题所在，它应该是具有系统病症的典型性和代表性，这样才能找到解决问题的路径与方法，有效地展开后续的工作。经过同关心此事的朋友、老师聊谈和思考，发现这个关键点在于人才培养的目标与培养方式的错位。由于目标设定的含混（学术硕士与专业硕士），导致培养路径不明确，依旧延续传统的教学方法，既没有在教与学相长中提升学科理论、加强学术研究水平，也没有在课题研究中提高学生应用实践能力和专业综合素养。从这个问题节点上牵连出以上 7 个方面的突出症结，并根据 3 年培养的先后程序，分阶段地逐一追问，由此归结出解决问题的有效途径。

（2）追问问题产生的因果

设计作为应用型学科，不了解应用的现实状况，何以做深入的课题研究。研究生研究什么？这本身就是问题，设计应该从设问开始，设问则应该来自于对现实生活的了解与思考，这需要师生们走出校园到社会生活中去发现问题，这样的设问才有意义，才能够培养学生深入研究和解决问题的能力。

从本科到研究生的学习期间，都有过外出调研、考察、实习的经历，但实际的体验则是走马观花式的浏览或观光，少有目的明确、要求清晰、针对性强的实践活动。从虚拟课题到假设目标、从调研采集到设计研究，整个过程始终都是在缺乏现实依据下展开的演练。无法从社会需求的事实角度，研究推导出设计未来的价值作用和理论意义。社会需求只有从真实的生活体验中得到，而这种体验要转换成有现实作用的设计原因，则是通过对市场的介入才能获取，长时间坐在教室、宿舍、图书馆只能解决知识问题，不能解决能力问题。由此看来，我们的应用学科的研究生教育至少在能力培养上出现明显的短板。而能力的体现是多方面的，在研究生培养方向上教育部对此有针对性的明确表述，对于各个学校在具体理解各有不同，但执行教学的方式上基本一致，因而出现的问题几乎一样。就其培养能力要求而言，无外乎三个方面：一是发现问题、分析问题的能力（设计观察能力）；二是研究问题、解决问题的实践能力（设计执行能力）；三是理论研究能力（设计创新能力）。如果说我们的教育在能力培养上出了问题，就应该找出哪方面的原因。首先，发现问题、分析问题的能力是设计形成的原点（眼界），看多远决定走多远，以什么视角观察问题、分析问题，为设计判断找到支撑和依据，其方法的对错、能力的强弱，是决定设计成败的关键，而在此方面却未引起我们足够的重视。其次，设计能力始终是学生专业综合能力体现，本科由于课程内容庞杂、课时短暂、针对性训练难以深入等因素导致学生设计能力仅仅停留在方案的层面，到研究生阶段，有时间、有条件，却没有具体培养的方案，没有让学生认识到设计是针对什么问题、解决什么问题而形成的必然结果，设计应该如何提出要求、如何深入、如何完成，始终缺少培养这种能力的有效手段，加之对设计前期观察能力培养的忽视，使得研究生的设计起点、能力水平不能从根本上区别于本科生。再次，理论研究能力是研究生层次的标志性能力特征，但长期在研究生教学上注重理论知识的灌输，少于理论研究能力的培养，如何将理论知识转化为具有自己在专业上独到的认识和理解，形成有价值的理论成果，这是考量研究生创新能力的重要因素，没有理论研究的进步，就无法实现设计创新，就容易导致设计成为谋生的手段，在不同的项目间采用相同的方式相互搬用。严格意义上讲，我们在这三个方面都没有展开认真系统的思考，研究三者之间的内在关联与相互逻辑，在教学中缺乏针对性的训练，也没有找出有效的培养途径。

（3）找到解决问题的途径——开始一个设计

近几年我一直在留意在企业的设计实践中一步步成长起来的学生，不断地走访那些学生和企业老板、设计师，了解他们的成长经历，以及学生在企业中所面临的问题，针对这些问题企业所采取的措施及要求，如何用最短的时间有效地改变学生身上的毛病，使他们尽快地融入团队之中。我发现，一个企业也是一所学校，只是没有固定的教室和固定的老师，所有进入到其中的人，不管有无工作经历首先要学会融入，融入团队、融入项目、融入相互间的工作状态中。企业通过具体的项目工作让学生们把要学会的、要思考的、要改变的、要具备的都尽可能快地建设起来，让工作的压力和生存的压力使每一个人自觉地学习，这真是一个行之有效的办法。一个本科毕业生，经过 3~5 年的锤炼就可以成为一名独立的设计师。反观研究生培养，3 年是否能成为一个独立面对工作的人？他们的能力与素养是否能够应对未来的挑战？从以往的经验上判断是否定的。

A 对改变教学方式的可能性思考

那么，对于学生成长需要，而学校又不能提供的培养条件，是否可以借助企业的力量，运用他们的方法，进行分阶段联合培养，让学生融入团队、融入项目、融入专业状态，从现实的角度、市场的角度、企业的角度、服务的角度，去观察、思考、解决、梳理所面临的问题，包括自己的问题。

设想在一个大型企业中建立一个研究生联合培养的基地，让设计企业的老总、有成就的设计师作为研究生们的导师，以他们的设计经验、能力、学识，言传身教，并以现实项目为培养课题，直接让学生从学习状态进入工作状态。这种方式应有别于走马观花式的短期实习，既让学生理解了专业与职业的关系，又使设计教学具有充实的内容、明确的目标、鲜活的过程、艰苦的经历和具体的成果，同时为企业培养、建设自己的核心团队提供可能。这样有利于各方面的教学思路一经考虑成形，让自己兴奋不已，从发展方向上看应该是符合未来中国应用学科教育走向的，从参与各方的诉求上看这个想法兼顾各方利益，具有广泛的合理性。但这个想法毕竟没有经过论证，没有在所涉及的相关部门和相关人的范围内进行讨论，仅仅是一个概念。

B 对选择专业进行实验的可操作性思考

从可操作性上分析，它实在是难度较大。

第一问题就是设计学科是一个由多个不同专业学科构成的交叉领域，没有任何一个企业能够满足所有设计专业的培养要求和承担管理的压力。作为一项教学改革的探索性实验，也不适合从一开始就全面铺开，这样容易导致问题过大难以应对。因为，设计的各个专业都关联着不同的行业，自身面临的行业特征各异，研究生联合培养的方式与要求也不尽相同。因此，选择从什么专业入手开展这个尝试，成为探求实验的可操作性的关键。从学校设计类的二级学科研究生教育的现状上看，所面临的问题基本相同，与企业发生关系也多在教师个体的项目合作方面，通过这种实属偶发性的项目合作过程中结合研究生课题研究进行培养，难以改变研究生教学的整体面貌。既然这个问题发生在我，而我又是教环境设计专业的教师，对室内、景观等行业情况较为熟悉，对部分优秀企业相对了解，主要是同这个行业中的部分设计师是朋友，与他们交流很容易，相互能够理解。利用这些本与此事无关的个人关系条件，形成可供研究生教学改革实验的必要资源，这也许算是中国教育的特色吧。中国室内和景观设计与工程建设成长的时间虽然短暂，但速度迅猛，这个行业在经历30余年的发展就已经达到每年4万亿的产值，如此大的经济比重催生了一批迅速成长的优秀企业，它们不仅成为中国一流的大型企业，同时跻身于世界同行业的翘楚地位。在这个行业中，设计已经通过频繁、激烈的市场竞争走向成熟和国际化，设计企业也越来越显现出各自不同的专业特征与企业追求，这样的行业背景是环境设计专业开展研究生联合培养最好的资源条件，加之我们已经同一些知名企业在进行合作。综合这些因素，选择环境设计专业研究生教改实验的首选，就成为顺理成章的事情。

第二个问题是研究生在什么阶段进入，这是个牵一发动全身的事，它涉及研究生的学籍管理和培养方案的修订；同时也会涉及对研究生能力的基本要求，以及学生的意愿和导师的意见。这些操作层面的问题如没有一个系统的解决方案，将会成为实现教改的主要障碍，可能导致该方案在学校讨论的阶段就被否定了。从以往对于学生能力和学位课程开展情况分析，研一期间主要是修学位课程和选修一些其他辅修课程，这是规定要求的学习内容，而这段时间研究生们也逐渐开始适应了这种学习的方式，并对专业和理论研究的基本方法有所了解。进入研二，大部分的学位课程已经结束，主要学习内容是跟随导师进行专项课题研究，而研究生教育所暴露的最突出的问题则是这个关键阶段，这期间研究生们需要通过对设计的深入了解与实际涉入，才能有的放矢地开展针对性的课题研究与理论探索，而我们恰恰在这个期间把他们置于松弛的放养状态。到了研三，进入毕业论文与毕业设计阶段，本应在研二积累的能力与方法，在研三进行集中体现的时候，却由于上一阶段的培养缺陷，导致研究生的能力与水平难以同本科生拉开明显的距离，再去实习已是时不可待了。根据这些因素和普遍存在的情况分析，在研二期间进入企业培养应是最为合适的阶段，至于学多长时间、如何对学生进行要求、怎样遴选等问题，则应根据研究生们各自的学历类型和愿望，以及如何具体管理有待以后研究讨论再定。

虽然它具有合理性和可操作性，但作为研究生教学改革的一项重大举措进行实施，其难度和涉及的问题何其之多，我不敢细想，因为这样想下去就不想做了。于是抱着与人聊聊的心态，去听听其他人的意见。

寻找当事人——让旁观者成为当事人、让企业成为事件的现场

首先想到的，最应该聊的人是学校研究生处的处长王天祥教授，这是他工作范围内的事情，相信他会感兴趣。他是一个有活力又不知疲倦的人，同时也有学设计的学历背景，设计学科研究生占学校研究生总量比例很大，问题突出有目共睹，想必这些问题也是让他一筹莫展，希望能通过对此事的探讨引起共鸣。

王天祥
Wang Tianxiang

四川美术学院研究生处处长、教授

王天祥：

2012 年 5 月的某一天，办公室隔壁的科研处潘召南处长，来找我说同我聊聊，我们常常有空这样走动，闲聊几句，因此习以为常的让座开说，可万没想到聊得竟是这个话题，这好像不是闲聊的事，我一脸疑惑地看着潘处长。当他一段时间不停地说起前因后果和想法时，我才意识到他是认真的。他带了十多年的研究生，所遭遇的问题与我有同感，身处学校推动学科建设与研究生教育的职能部门，学校创作科研处潘召南处长是我在学校接触最多，合作最紧密的同事和兄长。诚如他所说所想，设计学科研究生教育存在许多突出问题，还有很大的提升空间。那么，何处是改革的抓手？交流的内容、展开的讨论，主要问题，面对行业、企业如何

进行?

2012年，学校组织开展了二级学科自主设置，基本理顺研究生教育的学科结构。同时，出台研究生人才培养方案修订指导意见。推动研究生学业教育三段化，明确研究生培养阶段任务。一年级：加强课程体系建设。优化课程方案，初步形成一级学科、二级学科、学科方向研究课题三层级，核心课程、选修课程、讲座课程三类别的课程体系。以课程教学为载体，引导研究生全面提升学术素养与专业能力。二年级：强化实践教学环节。强化实践育人观念，优化整合实践教学体系，全面提升研究生实践与创新能力。设立实践学分基本要求，要求研究生原则上在二年级期间完成学术实践（2~3学分）、教学实践与社会实践（2学分）的学分。打造产、学、研一体化的实践教学平台。积极推进在相关企业设立研究生培养工作站，促进教研互动，产学结合。三年级：着力提升学术成果与就业水平。全面提升研究生学位论文、毕业创作（设计）质量与水平。强化创作与设计实践类研究生的学位论文与毕业创作（设计）有机融合，提升创作与设计实践的学术思考与理论指导。

二年级实践教学，承上启下。既是对一年级专业知识、研究方法的运用与实践，同时也是为毕业设计与学位论文奠定基础。设计学科，作为应用型学科，实践教学重要性可谓无以复加。

正是在这样的背景和基础上，潘处长的提议，实际上恰逢其时。但老实说，推动之初，心存疑虑。疑虑有二：第一，这不是一时热情，这需要体制机制保障；第二，企业凭什么，设计师凭什么要投入？但是，这是一件应该做，必须做的事情，而且，难得有潘处长劳心费神推动此事，从工作角度，这使我大大加快了从学校角度整体推动实践教学体系建设的步伐。在这件事情的推动过程中，除了潘处长，这次我所接触的如广田股份董事长叶远西、设计研究院院长肖平、副院长孙乐刚、严肃、邓薇，以及我们的驻站导师杨邦胜、琚宾等，都让我心生敬意。“非关乎钱，关乎于梦想！”广田设计研究院肖平院长这样一句掷地有声的话，初步揭示了是一种什么精神把这样一群人聚集在了一起。

2012年10月的一天，我们正在同中国建筑装饰设计院组织第一届“西部高校5+2环境设计学生作品大赛”，通过一年的准备活动如期举行。由于是首届，主办双方都很重视，来了许多领导，包括中建集团和中建装饰设计院的领导。在活动结束后，大家都比较轻松地闲聊，借这个机会我与中建设计院的张宇峰院长谈及这个想法，他非常感兴趣，很认真地和我讨论此事的意义、可能性、可操作性和实施的程序，以及面临各种问题的可能，并马上安排他的下属同我联系，拟定实施计划。通过此番交谈，让我无意中认识到中国设计界仍然是一个充满理想和希望的行业，这些在市场上打拼的人并非被利润占据了所有的思想，他们仍怀揣着中国知识分子所特有的社会责任帮扶青年学子的愿望，当然这其中也有校友的情怀，他曾是四川美术学院环境艺术设计专业首届毕业生，在学校就读时任学生会主席，有很强的组织管理能力，对学生的情况非常了解。

张宇锋
Zhang Yufeng

高级工程师，注册一级建造师，原中建装饰设计研究院有限公司执行董事、总经理，现中建新疆建工集团有限公司副总经理、北京公司总经理，四川美术学院硕士研究生导师，中央企业青年联合会副秘书长，中央企业青年志愿者协会副主席兼秘书长，中国建筑青年联合会执行秘书长

张宇锋：

最初，有建立研究生校外培养基地的想法还要追溯到 2012 年的 10 月。由我当时所在的中建装饰设计研究院赞助并与四川美术学院联合发起的环境艺术主题设计大赛——中建装饰杯·“5+2”建筑装饰创意大赛，经过数月的精心筹备，终于拉开了帷幕。

由于本次大赛对增进西南各高校间及与国外知名高校、设计机构在环艺设计教学领域的实践及学术交流具有非凡的意义，大赛的主办地又坐落在灵秀的四川美术学院，故而倍受校方领导重视，同我们联手邀请了许多国内外知名的设计领域专家和业界高管。赛间，我便常与这些业界精英进行交流。也是借着这次机会，在与四川美术学院的潘召南老师交谈的时候，思想上碰撞出了灵感与火花！

我本身也是一名老川美人，20 多年前，我曾在这里读书，接受着思想上的教益和学术上的滋养。如今再度走进川美时，却更情真意切地感受到她对于放眼国际潮流、推动西南地区整体设计教育水平提升的迫切渴望！

通过在企业设立研究生培养基地为载体，吸引、鼓励广大青年学生踊跃参加课外科技活动，促进学生更好地走入社会、走进市场，加强装饰行业与高校的联系，促进整个行业的专业从业人员质素基础的提高。——在这个想法上，潘老师和我很快便达成了共识！

如今回顾中建装饰设计研究院，当时作为国内装饰和设计领域中引领行业的龙头，与四川美术学院的学科专业具有非常高的契合度。建立研究生培养基地对于中建这样的企业而言，一方面能够引导导师和研究生深入参与到企业的设计研发等核心领域，发挥研究生科研生力军的作用，是促进产、学、研合作，提高企业自主创新能力的有效途径；另一方面，无形中也为我们企业创建了一个源源不断、随时更新的人才数据库，而这正是我们实现推进创新型人才建设战略的有效手段。对于学生和企业来讲，这无疑是双赢之举！

而对于四川美术学院而言，研究生培养基地为学生提供了一个特殊的实习和学习的平台，学以致用，既深化了其理论体系，又丰富了其实践经验。同时，特聘企业家作为研究生导师，对于进一步改革研究生培养模式、释放高校人才资源、完善区域技术创新体系具有重要的意义。对于四川美术学院和我们中建来讲，这又是一次双赢之举！

无论对于企业、高校抑或是学生，校企合作的研究生培养基地是一种多赢的尝试！——潘老师的想法再次与我不谋而合！

从重庆回到北京没过多久，一套细化的研究生培养基地创建方案便策划出炉！又经过与潘老师多次紧密的研讨对接，2012 年 12 月，作为四川美术学院的第一个企业研究生培养基地——“中建装饰设计研究院研究生培养基地”在北京正式挂牌！而我与蔡孟老师（原中建装饰设计研究院照明分院院长）一道，有幸受聘作为首批四川美术学院校外研究生导师，开启了对基地第一批硕士研究生为期半年的培养教学。

“纸上得来终觉浅，绝知此事要躬行”。我带的第一个学生，从头至尾地参与到企业的项目之中，切实地从实践中得到历练和成长。期末，从来自学生自己的感悟、同事的评语以及业主的反馈中可以看到，效果是非常理想的。

如今，由于工作的调动离开了设计院，接触到了新的业务领域和管理模式，在认识和想法上也产生了新的变化。但我觉得这个尝试还应该继续持续地做下去。时间和实践证明，这条路，至少在中建这里是行得通的！

由于每年都要去深圳参加多次会议、活动、会友，一大帮设计界的精英朋友在那个地方，并成就斐然，设计之都是因为拥有这样一个群体，才拥有了这个城市的特色和称号。我一想到深圳与此事就怦然心动，不用细想，直觉告诉我它们之间存在必然的关联。这里是中国市场化程度最高、设计行业发展最快、种类最齐、规模最大、设计服务产业链最完整的地方，设计企业项目辐射国内任何一个省市，甚至进入国外市场。他们的企业行为几乎已经成了国内其他地方设计企业学习的标杆，他们代表了中国设计一线的力量，他们的设计理念和服务方式紧随世界的前沿，深圳是中国设计生态最完整的城市，这样得天独厚的环境具备了学生成长所需要一切资源条件，而此地却没有专业的设计院校，这不能不说是一个遗憾。同时，也是我们重要的机会，深圳是四川美术学院设计教育必须要占有的设计高地，因为我们所欠缺的这里都有。

每年，国际、国内各设计行业的各种设计活动频繁地在深圳举办，这足以说明此地在中国设计界的重要地位。每年、国内多所知名的美术学院也都曾在此开展各种各样的设计交流、教学研讨活动。但是，由于没有建立起一种长效机制，没有从教学与社会、行业、企业相关联的要点入手，从根本上去改变存在严重问题的原有教学系统，建立适应新的产、学、研结合的培养方式，因此，这些所谓的设计教育研讨活动和联合培养多流于形式，而缺乏真正的实效性。这其中的主要问题在于长期形成的研究生教育体制在各个院校已经固化为一个完整的体系，一种规则和制度，而这个体系又依附于更大的大学教育系统之中，其复杂性超乎想象。我们不可能在短期内去撼动中国设计教育的系统问题，但我们可以通过努力去争取它、带动它从某些方面进行改变，以不断的努力和不断的改变去促成它的更新。设计在今天是一个深受社会广泛关注的工作，这样的现实身份使得从业人员的受教背景与能力显得十分重要，同样承受社会广泛注视，正是这种压力促使许多从事设计教育的学校和教师，也在积极的思考中国经济社会现状条件下的设计教育教学的改变，也在努力通过不同的途径推动设计教育的发展。

我们对于深圳的选择和期待也正是其中努力之一，因为没有其他经验的参照，只能靠自己的思考、与他人的讨论和实践摸索，迈出尝试性的一步。现在关键的问题是选择什么企业来合作，这事情看不到企业现实利益，还要每年承担培养经费、场地、人员和责任，他们愿意吗？选择什么企业来参与，没有经费、没有荣誉，只有责任和义务，他们愿意吗？选择谁来做导师，他们必须是有能力、有影响、有成就的设计师或设计企业老板，没有个人利益，没有学生的承诺，还要挤出时间、投入精力、付出经费去培养与自己几乎无关的人，他们愿意吗？我抱着试一试的心态找这些忙于市场拼争的人，说一下与市场无关的事情。

先找谁？我想首先应该寻找牵头的企业，它必须有足够大的规模和行业的代表性，承担大型综合类项目丰富，设计的上下游产业链关联完整，具备并且能够承担每年十几个人的学习条件、住宿条件、管理条件、接待条件以及学生学习期间的基本生活经费补贴，这些都需要企业无偿的付出。如果一个企业没有足够的胸怀和长远的眼光是断然不会接受这样的合作，那么，我们要找的只能是具有经济实力，又有眼光胸怀的企业了。在深圳有实力、有水平的大型装饰企业很多，它们在从事室内、景观、建筑设计、施工等方面都有各自不同的优势与业绩，如果要逐一拜访，时间和条件都不允许。先选择熟悉的企业着手，我有点相信缘分，也只能相信一些偶然性，因为，这事本身缺乏必然性。

2013年5月的一天应邀到深圳参加广田股份公司20周年庆典活动，场面是宾朋满座盛况空前，香港凤凰卫视当家花旦吴小莉担当整个活动的主持人，更是为这次盛典锦上添花。活动内容很丰富，程序井然按部就班，最吸引人的是叶远西董事长对自己的成长与广田20年发展的回顾。从幼年失去父母的他在乡亲邻里的帮助下顽强的生活，到成年后从福建农村走进城市，凭借着成长过程中历练出的吃苦耐劳的韧劲，艰难打拼20余年至今。50多年的生活经历对他来说每个阶段都历历在目，广田创业的过程就是这50余年的浓缩，说到动情之处潸然泪下，感动了在场所有的人。然而给我触动至深的恰恰不是他的励志经历，而是他对社会一直保存的发自内心深处的感恩和对未来乐观的态度，整个道白中我没有听到一句对他和企业走到今天成功的感叹和得意，听到更多的是在不同时期遭遇的不同帮助，由此而产生的各种感激，这让我对他敬佩油然。一个人在逆境中成长、发展、壮大，固然是值得称赞的励志标杆，但在中国处于转型期的社会现状条件下，仍然是一个较为普遍的个人或是企业发迹的现象。但在这种成功的表象下面还存在着另一种对社会的消极和对未来生活紧张的人生态度，这反映在对消费夸张无度，对员工严苛无情，对金钱索取无限，对未来发展无望。它反射出个别人的内心对贫困与艰辛的恐惧和反弹，从而产生报复性的心理，用尽各种办法让自己或利益集团远离贫困与艰苦。中国的贫富悬殊如此之大、劳资纠纷如此之频繁、社会经济矛盾如此之突出，与这样人的内心状态不无关联。

叶董是幸运的、广田是幸运的。因为，20年间中国有许许多多经历同样艰苦成长的大型企业辉煌登场，又相继悄然逝去，而广田仍然还在健康发展。这种幸运应该是受益于掌门人的心性和态度，由于感恩所以回馈，由于乐观所以宽容。这是我参加那次活动的感受，也是激发我首先想同他们谈谈此事的动因。

第二天便约了广田设计院院长肖平，肖平是学艺术出生的设计师，帅气、挺拔，60后的内容80后的形式，行事作风充满朝气与活力，在北京还保留了画室，时不时还要回归艺术的状态，看来青春的保持和艺术的修炼不无关系。此人熔点很低，只要话语投机便滔滔不绝，满怀着要将当代艺术与当代设计共生结合的抱负，会理想浪漫、会现实严谨，这两种不可调和的性格居然能共存在他的身上，并且根据不同事情、不同需要不加修饰地迸发出来，这是我学都学不会的天资。他既是川美校友，也是几年前一见如故的朋友，可谓交流无障碍，于是将我与研究生处王天祥处长商量的想法和盘托出。

肖　平
Xiao Ping

深圳广田装饰集团股份有限公司副总经理、深圳市广田建筑装饰设计研究院院长

肖平：

一件偶然发生的事情，肯定有它的内在必然性。

几年前和潘召南老师在北京的偶然相识成为无话不谈的朋友，这个偶然同样有它的必然，1987 年潘老师在四川美术学院工艺系毕业留校，而那年我考入了四川美术学院油画系，在我上学的四年，当时人并不多的川美我俩却未曾蒙面、交集。倒是多年以后在北京相遇、相知。闲聊中大家都表达联合起来做点事的强烈愿望，只是当时未曾想到的是：建立校企联合培养研究生工作站这个事。

1991 年毕业后，我和当时大多数学美术的人一样，开始了盲打误撞的生活，更真实的说法是为了生存下去。当时一大批学美术的人进入装修设计这个行当，其主要原因是门槛低，能很快得到社会各界的认可。从重庆到深圳、深圳到北京、北京再到深圳，南辕北辙了二十多年，我从一个简单的、纯粹的设计师一步步做到管理工作，说心里话，感觉这个过程很是诡异却潜藏兴奋。最近几年我总在梳理这个人生轨迹的真实性，希望结合自己的工作经历，给不是盲打误撞而是从容不迫地进入这个行业的后来者做点什么？与此同时，我看到越来越多的美术院校学生毕业后都投身于装饰行业，开始他们的职业道路。但从中我发现我们的学生在实际工作中和他们在校园的学习与知识结构、观念等方面存在和时下不对接的情况。而此次的校企联合培养研究生工作站，我觉得是一个切入点，正好可以带领他们更真实和快速地了解这个行业。

我和广田同样有着二十多年的渊源，直到今天我仍在广田设计院尽一份绵薄之力。作为装饰行业的领军企业，广田在 2010 年上市之后，设计院取得了突飞猛进的发展，设计院规模由二十年前成立之初的七、八个人，发展到现在拥有近两千人、包含了七个综合分院、四个专业分院（幕墙、园林景观、陈设艺术、轨道交通）、一个研究中心（灯光照明）、三个精品工作室（肖平工作室、孙乐刚工作室、彭海浪工作室）的中国顶级大型综合设计机构。不仅在规模建设与专业化建立得到充分的完善，在商业运营中也取得空前的好业绩。广田建筑装饰设计研究院发展到今天如此庞大的规模，究其原因主要体现出以下几个方面及特点：一、公司一直以来对设计的高度重视；二、重视商业和学术研究的共同发展；三、注重后备人才的培养与梯队建设；四、不断学习国际先进经验、勇于创新。拥有这样的基因，广田建筑装饰设计研究院不仅在商业上成为行业的翘楚，一直在学术交流、研究，技术创新领域也领先于普通装饰设计公司。因此，能将四川美术学院的研究生工作站放到广田设计院，也具备了天时、地利、人和的有利条件。

我没有想到事情进展得如此顺利，通过同叶董短暂平和的交谈，很快就确定了此事的方向和原则，他几乎没有提出任何不同的意见，由衷地想与四川美术学院在设计人才的培养上做一些事，也为企业的发展探一条路。于是四川美术学院广田校企联合培养研究生工作站深圳站的雏形基本成立了，对于我们想借助这个合作的平台吸纳更多的深圳设计企业参与教学的想法也积极的支持，这种包容与积极态度给予我们极大的鼓励。回校后立即将事情进展的情况同王天祥处长进行沟通，并将此事汇报给学校分管研究生教育的庞茂琨副校长，大家对校企合作的工作开展如此顺利既高兴又心存疑虑，毕竟我们在这方面所遭遇的失败要多于成功的经历。接下来是如何组成企业导师团队，广田有许多经验丰富的设计师，他们本身都是设计分院院长，但如果都是广田的设计师担任研究生导师，又有悖于深圳站的建站宗旨，环境设计教学与市场行业的多元化与多样化的结合，是我们走出校园对设计学科研究生培养方式改革的核心原则。那么，先邀请其他几位独具特色的设计企业的知名设计师参与教学合作，构成一个核心导师团队，应该是目前首要的工作。

在深圳的优秀设计师朋友很多，他们在专业上都非常出色，各显神通，是否愿意作为导师参与教学合作还未可知。但有两个人随着这个想法的出现而一同出现了，他们是 Y ＆ C 酒店设计顾问公司董事长兼设计总监杨邦胜和深圳水平线设计公司设计总监琚宾。这二位有着完全不同的背景、经历，性格迥异，但都有同样优秀的企业和骄傲的业绩，正因为他们思想构架不同，在教学中更具有榜样的力量，我想应该和他们分别聊聊。

2013 年 12 月底，应金堂奖组委会的邀请到广州参加 2013 年金堂奖颁奖仪式和年度庆典活动。虽已是深冬，广州依然很热。一身厚重的冬装在从机场到市区的路上捂得让人心慌，路边鲜红的三角梅艳得刺眼，一团一团地飞快从眼前闪过，这里还是夏天，道路两旁的人短袖、衬衫一身清凉，而我的扮相却显得不合时宜。知道琚宾要参加此次活动，因而事前电话约定，第二天早餐在酒店西餐厅见面。

琚宾是我在深圳近几年认识的设计师朋友，也是留给我印象深刻的人，瘦削的身体、留一头卷曲而过时的长发，性格温婉，说话语速和缓，为人谦和、儒雅，由于喜欢阅读气质显得文质彬彬，同许多久经战阵的设计师不同。每次交流他总能从不同的角度说出一些不同看法和有新意的见解，这让你不得不关注他。他更像读书人，也像教书人，不知道面对客户是不是也这样？

琚　宾
Ju Bin

HSD 水平线空间设计
首席创意总监

琚宾：

12 月的广州，温度正好，单衣微微有些凉。于一庆典活动的隔天早餐初见潘老师，单看长相，就觉得与他一块有种很和谐的对比感，从发型到身板。

不是特别正式的谈话，却印象深刻，并且还引出了设计教育这么深远的话题来。因为从小生活环境里的职业影响，我一直喜欢“老师”这个职业，可能也因为如此，很乐意能在教育方面帮上力所能及的小忙。

很多学生从小一直被标准答案和生活经验所束缚，在安排与灌输下成长，寻找、发现到思考的触角变得不够那么灵敏。这与整个大环境下的教学模式有关，更与社会整体的倡导有关。很高兴我自己一直隐约有着的想法能与潘老师提出的方式属于同一路径并得以落地下来。

2014年初春2月的一天上午，学校刚开学，林间存留些薄雾，湿润的空气中飘散着草芽破土的气息，校园内一些树还光秃秃地呆愣着做梦，而一些桃李却已陡然怒放妖艳，路上林间从寒假的寂静又回归到校园应有的喧哗。这个时节是最诱人的，既能感受年轻人的生动，又能体验校园的清新。此时，邦胜为企业招聘新人专程到四川美术学院进行专场讲座，他这样坚持亲自到学校遴选学生已十余年了，并长期保持对四川美术学院的特殊偏爱，每年都要招几名学生到他的设计公司，十多年下来现在公司中不同时期的毕业生已经超过40余人，这是其他设计公司绝无仅有的数量，我想这可能是四川美术学院学生的努力和他是四川人的缘故吧。

我和邦胜的认识有十几年了，是同深圳设计师交往最长的一位，彼此较为了解。邦胜是一位扮相鲜明、性格内向、做事严谨的人，待人谦逊、低调、随和，善于学习，这样的品格成就了一个乡村小学教师的梦想。初到深圳，背负生活的压力，凭着对设计的热情与坚持，经过20余年的打拼走到今天，建立400余人的专业酒店设计公司，与国际十余个著名品牌酒店公司合作，其艰辛历程不难想象，仅以为此就足以具备传道授业的资格。

杨邦胜
Yang Bangsheng

YANG 杨邦胜酒店设计集团
董事长、设计总监

杨邦胜：

每年去四川美术学院，就好像一次既定的行程，变得理所应当。创办企业十余年，四川美术学院为我们输送了大量的设计人才，并且已经成为我们的中坚力量。2013年，又是一次川美之旅，我与学生交流，举行招聘会，恰好碰上深圳的老友——广田装饰设计研究院院长肖平。

因我俩都是川籍的设计师，和四川美术学院科研处潘处长见面时，彼此用家乡话畅谈，总是自在无比。记得那天潘处长与我们聊了关于设计教育改革，成立校外培养工作站等相关话题，虽然只是一个初步的想法，但我知道他常年游走于学院与企业之间，已经把中国设计教育存在的问题看得很透彻，他需要的是一次变革和开始。

和潘处长相识已经十余年，跟身边所有熟悉他的朋友一样，我也叫他“老潘”，我知道以他的才华和能力，开一家设计公司或者艺术公司也一定会非常成功，但是他放下商业与金钱，全身心地投入到中国的设计教育中，把学生们当做自己的孩子，为了让学生得到更好的教育机会与提升，四处奔走，实在令人心生敬畏。

所以对于潘处长提出的中国设计教育改革，我非常支持，但要让我作为学生们的老师，我内心却是忐忑。因为在我心目中，老师是一个非常神圣的职业，教书育人，责任重大。虽说做设计有近20年的时间，在设计上或许可以给他们一些指点和启发，但是繁忙的工作，我不知道自己是否能够抽身出来，针对学生进行合理有效的培养……我怕耽误这些优秀的学生们。

但我作为一位从业较早，有幸做过一些作品，被大家所认知的设计师，不应该只想到自己。要知道我们当初就是在设计教育资源极其匮乏的情况下，自己一路摸索，走过不少弯路。我们不能让下一代的设计师们，重蹈覆辙。如果能够把我20年的宝贵经验与心得，与他们分享，让他们更快速地成长，并且传递给更多人，这未必不是一件好事。

中国设计近几年发展很快，但是却还有很大的提升空间。虽然已经在国际舞台上崭露头角，但毕竟还不是主角。我们要让中国设计在世界舞台找到位置，靠的就是中国设计的未来。如果我们下一代能够出一批很优秀的设计师，那么中国就变成了设计强国，中国设计也才能从真正意义上走向世界，所以我觉得我应该为我们的设计教育尽一些绵薄之力。权衡再三，校外导师之事也就此应允。

由老师出课题，学生根据课题选老师，这对我又是一次全新的尝试与考验。仅仅一年的时间，让学生们学什么？研究什么？我想这两个课题会是主线。做设计这么多年，我一直在思考和关注中国设计的当代性转换。中国设计从模仿走向原创阶段，中国文化如何转换成国际化的表达方式？中国设计的立足点是什么？我们提倡的空间精神是什么？中国设计力量怎么向国际设计界展示？我们需要自

己的根、自己的表达方式以及自己的文化属性。

虽然越来越多的设计师意识到这一点，但是大量的项目，让我们应接不暇，缺乏理论研究。或许这次校外导师是一次契机，让我可以和学生们一起研究和学习。所以最终确定下《中国地域文化的国际表达》和《新东方文化在酒店设计中陈设艺术之表现》两个课题。这两个课题对于在读的学生来说，有点泛有点大，一年的时间未必能做到深入和详尽，但是我们带着这个问题一起出发，如果能够找到学习的方法就已经很有意义。

对于学生而言，理论知识是基础，但是我倡导学生对于知识的学习要有批判精神，如果一味接受，没有自己独立的思考，就会失去自我，他也将无法成为一个优秀的设计师。学生在学校通常会接受模式化的教育，那么既然来到企业，我希望打破他们的思维方式。所以学生们来了之后，根据他们所选择的课题，我直接把他们"丢"到项目部去参与项目。这虽然让学生们有点触手不及，但却逼着他们快速成长。

我希望让学生们意识到每个项目都有他独特存在的条件，做设计虽然没有套路可寻，但是有方法可讲。怎么去判断？怎么去对每个项目量身定制？如何去思考？如何发现问题，解决问题？如何把设计文化贯穿其中？只要学会这些方法，将会对他们受用终身，无论他们今后是否从事设计行业，带着这些问题和思考，那么他们就已经在路上。

第一次当老师，我们虽然见面聊天，也通过手机交流分享，但还是感觉与学生们交流的次数太少，如果可以，希望时间和次数都更多一些。我每日一早到公司，要很晚才会离开，我出差谈设计，开会讲设计，回来和大家做设计，我的生活基本都是围绕着设计而转，我希望我至少给学生们树立了一个好的榜样，让学生们能在我身上看到，想要真正做好设计，除了天赋之外，勤奋和努力很重要。

说实话，学生们的这一次实践之旅，公司的设计师们才是他们真正的老师，因为他们每天相处在一起，一起工作，一起生活。我相信他们应该能从这些优秀的设计师身上得到力量，看到他们不仅拥有专业的技能，还有对设计的坚持，对工作敬业的态度，团队协作的精神等。也让他们了解到一个职业设计师所应该具备的专业和素养，让他们今后能够从学生快速转换到职场角色。

教学相长，学生们对于知识的渴求，对于设计燃烧的激情，对学术的专研……令我非常感动，他们是中国设计未来的希望，他们所表现出的才情与态度，着实感染了我。还有站内的其他几位校内校外老师，每次开会讨论，都是一整天的时间，大家放下繁忙的工作，各抒己见，认真专注，我想若不是因为学生们，我们或许很难有机会像这样坐下来交流和学习。

这一次的教学改革实验，像一个磁场，把学校、企业、学生、一线设计师、老师这么多重的关系吸引在一起，产生了奇妙的化学反应。中国设计教育相对国外虽然起步较晚，教育资源及教学模式也一直处在摸索阶段，但是有像潘处长他们一样的教育者，他们开创了室内教育的蓝本，勤奋踏实、鞠躬尽瘁；还有这么一批继往开来、勇往直前的学生们，中国设计的未来就在眼前。

这一次，不敢说我们在一起做了多大的一件事，但是跟随着这样一批优秀的人，一起为设计教育改革迈出了第一步，我只愿还能做更多！

牵头合作企业已经确定，参与企业已经落实，设计师导师团队基本形成，硬性条件基本具备，由此开始进行学生进驻前的各项准备工作。

二、过河——蹚水的故事

这是一件没有参照的实验，无任何经验可循，除了对于建立在分析层面上的可行性和可操作性的探讨以外，就是走一步试一步的探索实践，借用邓小平同志的一句话“摸着石头过河”，他也是设计师，是中国改革的总设计师，是我们的同行。

1. 涉水

2012 年 11 月，在双方经历一个多月的共同努力下，四川美术学院研究生联合培养基地正式在北京中国建筑装饰设计研究院挂牌落地。四川美术学院副校长庞茂琨、四川美术学院纪委书记苟欣文、中国建筑装饰协会设计委员会秘书长田德昌、北京市建筑装饰协会秘书长石澜、中央美术学院教授王铁、中建装饰集团设计研究院院长张宇锋等相关领导和专家出席了本次仪式。在与会人员的热烈掌声中，中建装饰设计研究院院长张宇锋与四川美术学院副校长庞茂琨在仪式上共同为“研究生联合培养基地” 揭牌并致词，走出了探索性的第一步。

根据联合培养的要求，由中建装饰设计研究院拟出带研究生的企业导师名单，在经过学校学位评定委员会对申请导师的工作履历、设计业绩、专业学术资格等进行审议后，通过了第一批联合培养研究生的校外导师两名，他们是中建设计研究院院长张宇锋和该院的负责城市照明设计的总工程师蔡孟，成为四川美术学院设计类学科首批具备带研究生资格的校外导师。蔡孟老师是原中央工艺美术学院的博士，清华大学美术学院的教师，有多年的专业教学经历，2005 年后辞去教师工作，转入企业，开始从事大量项目设计工作，主研城市照明设计，是国内该领域知名专家，而我们恰恰就缺这样具有艺术与技术双重能力背景的人。2013 年四川美术学院研究生招生简章已将二位老师的名字和研究方向列入其中，本以为就他们的资格和履历，以及在业内的影响，报考他们名下的研究生应该很多，但结果却不如人意，报考考生不多，这让我们费解，之后询问考生才知道，考生们并不了解业内的情况，也不关注除报考专业以外的事情，而他们主要关注的是学校的导师。这件事提醒了我们，在今后的研究生教学合作上应该注重企业导师的推介，使更多的学生了解他们的能力与专长，知道自己该跟他们学什么。

不管怎样，联合培养的方向不受大的影响，我们继续完善所需要跟进的各项管理工作和相关措施，鉴于前面的教训，为了稳妥起见，在征求了导师和研究生本人的意见之后，2013 年 9 月我们派出一名二年级研究生孙晓到中建装饰设计研究院，跟随张宇峰院长学习。希望能看到学生在企业中经过实际项目的锻炼和设计院导师的现场指导，在学生身上带来与校内学习所产生明显不同的变化和效果。虽然只有一个学生，双方仍然感到责任重大、意义不同，设计院依然按照既定的一套管理办法执行，张院长更是亲力亲为地从学习到生活都在关心，他担心教不好对学校不好交代，我们担心学生学不好对以后的工作造成负面的影响。2014 年 6 月孙晓返校，经过大半年的学习，值得欣慰的是该同学在专业能力和理论水平上有了可喜的进步，从完成两个项目的设计成果和学习记录，以及平日里与我们的电话沟通中反映出她的所得，通过导师的评语和学生本人的汇报，能够看到她在对设计的认识上，在学习过程中对项目的理解和对设计研究的角度与视野，以及对设计工作职能的认知。在此实验成效的基础上，坚定我们继续走下去的信心，并积极准备下学期召集更多研究生参与到联合培养的项目中。

2013 年 11 月，张宇锋院长因工作需要被派往中建新疆建工集团任职，虽已调离中建装饰设计研究院，孙晓的学习却未因此而终结，依然按照既定的联合培养要求与学习计划，坚持把研究生的教学任务完成，对此事我们看到了张宇锋院长的担当和对学生的责任心。

2013 年 11 月底，一个寒冷的上午，由学校研究生处、科研处、设计学院等部门负责人和中建装饰设计研究院张宇峰、广田设计院肖平等企业代表组成的研究生联合培养研讨会在川美设计楼会议室召开。时节虽是初冬，连日阴雨重庆还是颇有寒意，在没有供暖的会议室里更感寒冷，但会场的气氛却非常热烈。大家一边喝着热茶、一边认真讨论更大的愿望——在深圳建立研究生联合培养工作站。张宇锋院长从企业的角度谈到他对中建装饰研究生联合培养基地工作开展的经验和思考，并同大家从事情本身的合理性、持续性和规范化上进行理性的分析与深入的探讨。事情可以因热情而开始，但发展到合作阶段必须进入理性的程序；企业有企业的运行方式与工作节奏，学校有学校的使命和行事作风，双方合作培养人才是着眼于未来发展，而不是期待于立竿见影的收获。因此，不能急于求成，不能因热情而扰乱各自原有的工作方式，影响双方的工作秩序。

2. 先立规则

在北京中建装饰联合培养基地的经验总结基础上，我们与广田的交流和探讨一直处于理智的状态，并在前期进行多方面的准备。2014 年 1 月 8 日，由研究生处处长王天祥和我及设计学院的工作人员组成校企联合培养研究生工作站建设考察小组，赴深圳市广田建筑装饰设计研究院、Y & C(国际)杨邦胜酒店设计顾问公司进行实地调研。在深圳市广田建筑装饰设计研究院院长肖平陪同下，首先参观广田高科楼、广田绿色装饰产业基地园、广田设计院及总部，并在广田总部组织了一场校企联合培养研讨会，广田集团董事局主席叶远西在致辞中表示将鼎力支持校企联合培养研究生工作站的建设，企业愿意为推动中国设计教育改革和创新人才培养模式的探索作贡献，同时表达了为企业的转型与四川美术学院建立战略合作关系的愿望。深圳市广田建筑装饰设计研究院浓郁的企业文化、良好的研发条件、出色的专业资质和雄厚的企业实力给我们留下了深刻印象和信心。第二天我们又考察了Y & C(国际)杨邦胜酒店设计顾问公司，对这家充满设计幻想的设计企业给予我们更多的是动心，当一到公司门口迎接我们的是一张张熟悉的面孔，走到公司的每一处都有人站起来说老师好，这里有这么多四川美术学院的学子，让我们情不自已……

回到学校我们立即将考察的情况对学校领导作了汇报，同时，在分管庞茂琨副校长的带领下，多次联系学校内部相关部门、专业负责人、校内导师展开专题论证会，讨论异地培养所面临各种问题的可能性，明确校企合作双方所共同承担的责任、权利与义务。形成了结合研究生教学大纲要求制定阶段性联合培养的原则、措施和计划；从学籍管理到工作站异地管理制度、运行机制保障；学生学习条件、生活条件的提供；学生与导师的遴选机制，学生学习成果的呈现要求，学分的量化和校企双方具体负责人的沟通联渠道等系统的建立。使双方的合作始终处于在制度化、合理化的理性状态，并制定了工作站的进站培养原则。

（1）联合培养原则

A 学生事业成长需要，学校不能提供的内容（对企业的了解、对专业的理解、对岗位职责的认识、对项目设计流程的认知，根据现实项目的具体问题展开课题研究，使研究成果具有针对性和实效性）。

B 设计行业发展需要，企业无法展开的工作（对将要开展的项目进行可行性研究、对已完成的项目进行逆向性研究和梳理、对典型性项目进行专题研究和分析比较等。针对设计企业的纵深发展需要，进行项目专题研究，使企业的设计具有创新的目标与活力，使企业的成果得到系统的梳理和理性的反省，从理论上得以提升）。

（2）结合新的培养思路和目标要求，对研究生三年的培养计划进行了整体梳理，并根据不同的时间段提出阶段性的学习任务。

A 基础理论的加强（研一）：专业理论、艺术理论、相关学科理论，对视野的拓展。

B 设计能力的提高（研二）：观察与分析能力的提高、学习能力的提高、独立思考能力的加强、工作适应能力的提高、专业设计能力的提高。

C 研究能力的培养（研三）：具备独立思考选题的能力，掌握研究解决问题的方法与路径，通过学习和具体研究成果体现较高的理论研究能力与专业设计能力。

根据学术硕士与专业硕士的不同类型定义，在知识结构和能力素质上的不同侧重，我们在联合培养上对进站学生进行了针对性的教学，采取不同周期、不同课题要求、不同培养策略等方式，使学生的成长有明显的区别。

（3）工作站培养策略

职场了解（第一阶段）

①设计流程的了解。

②企业的需求与方式（了解与认知）。

③运用研究的方法与路径。

专业认识与职业认知（第二阶段）

①通过项目训练自己进入设计工作状态。

②掌握企业开展项目的方法与途径。

③认识部门协作和团队合作的重要性。

④在导师的指导下确定研究方向和项目选题

能力训练（第三阶段）

①知道自己需要加强学习的方向和过程文献的整理。

②找到发现问题、分析问题、解决问题的路径。

③培养独立面对项目设计研究的方法与能力。

④学会将研究成果在实际项目中的转化运用。

⑤学会将现实的设计案例进行理论的提炼与总结。

⑥完成学习成果的文献整理。

对不同类型研究生选择不同的阶段性培养，这个过程对其专业学习生涯影响至深。有了这一系列的前期准备，大家重拾信心，又开始一个新的实验。

3. 寻路重渡

经过积极准备，5 月 14 日上午，四川美术学院・深圳广田装饰集团股份有限公司校企联合培养研究生工作站（环境设计学科・深圳站）签约与授牌仪式在深圳广田装饰集团股份有限公司总部举行。四川美术学院党政领导黄政书记、罗中立校长、侯宝川副校长等一行出席签约授牌仪式和相关活动，中央美术学院王铁教授、天津美术学院建筑与环境设计学院彭军院长、广州美术学院建筑学院沈康院长等，应邀参与了全程活动。在随后的交流会上罗中立校长对此次研究生教学实验给予高度评价和肯定，谈及“设计学科的教学应该面向行业、面向企业，学生的能力培养应该结合社会需求，不能脱离生活和市场，在今天经济社会的大潮中，设计作为应用性学科这是积极发挥作用的时候，与企业的合作不仅仅提升人才培养的质量，同时也改变了我们办学的方式、拓宽了我们对设计教育的视野”。一席话让我从另一方面认识了一个艺术家，一个学者，一个领头人。黄政书记代表学校表达了对设计高端人才培养模式改革的决心和对于广田企业合作的信心。叶董事长那天显得格外精神，不仅仅是广田高朋满座，而是在广田处于提档升级的转型期，正在抓紧内外双向建设，急需内涵式发展和人才队伍建设，以及发挥广田在行业中的影响和积极作用的时刻，组织此次有意义的活动，不能不说是恰逢其时的兴奋点。对于我们这次教改活动，在学校办学历史上还没有过，反而让我们心存忧虑，越发对工作站的事情上心留意。两个多小时的交流会大家积极互动、畅谈。

2014 年 6 月学校研究生处针对学生的学习情况、本人的志愿、导师的安排，以及工作站导师的研究方向，通过公开招募的方式，招募到了 7 名一年级环境设计专业研究生参与到本次教学改革实验中，这是四川美术学院有史以来规模最大的一次异地教学改革探索，原计划是 9 月开学后分批次进站学习，但已经有学生按捺不住迫切的心情，在 7 月底就自行联系进入企业跟随导师进行学习了。

这种学习冲动在学生中很久未见，为什么他们这样迫不及待的想跳出校园，开启一个新的未知环境？他们厌倦了什么？企业的压力与生活的紧张难道都比轻松的校园生活更有吸引力吗？起初我在预想，过不了几个月这些娇生惯养的 90 后独生子就会闹着回来。可到现在已经过去大半年了，没有一个说中途返校的。每次到深圳去了解学习情况，都看到这群面带倦容，而眼神兴奋像打了鸡血的人，不断地拿出他们做的新设计方案，满怀激情地叙述他们所学与思考，真激起我内心阵阵的感动。这种现象一直触动我不得不直面追问，在学校里是什么原因造成了学生的涣散。如果说艺术教育的特征就是这样，我不禁要问，我们这么多年都试图让他们打起精神去学习，但都没有做到，同样的学生怎么一到这里就变了；如果说校园轻松的学习氛围造就了他们漫不经心的状态，我不禁要问，大学学习本不应该是一件轻松的事情，从他们渴望成长的状态中会明显地感到他们是好学的，漫不经心是因为无法满足，确切地说我们给予不够。这难道不值得我们施教者进一步的观察和思考吗？

从研究生们进站那天起，我们所有同此事相关的人都随时记挂于心，因为它不仅意义重大且责任重大。由于我和肖平院长是该工作站的站长，因此更加不敢大意，时常电话联络、沟通，也加深了我们的交往。从 2014 年 10 月至 2015 年 2 月期间，我已 3 次往返深圳了解学生们的学习情况，其中一次是庞茂琨副校长亲自带队，两次是由王天祥处长带队进行阶段性教学检查。每一次去我们都有新的感受，学生们一直保持着旺盛的学习热情，是我们没有想到的，也是值得欣慰的地方。但也都会面临新的问题，归结起来主要是以下几个方面：

（1）教与学的相互适应

这是一个必须面对的问题，学生与工作站的企业导师是一对新的教学关系，彼此都不了解对方工作、表达、学习、思考的方式。导师们虽然都是业内精英，在设计领域卓有建树，但带设计师团队毕竟同带研究生在方式上有所不同，前者是教设计师综合的业务能力，后者是将自己多年设计实践的经历、成就、思考上升到理论层面，并指导学生展开实验性研究，这对于长期忙于具体实践工作的企业导师们无疑是一个全新的课题，必将要求他们转换方式、角色，尝试一种新的工作方式、思维方式和学习方式；学生们也遭遇同样问题，从小到大，从学校到学校，一直习惯老师对学生的言传方式和上下态度，养成了老师安排学习，学生完成练习的静态教学形式。当进入工作站后，所有的一切都是陌生的，导师不再是熟悉的式样，他们没有那么些滔滔不绝的理论，没有按部就班的教学程序，只有课题方向、项目目标和要求，一切都是那么直接和具体，看着周围忙碌的人群，研究生们由无所适从到很快融入，从被动的静态学习到主动的动态研究，这是让我们看到欣慰和希望的地方，这个转变过程短暂而艰难，却是可喜的，有赖于学生们好学的热情和年轻人的勇敢。这种相互适应会一直持续下去，不断地调整彼此在教学过程中的角色、作用和位置，产生新的动力，这不正是我们想要的教学相长的结果吗！

（2）如何建立适合企业导师工作特点的培养计划

研究生联合培养工作站的教改是建立在国家教育部体制规定内的渐进式改革实验，并非断裂式的改变，那不是我们能力所及的范围。既然是在系统内的调整，就应该符合体制框架的要求，即在研究生教学大纲的总体培养计划中，制订符合总体培养目标和计划要求的阶段性联合培养计划，它的主要特点是体现校企合作在设计教育所产生的实效性作用和积极影响，并具有实操性。工作站的导师和管理人员都在企业任要职，除了日常的业务工作与管理工作外，指导研究生成为他们工作中的新常态。因此，建立适应导师工作特点的阶段性培养计划，是保障校企合作能持续推进的关键，同时，也是保障研究生在不同企业、不同导师、不同项目的学习过程中获得相同水平与同等能力的提高。

（3）联合培养教学实验的成果如何梳理与呈现

在联合培养过程中，导师和学生们都在忙碌，各自按照既定的课题进行，虽然教改实验注重过程，毕竟最终要拿出成果来证明实验的价值和意义，拿什么样的成果能够代表师生们近一年的教与学所得？如何呈现学习过程、思考过程、设计实践和具有针对性的理论研究成果。大家都明白导师们和学生们的诉求，因为全心的付出，所以想有满意的收获，想通过一个展览来呈现一个完整的过程，以什么形式呈现则成为工作站的师生和我们一直讨论的话题，迄今为止还没有一个明确的定论，但有几点在讨论中形成的共识：以文献的形式体现学习的过程，以图、模型、影像的方式表达设计实践的成果，以论文的形式证明理论研究的针对性，以现场答辩的方式检验思考合理性和联合培养的价值。

4. 触岸环顾

川美・广田校企联合培养研究生工作站从去年 7 月底开始至今，已 8 月有余，再过两个月本期研究生教学即将结束，并举办首届校企联合研究生培养工作站教学成果汇报展。工作站的校内外导师、学生们都处于一种兴奋和焦虑的状态，大家都忙于出版的文章和展览的任务，想把近一年的教与学的所得，用师生自己的方式完整地呈现出来，成果代表了师生真实的水平，因而，每一个人自觉压力越来越大。

观顾这半年多大家的努力，看到了导师和同学们都以最大的热忱投入在没有先例的教与学实验过程中，相信这个过程带给每个人的不仅仅是从未有过的经历，更重要的是换位思考和开展了系统化的课题研究。学生以设计师的角度从职场与实践中认识专业的意义，掌握研究的方法，理解设计的真实流程和职业的态度；设计师以导师的角色梳理设计经验，尝试理论提升，设定课题目标，指导课题研究。这是非常有意义的实验活动，把一群毫无关系的人联系到一起，相互开始彼此不熟悉的工作、学习，并从此建立起一种不同寻常的师徒关系。工作站就是一个具有不断延展可能的平台，聚集、吸纳更多的设计师、研究生进入这样一个能自在生成的场域，从专业到职业、从实践到理论、从教学到授业，其中所产生的意义与作用让我们这些始作俑者所料不及。没有想到的是：什么原因让学生们如此勤奋，让忙于市场的设计总监、老板能放下公司的业务，诚心地作为导师，想来他们必有所得。学生得到了知识、能力和方法，因此他们自觉、好学。设计师得到了停歇、思考、梳理和自省，以及师徒寻道的成就感，因此他们愿意放下、边教边学。企业得到了什么？研究机构的搭建、行业良性声誉的建立、人才队伍的建设，所以他们不遗余力地投入。学校得到了什么？个人认为学校得到的最多，探索出一条适合自身应用学科高端人才培养的办学之路，开创性地突破了二十余年来困扰研究生教育如何学以致用的瓶颈，通过校企联合培养工作站的教学实验，厘清了设计学科专硕与学硕的术业专攻的分野与侧重，合理地设置了研究生进入专业学习的阶段性内容和方向，为进一步拓展其他专业研究生教育教学改革奠定良好基础，提供可靠的经验支撑。

2014 年 6 月在研究生处的积极支持下，由我牵头将本次校企联合研究生培养的探索与实践活动，向重庆市教委申报 2014 年研究生教改项目，并成功获批立项，为这个校级层面的研究生教学实验找到了一个更好施展影响的平台。虽然这个活动起因来自于偶然事件的感受和对研究生教学长期存在问题的诟病，并未从更高层面去思考如何由初始的想法延伸到一个新模式的建立。随着工作站的建立，师生们的进入，工作一步步的展开，问题接踵而至，不得不去思考和面对各种难题。真正进入对研究生教育系统的研究中，开始分析这个层次的教育、教学所存在的问题和症结，开始发现其中问题明显，但一己之力难为改变，明知如此却依然想尽力作为，因为这是我自愿的，也是职责所在。这项工作不仅要靠许多人相互理解合作，靠参与的企业和学校的支持，更要靠执行者的坚持，才能看到期待的结果和大家能力诉求的改变。

2014 年 11 月底，从研究生处转来一份《重庆市教育委员会、重庆市发展改革委，重庆市财政局关于研究生教育综合改革的实施意见》（渝教研［2014］10 号）文件，在文件的第六条和第七条中明确的提出对研究生能力素质培养的侧重和建立产学结合教学模式。第六条突出学术学位研究生学术素养和创新能力培养。建立促进学术学位研究生课程学习与科学研究紧密结合、理论与实践紧密结合的长效机制，完善学术学位研究生系统性参与科研的保障制度；第七条突出专业学位研究生的职业能力和实践能力培养。建立以职业需求为导向、以培养职业能力和实践应用能力相结合的长效机制，突出专业学位研究生培养目标的职业性、培养过程的实践性、培养内容的专业性。建立产学研结合培养模式制度，引导和鼓励行业企业全方位参与课程教学、专业实践、师资团队建设、教学质量评价的人才培养活动，充分发挥行业和专业组织在培养标准制定和教学改革等方面指导作用，建设培养单位与行业企业相结合的专业化教师团队和联合培养基地的要求。这个文件精神与我们行事的目标完全一致，说明我们对于研究生教育的改革是符合国家现阶段高层次人才培养政策要求的，我们已经迈出了许多学校没有开始的一步，走在政策导向的前面，这样使我们对研究生教育、教学改革的进一步深化和争取更高的平台，赢得充分的时间与经验。

7 名四川美术学院学习环境设计的研究生，外加一个四川美术学院本科毕业考入新加坡莱佛士大学攻读设计管理的研究生申请加入工作站学习，一共 8 名进站学生。对于这批特殊而又幸运的学生，给参与进站导师本人和他们的企业都带来了不同程度的影响，不仅影响到他们的工作，同时也改变了他们对待新人的态度。新的师徒关系在传道授业中形成，在相互交流中产生，使导师在指导过程中格外关注各自学生的成长，它关系到导师的能力、水平和业内影响，这无疑为学生们的能力提升起到积极的作用。学生是本次活动的最大受益者，在远离校园外的企业，跟随业界设计精英此事专业学习和实战演练，接受各种思想的影响、熏陶，无生活压力、衣食之忧，享有比公司员工更优越的成长条件。这个阶段的学习经历对他们一生有着至关重要影响，他们将受益终身。无论今后此事怎样的工作，都不会忘记给他们机会的学校、给他们条件的企业、给他们能力的导师。

记得最近一次去检查工作站研究生们学习的情况，看到他们每个人兴奋眼神和疲惫的脸，看到他们汇报完后酣然入睡的样子，我越发认可这个实验的正确性。学生们已经进入到自寻烦恼的研究状态中，一扫初到时的一脸好奇、轻松，每个人都在忙碌中寻找自己想要的东西，已经完全融入工作之中，真实的纠结于课题研究和论文梳理的内心焦灼。这种状态对他们的成长有极大的好处，证明他们是真正用心在学习，我们一行几位老师更多的是鼓励和肯定。从他们学习的过程中所反映出的几个阶段性变化，忽然让我联想到一个情形作为这个过程的形象比喻，“观山、入境、登顶”，六字一出在座同仁拍案叫好，王天祥处长作了专门的诠释，其实师生们都懂的。学习如此、生活如此、人生亦如此。我们现在只看到前面 4 个字，后面 2 个字是我们最大的期待，也是大家共同努力的目标。

寻 道 / 授 业

寻

环境设计学科研究生校企联合培养的
探索与实践

Seeking

Discovery and Practice of the College and Enterprises Joint Training
for Environmental Design Postgraduates

房前屋后

◎王秋莎

In Front of and Behind the House / Wang Qiusha

知无涯——「吾生也有涯，而知也无涯。」

姓名：王秋莎
所在院校：四川美术学院
学位类别：学术硕士
学科：设计学
研究方向：环境设计
年级：2013
学号：2013110081
校外导师：肖平
校内导师：潘召南
进站时间：2014 年 10 月 15 日
研究课题：界——关于室内外之间的设计

写在房前——体悟

在深圳去到广田装饰设计研究院，已有半年有余。工作，忙碌而充实的工作。体悟，开心而认真的体悟。

半年让我成长了许多。从一个学生身份向前迈出了重要的一步，正因如此，我能从企业现实项目中研究课题，收获的不仅是专业素养的提高，更重要的是对于持续学习的践行和对自身学习能力的肯定，将这次的校企实习视为摸索职业道路的机会。这次实习让我经历了学校教育以外的企业实践，在具体项目工作中平衡研究课题的学术性和现实项目的实践性的关系，也让我得以有机会反思从前，反观己身，听听来自于前线设计师的思考、行业的坦诚，相信对自己的未来设计之路大有益处。

对我而言，这段经历是财富，半年中的些许感悟也许浅显但却真实。

惑——去路上找

从本科到研究生除了大学四毕业的暑假在美院老师的景观公司短暂实习过以外，基本上仍然是从学生到学生的身份，对专业到职业的转变也无疑是对本科的延续。本科毕业两年多，当初的同学不少已经能在设计公司成为一名独立的设计师，同学聚会时骤然发现他们以惊人的速度在企业设计实践项目中成长，能以职业身份独立承担其中的设计工作，而自己还依然停留在虚拟方案的象牙塔层面难以深入。不管是设计能力还是专业技能上，如此大的差距让我羞愧不已，也开始思考自己读研选择了怎样的一条路。从当初怀揣研究生录取通知书的欢喜，到入学时对接受新知识的热切期盼，研一的学习让我逐渐意识到，与本科阶段基本上是来接受学问、接受专业知识，每天被学校安排得满满的专业课程学习有很大不同，研究生时期已经进入另一个真空自主学习阶段，就是 learn how to learn ，重要的不只是学习而已，而是学习如何学习。不再是要去买一件很漂亮的衣服，而是要学习拿起那一根针，学会绣出一件漂亮的衣服，学会主动发现问题、思考问题的能力。

在校时，我的导师潘老师就时常对我说："身为一个研究生应体认自己不再是个容器，等着导师把某些东西倒在茶杯里，而是要开始逐步发展和开发自我。"潘老师一直不大认同中国基础教育方式，认为这种填鸭式的教学会让学生丧失主动思考和想象力，而研究生学习是一种「 self-help 」，并且是在导师的引导下学习「 self-help 」，而不能再像大学时代那般不大会去思考为什么，只是被动的接受学校所灌输的专业知识。这不禁让我困惑，我们从小学到高中的中国式基础教育体系，已经在学校、老师的"鞭策"之下被动了十二年，那现今读研又该由谁来执鞭呢？

研一期间虽然接受了大量理论知识的灌输，却鲜有机会能将其转化为实际的研究能力。环境设计是一门应用型学科，不了解市场和社会的需求，又何以做深入的课题研究？若做研究却没能参加过具体的实践项目，那这样缺乏现实依据的研究又有何用呢？抑或担心毕业以后能否独立面对设计工作？作为环境设计学科的研究生与市场严重脱节，多年对老师的依赖逐渐丧失了主动学习和解决问题的能力，更不甘听从家里"女孩儿读完研，找个老师的工作最好不过"的职业规划。这样的状态让我觉得惶恐里夹杂着迷茫，内心里隐隐约约能感觉到这是自己不想要的学习、不想过的生活，一心想摆脱这样混沌的状态。学校和深圳广田装饰集团股份有限公司搭建了联合培养的教育平台，有了这次川美·广田校企联合培养研究生的契机。作为学生需要同一线设计师接触，认知专业，了解自己真正需要具备怎样的能力，更好地进入社会。

深圳是中国设计生态最完整的城市，代表了中国设计一线的力量，这里的设计理念和设计服务产业已然成为中国前沿的模式。深圳天空下，永远吹拂着热风，花草树木永远在凶猛地生长，在下一次台风来临之前努力生长。我觉得一个人要去北京、上海搏未来之前，一定要来一次南方，看一看深圳的天空。因为这里的天空距离地面很近，大地上都是绽放生长的绿色植被，仿佛无休无止地放射出生命力来；因为行走在这里的土地上，会感受到一种年轻的气息；也因为这里是中国市场化程度最高、设计行业发展最快、规模最大、设计服务产业链最完整的地方。

我想，既然不清楚自己几十年之后会坐在什么样的办公室里过着什么样的生活，那为何不在毕业前选择去企业工作一段时间呢？人生路上处处是惊喜，至于要什么，大可在去路上寻找。于是我选择去深圳，去广田装饰设计研究院。

希望在研究生工作站出站成果完成的时候，我能回答，在此时，此地，我究竟学到了什么。

知无涯——“吾生也有涯，而知也无涯。”——庄子

1. 调研——设计的前奏

去到的企业——广田装饰设计研究院大部分项目方向是以室内为主，而我本科阶段和研究生期间所选的专业虽说是环境设计但确是景观方向。刚去实习不久，由于所学专业方向的不同性，再加上当时研究的课题还未确定，因此我的校外导师肖老师让我参与了一个办公空间的设计项目。其目的也是希望我能迅速进入工作状态，尽快建立对一个室内实际项目从方案到施工的全面了解。

项目的甲方是广田股份公司旗下的互联网家装公司和智能化公司，和我一起参与办公室项目的一行有六人：我，4 个美院去年刚毕业的本科生，外加一个主设计师余工带我们这帮新手。这个项目能让我们参与，大致有两方面原因：一、这两个公司属于广田集团旗下，也算作是自家公司的设计项目；二、由于这两个公司的性质是时下炙手可热的“网络”+“家装”，员工大都以年轻人居多，甲方提出的要求是希望办公环境设计得年轻化、绿色生态，能给员工提供一个人性化的办公环境。肖老师想着有资历的设计师或许会被过去经验所框住，不如交给这帮孩子们练练手，或许还能碰撞出不同的火花？

拿到任务书当天，我们兴冲冲地跑到项目所在地，同时也去调研了我们觉得做得不错的同类型网络企业的办公环境——房多多网络科技有限公司和腾讯公司。现场拍照，了解办公室的平面、动线、功能分区等。

看现场时，内心抱着诸多的期待，同甲方接触后，对方一系列的要求，动线怎么进出，能不能改线，入口在哪儿，老板办公室在哪儿，消防栓在哪儿，怎样进入办公区，企业文化诉求怎样体现……这些都是一个室内设计师在调研现场时必须考虑的问题，而这时的我显然反应滞后，余工告诉我们："在实际的工作中，一旦成为一个项目的主设计师，就必须有个心理准备，到了现场最好什么都要问，什么都要知道，否则就统筹不了设计工作"。在学校每次设计都是老师给的任务书，也有过类似调研、考察的经历，设计课题大都是虚拟课题，从调研采集到设计采集，现场勘察工作其实也大打折扣。

调研是设计前期最重要的准备，是走进设计主体的前奏，通过观察、阅读、理解、体味、感知场地或空间的过程，同时它还包含对实现经济、经营与各种需求指标的判断。实际项目中，设计师的工作是要把调研来的信息，以及甲方的要求，还有设计师自身对于现场的判断，组织成为一个有机的、具有某种明确倾向的整体，这就是通常意义的概念设计。这对我来说是有难度的，在学校完成设计作业时，由于缺乏设计目标和针对性，没有充分的准备，导致调研仅仅是看看，调研虽是调研了，却并没有将现场调研作为设计的最终落脚点，往往不能够把自身的理解、需求的判断、综合调研的因素"转化"成为设计。调研的同类项目和所要做的办公空间本身有着或多或少的不同，不知该如何把所调研的场地与自己要做的项目这二者之间建立起直观的联系，并进而通过这种间接建立起来的"关联"来捕捉到启发性的设计信息。对比余工的调研，我在反思：企业的主设计师都调研了什么？为什么我的调研就老是和设计"隔着"？是什么东西在阻挡着我的调研和设计？是我看的案例不够多还是准备不够？

我发现只要有心（用心的准备、留心观察），就定会发现些远比功能分区、材料运用有价值的内容：同类企业办公环境参观时，留心观察在办公环境中人是怎么在其中穿行，停留，甚至摆布办公桌椅、张贴员工宣传活动栏，就会了解办公环境的老板和员工是怎么认知那样一个尺度的室内空间的以及他们对那个空间的使用和改造，从而帮助我借助对他们活动的观察得到一些经验性的对于此类办公空间的处理手法——也许，这些观察与体验的方式才是与学校所学不同之处。

每个项目场地都是有生命的，每个项目都会是千头万绪，关键是我们如何在调研过程中通过自己观察和理解趋利避害。

2. 办公空间——走进设计

一般来说，人类社会的基本活动可被归纳为居住、工作、游憩、交通四大类。如果说朝九晚六，我们在办公室里每天工作的时间则是 9 小时，占去我们一天生活的一半时间。按照每周工作 5~6 天，那么办公则是我们最主要的工作活动之一。

从历史发展来看，不同时期对办公空间的需求不同，如传统的衙署、会馆、商号等，都是办公空间，同时也兼有生活起居的空间功能。近代真正意义上的办公空间的诞生是在西方工业革命之后， 由于生产方式、经营方式、经济活动方式已经社会活动方式的变化，大量独立的、新型、新功能的办公建筑不断涌现，形成了今天的中心城市景象。作为办公工作的载体——办公空间随着科技的不断发展，空间的功能和空间形式已经发生了巨大的变化，高度灵活、智能化和人性化的工作方式与交流空间，使得办公效率更高，更符合人员间的相互配合，不再是传统的金字塔式的办公模式和单一的工作流程的场所。

办公空间与员工的工作生活息息相关，设计的好坏直接影响员工工作的舒适程度。曾几何时，办公室如同印刷工厂，不断重复的、机械似额工作过程，人们始终在固定的位置上，在上级不断监视的目光下，办公室是静态的、久坐的地方。如果说办公室的设计曾经是为了把人隔开，以无情的等级关系来固化管理的秩序，并将这种管理秩序运用在空间的组织关系上，这成为 20 世纪早期的办公室突出的设计特征。而今天的办公空间中，交流与合作是工作方式的主导与趋势，也是办公效率的来源，这种意识使得办公空间变得开放而丰富。

这次的办公空间项目位于深圳市软件产业基地项目，周围都是高新技术产业企业，室内面积在 1400 ㎡。根据现场调研情况分析和甲方任务书要求，综合其项目的特点是：

一、两个公司共同使用一个办公空间，甲方要求员工容纳人数要求200人以上，又要有足够的员工休息区，而场地面积有限，因此设计时是否考虑将公共空间（30人会议室）、员工休息区共用，同时在共用公共空间的前提下保证两个公司管理和门禁的分开。

二、属于临时办公空间，使用年限至多四年，在广田新大楼建成后会搬离，因此设计时要严格控制造价。

三、现场调研时发现，原租用空间内有一条宽约 1.5 米的走道，造成空间利用率降低，阻挡室内视野和光线。与物业管理方沟通，原走道墙是否可以打掉。

四、项目的甲方是"网络"+"家装"的新型技术企业，相较于传统办公不同，其办公氛围轻松有活力，日常办公既需要私密性也要提供项目小组讨论交流的空间。

我理解的办公空间应该成为一个同事间碰面、汇集资讯并在和谐的气氛中交流协作的场所。而人性是最难把握的，人与人之间要靠经常性的接触、交流才能产生互动。如今人人都面对电脑工作的办公环境中，缺少的更是人与人、人与环境的交流。在设计时我们的想法是将空间融合到人的感受中，打破常规办公空间的布局形式，在办公环境中设置足够的员工休息区（茶水间、健身、娱乐设施），给员工带来亲切感和人文关怀，而这种感受也正是人在室内空间的演绎与变化中自然生成的。在设计走道、厕所等人们不经常停留的地方，采用明快的颜色以解除人们在工作后的疲劳感，使人们能够在这些地方得到一个良好的缓冲，办公空间的人性化可以通过这些局部空间得以体现。我开始理解设计要根据需求出发，功能的、习惯的、感性的、形式的、心理的……才能营造出员工喜欢的办公环境。

办公空间中不同区域之间的界限有很多形式，而各种形式的界限又有不同的功能，既包括可以把办公区域隔开的墙壁、玻璃，也包括一些模糊的临界，可以是办公室、绿化、公共通道等。在原场地面积不够又需要满足多人会议室的需求，我们在两个公司共同进出口设置了一个容纳 30~50 人的大会议室，两家公司在大型会议和培训时可以共用，从而解决场地面积不足的问题。为了使场地空间最大利用起来，最初的想法是打掉那条碍事儿的走道，让出更多空间给到员工休息区，但是由于物管方的限制，很可惜这个想法没有得到实施。此外基于为一些不定时的短时间的相遇和正式或非正式的交流提供空间的需要，在员工开放办公区，设置了 6~10 人的小会议室，便于项目小组讨论或者临时的私人会谈。那么在同一时间里可以是开放的也可以是封闭的，为员工的交流提供相应的环境。这些模糊的临界或共同使用的附属设施的延伸和安排——从员工办公区、办公家私、会议区到员工休闲区、阅读区，使得界限也能连接各个功能。

感受尺度

第一次接触办公空间设计，平面布置时，发现空间尺度的运用在室内设计中是非常重要的。办公空间的大小与形状、办公设置物的位置乃至办公环境中的气氛，都会给在这一环境中的员工以不同的感受。同时，人在环境中是不断运动的，设计中还要注意人体的各种活动尺寸要求，办公设施布局是否合理，动线走向的合理安排，都是现实设计中不应忽视的。我习惯了景观大尺度的思维方式，对室内空间的把握和室内家具尺度的掌握都不够准确。看似简单的平面，不仅把甲方所需要的主要功能装进去，还有出入口的位置在哪最佳，动线怎么走才合理，老板办公室是否相对隐秘……以及有没有体现出其企业的价值取向和人文取向等，都与尺度发生着具体而密切是关系，我终于明白了 CAD 图的作用与意义，不仅仅是设计和施工的需要，更是对空间的具体把握。室内空间因为与人的近距离关系而使尺度需求更加精准、严谨，尺度的判断错误会直接导致设计布局关系的混乱和空间使用效率的降低。要准确地把握空间尺度首先应该做到熟练而准确的了解人体尺度和活动规律，只有将这两方面尺度关系精确地掌握与运用，才能作好设计，这是成为优秀设计师的基础条件。

一旦进入实际项目操作，需要在有限的时间将设计概念，物化成为室内空间的构造乃至工艺。

而我往往是想到一个概念，想到一个高度，却不能用现实的手法表现出来，呈现的效果远远低于自己的设想。大学里学的大多是图上那一块，把立意物化成为空间和图，而真的到了实际操作层面，还要包括工程、工艺、监理等一系列的具体工作，这是我们在学校里常常忽略的问题。画得好不等于做得好，这是两回事。青春最大的特点就是喜欢做梦，如何来实现梦想，当清醒面对现实的时候觉得它的残酷与梦的破碎。我是不可能像扎哈·哈迪德那样，狂草一个异形建筑，然后丢给下一个建筑师去执行。

这个问题看似不起眼，确很能体现从业者的视角。实际项目中，设计师要是想什么美好得不得了的意境，还是要把那意境不只变成图纸要求的平立剖，符合行业和市场规范，还要把其中一切有关装修的流程和细节，包括价格给“办出来”。对于这种能力，也许真的要被丢进实践之后才会有那种迫切的感受。

几轮下来，平面布置反复修改调整，让我最头疼的是，设计、设计着，甲方就改了条件和方案。从最初的员工容纳 200 人到 300 人，再到员工茶水间位置的一变再变。我发现实际项目不同于学校里的“已知条件”，差别就在于：一、实际项目中，所谓“已知条件”根本不会像学校里那样是老师给你的。在现实设计中所谓“已知条件”，就是甲方的财力物力，现场的物质条件社会条件，使用者的潜在需求和市场，甲方大约确定下来的任务书……这些“条件”里，没有哪一项是板上钉钉的“已知条件”。二、实际的项目中，也没有所谓的“固定结果”。设计的目标和结果，在设计初期，总是模模糊糊的虚拟存在。有时甲方会说，像 xxx 公司一样，另外一些时候，会说些形容词：生态绿色！体现我们企业的人文精神。这样的“目标”并不是我预先想到的固定“结果”。

年轻的我们满怀梦想步入社会，才发现所谓“艺术灵感”与现实生活及商业化的市场相距甚远。有时望着图纸，觉得早已不是设计的初衷，甚至觉得我做的不是设计，是工作，是在完成一个规定动作，而不是自己想要的设计。在学校时，做的东西时常会有一些天马行空，不会像实际设计中使用的空间那样具有实用性、功能性。进入企业以后，确实经历过一段迷茫期，甚至觉得学生在某些方面的天赋和灵性反而受到压制。在实际项目中，甲方会做出他们认为合理的改变，但这些所谓的一些意见或许会导致设计的不合理，但他们却非常喜欢，站在设计师的角度却认为他们把个性的东西变得俗了，自己本来很开心的设计被否定。肖老师看出我的郁闷，和我聊到："设计师这个行业首先必须当它是个职业，你刚从学校出来，太多地把自己的专业理想、专业抱负和眼前的职业现状纠缠在一块儿，其实是没把职业和学生两者之间的关系处理好，所以有时会变得很苦闷。"设计是一份职业，这是在企业要接受的工作性质的一部分。做设计本身是客户付钱找你解决他的问题，设计出来的东西是要走向市场的，不能只图自己做得高兴，是非常不负责任的行为。这是一份职业、一份工作、岗位，这个称谓刺痛了我内心美好的期望，的确应该为这份工作、这个职业、这种商业化的趋势服务，但是怎样才能让灵感充分发挥而不被现实所限制呢？我不甘地继续纠结着。

这好比感性和理性的问题，评论设计作品时是片段性的现象，我们学画画的思维不像理性的加减乘除。感性与理性之间，首先是发散性思维阶段，可以任意考虑问题，创意最重要。一旦进入到设置的问题当中考虑的问题特别多，甲方的预算，现场的条件等。作为年轻设计师，认清自己，内心自我的状态和对美好的追求不能抛弃，脚踏实地去寻找、学习成功设计师的自成长方法，尊崇工作上必需的严谨态度，这是一个自我认识的过程，也是理性与感性的平衡，我想凡事无外乎是一种"度"的把握。

"入于其内"又"出乎其外"——身份的转换

去广田装饰设计研究院上班的第一天，觉得自己仿佛是一颗闪亮的子弹，屁股马上要挨上一撞针，穿过黑洞洞的枪膛朝着广阔的光明直飞而去。生命好似一场游戏，当了多年学生之后，现在可以按下"upgrade"，从学生变为一名职业人。

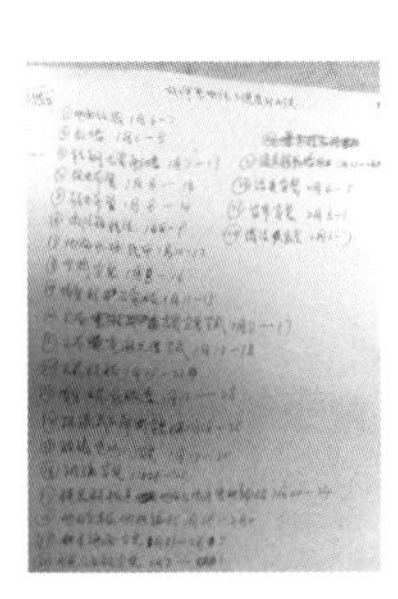

选择到广田装饰设计研究院实习，有部分原因是基于想了解在大型设计院的工作方法和运行模式，为自己毕业后的职业方向提供多种选择。本科和研究生期间也有过短暂实习经历，都是在小型设计公司或老师工作室做事情，并不了解大型设计院的运行模式。进来后，其运行模式和自己想象全然不同。设计院分为若干个分院、设计所来进行管理。每个设计所就像一个小型的公司，设计任务的完成水平主要由这个所的水平所决定。大集团、大公司有其整体的企业文化，其下属的各部门、公司内部又有着自己独有的氛围与特性。作为像我等“空降兵”，来到企业后，对于执行力这个词有了更多的思考与体悟，有一语能很好地诠释“好的执行力就是打酱油的时候顺带把醋买了。”窃以为可以分解为：执行力 = 理解力 + 转化力 + 结合力。

广田装饰设计研究院里有很多有经验的设计师，施工图设计流程也非常成熟。首先，设计院里面每个所自身都有着一套多年积累起来的项目控制系统。我觉得院里的这套制度还是很值得我学习的。比如施工制图规范和标准，所里每一个人使用的制图规范和标准都是统一的，任何项目基本上只要参照规范，就能保持一个基本的装修建造质量，然后只要有基本的平立剖和节点大样的绘制，一套图纸就可以达到基本实施的水平了。这对于新进院的员工来说，能很快建立对一个项目从方案到施工图的全面了解。

学校和企业的双重教育，让我从不同的角度去看、去对比，去尝试不同的设计方法、路径。我所理解的二者没有必然的界限，就看能否找到对我自身来说有意思的方式，既在一定程度上参与现实又和其保持距离。既“入于其内”又“出乎其外”，这就是一种境界。我和学校、企业三者的关系，是否正因为模糊，处于边缘地带，因而产生了多种可能性，这些可能性是可塑的。我需要在学校的教育方式和理论体系之上，把企业的实战经验和市场需求也吸收进来，将二者融合。

工作中的锻炼，常常带来各种各样的议题。在实际项目中的角色、程序、利益以及彼此的关注点不同。作为设计师，需要将自己内心的东西通过物质的手段去实现出来，甚至落到工艺上。但毕竟现实的情况不同，有时候行为不能与思想同步的时候，就像嘴巴跟不上想说的，表现为结巴。在很长一段时间里这的确带给我痛苦。

理想的连续性在实际操作中是不会出现的。当面对甲方各种各样的问题，当面对几个同事一起工作，当面对学校和企业的不同要求，当面对一系列社会、政治、经济、项目等带给设计的各种问题时，这都需要我寻求与学校不同的新的感官。这种感官是如何在校企中找到平衡点，学会如何去面对市场需求，进行自我的训练和积累。在实际工作中，甲方对项目的时间要求很短，成果要求却越来越高，能够发现在此情况下大多设计师的设计在概念、形式上进行抄袭。

对此我在思考，学校里设计学习过程中的所谓“借鉴”，跟市场的设计流行的“借鉴”的差别在哪儿？面对方案，我的思考方式和解决问题的措施，同他们有很大不同。有了立意，但是没有能够把立意转化成为室内设计的示意图；或是有了示意图还不甘心，或者不肯定，比较容易受到诱惑，今天看到斯帕卡的门，不错，来一个，明天看到巴瓦的接待厅不错，来一个。结果一个空间上，有来自不同出处的几个理由。设计上的立意和姿态太多，整个设计思路就在大师设计的片段中被搞砸了。因此特别值得反思，学校里设计学习过程中的“借鉴”，跟市场的设计流行的“借鉴”有着本质差别。在市场上，如果一个设计师因为进度的要求，或是为了中标，直接借鉴了别人的方案，主要是外貌。其实这个设计师在内心，对于目的和手段的关系还是非常明确的。目的是要中标，手段就是用什么方法去抄什么，来得最为见效。向大师借鉴，或是针对自己的情况向大师学习，我发现还是有着相当的不同。因为这时设计的目的是要解决自己的设计问题，而不是投标问题。借鉴的目的，注重研究大师的思路和过程，比平移一个平面或是一个节点更值得称赞。设计师不能只注重形式，需要把事物的本质从外形中剥离出来，才能找出对于设计最本质的思考，才能设计出有价值的东西。而对于现在的我来说，表现越来越复杂，本质变得难以把握，所以感到很矛盾。

这是一个不断积累训练的过程，我们需要遇到问题时的即兴发挥和战术运用，这是将学到的知识在设计中活化，就像士兵上战场打仗一样，对付敌人需要策略

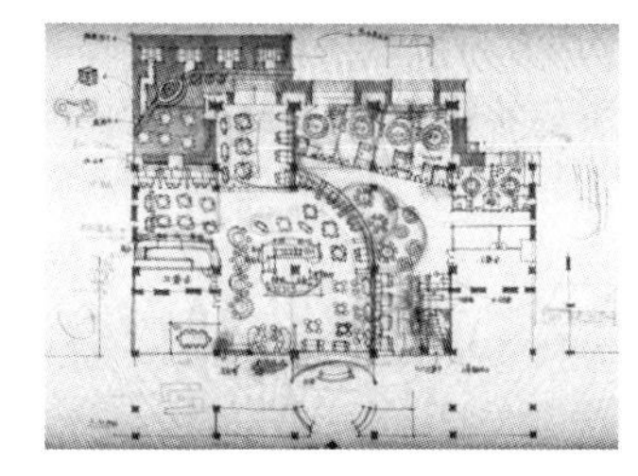

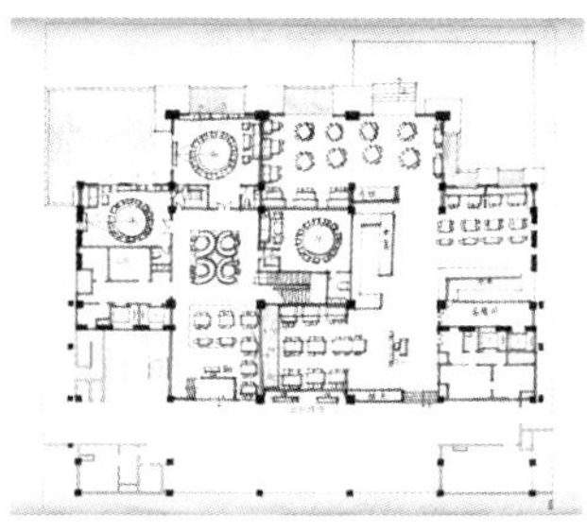

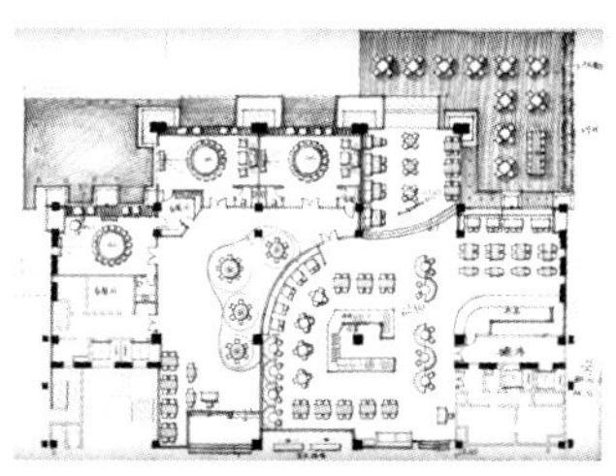

和战术，策略是预先制定的，战术却是现场发挥的。战术的发挥源于士兵之前的训练。在市场消费的时代，我们探讨行业本身、设计本身的过程，就是一种训练。这是市场对设计师的要求，每个设计师都需要这种训练和积累。学校从某个角度上来说是一个训练基地，在这个阶段我们是学徒的身份。在学徒的时候首先要学会方法，即思考和表现的方法，整理天马行空的思路，学校里思考和知识的训练很重要。在企业，进入另外一种训练，实际项目的磨炼。年轻的时候能够有丰富的实践体验非常重要。在这个过程中，能够自我认识，每一项设计工作的完成都是自我意识的一部分。一个好的方案都要经过一个方法、逻辑、技术层面推导的过程，并要通过经验的把握使其完善，我希望在经验的积累过程中不断地更新自我的意识，这或许就是在学习中成长。

前几天开会，肖老师提到对设计的感觉好比《麦田里的守望者》，这本书我刚上中学的时候就读过，看之后谈不上有多喜欢，现在又拾起重读起来，不免对书中所描写的有些许体会。作者笔下的人物霍尔顿叛逆得几乎看不惯周围发生的一切，他甚至想逃离这个现实世界，但要真正这样做，又是不可能的，因此，他尽管看不惯世道，却只好苦闷、彷徨，用种种不切实际的幻想安慰自己，自欺欺人，最后仍不免对现实社会妥协，成不了真正的叛逆。学校和企业不正是书中两个不同的世界，我来到企业，处于边缘地带，企业面对市场是种态度，学校专业研究也是种态度。真实的世界是进入到一个企业里面，它要求是全面的，需要各种各样的知识，甚至要愿意做别人不愿意去做的事情——脏的累的、赶的急的，这些都和学校所不同的。今天的企业因为竞争严峻、设计报酬不高，所以它需要量的堆积。广田作为大型设计院，产量太大，同时作为一个商业运行的机构，设计工作往往无法等你精细地去琢磨清楚一件事情，另外一件事情已经又压过来了。冲锋陷阵的方案通常新同事做，领导在大家做的方案中选一个。等到定下方案后大家都已筋疲力尽，没力气再精细地去发展设计了。设计院如同一只惯性巨大的车轮，缺少为某些项目单独进行停顿的迂回空间。

作为企业实习的研究生，项目中，我应该关注什么？自己应该投入多少？参与办公空间项目之后，我觉得值得研究的东西太多了。在和设计师做同一个项目时，可以重新思考自己解决问题的方式是不是最好的，和他们的区别在哪。回头看来，能看到自己的想法在不断成熟，这是很令自己高兴的事。我发现，企业也是一所学校，这里没有固定的老师，只有鲜活的实战战场，教你在项目中面临问题时，如何用最短的时间采取措施和解决问题的办法。

企业需要能够解决问题的员工，我们可以满怀理想和宏大的志向，问题是否站在职业的角度去解决问题，这才是企业最需要的职业品质。职业和企业永远是按照自己的方则发展，这就要求我学会控制，以什么样的方式和态度进入到企业里。这是一个年轻的设计师刚进入企业必要经历的过程，否则将在行业中无所适从，怎么做设计，让我的专业水平、职业要求和职业技术能够掌握。不是说一个企业要让设计师断送自己的专业前途和理想，而是设计师在做的过程中自己要把握住，设计的难度在于和甲方沟通时，不断面对“取舍”，而取舍的难度在于“舍”的过程中最大限度地“取”：在最大限度地满足甲方的要求的基础上，最大限度地符合当初预期的设计立场。这样我们的设计，体现出来的价值会更高，也更有意义，今后做事更加从容，考虑得更加深远。

掌灯人——我的两位老师

什么季节，你最惆怅，放下了忙乱的箩筐。

大地茫茫，河水流淌，是什么人掌灯，把你照亮。

——海子

人生就像一列火车，在每一个站点都会遇到几个人，经历一些事，自己或多或少地发生一些改变，然后，背起行囊继续前行。有些人云淡风轻，而有些人在不知不觉中将人生珠玑赠予你，因为他们的出现，前行中更加勇敢和坚定，人生的旅途也变得格外敞亮。

当着导师的面，自然是叫潘老师。但背后，还是觉得叫“老潘”过瘾。于我而言，他既是导师，父辈，也是朋友。犹如海子诗中的掌灯人，照亮我困惑的路途，前行中更加勇敢。

印象中的老潘不笑时甚是严肃，但笑起来却是可爱，笑盈盈的眼睛俨然不符合他那一身黑的“大佬”气质。本科毕业设计导师选的潘老师，大抵是因为私心，想考他的研究生，考研时和他接触越发多起来，才知道那圆圆的脸庞后面有一颗棉花糖般柔软的内心，像太阳一样温暖着我们的心。之所以考潘老师的研究生，我想更多的是他特殊的个人魅力和自由的教育方法。潘老师对学生在专业上的帮助永远是启发性的，引导我们自己去思考问题。他不会给你一个标准答案，而是让你自己去寻找，路错了倒回来他再给你指指路。他对待学生方式多是以鼓励为主的，每每我们以各种借口托词做不好事情时，他总是批评的开头安慰的结束。肖老师的教学方式与之大相径庭，他会同我说“你在学校里面，不管是四年还是七年，你读了很多书，但你来到了企业，那这个时候对不起，你已经变成一张纸了。”于是乎，听着听着，打击着打击着，我也就习惯了。也许这就是两位老师对待教学的不同方式，一个鼓励一个打击，默契十足。教与学是个美丽的互动过程，两位掌灯人啊，我想您给了我亮光，我一定会还给您灿烂。

学校的时候跟着潘老师研究的课题大都关注地域性、民俗文化、本土文化较多，不管是传统小菜场的改造还是阆中古城的改建，关注的更多的是传统和当下的结合，也让我思考如何让传统文化体现在人们当下现代的生活方式。潘老师常寄语我们，作为设计师内心的修为比设计的好坏重要得多，也如同做个忠于真理的人比做个违背内心的设计师要有意义的多。肖老师的想法和步调则与学校不尽一致，更多的是希望我抛开学生身份，用职业身份介入到企业。我想这是教育工作者和企业的设计管理者出发点不同。他一直强调让我把心态转过来，设计就是一个服务行业，你不是艺术家，但并不是和艺术没有关系，而且是花别人的钱，实现所谓自己的梦想，这是错的，你是花别人的钱把问题做好，实现自己一小点梦想。

企业和学校都是追求设计的价值。企业追求的是有商业的价值、有经济的价值，正如肖老师所说：“设计就是套现。”有时候在想，做设计师是为什么？好像是在谈钱，设计师需要一部分钱，要进入这个行业，要具有什么样的素质，虽然说表象是钱，但最后还是自身需要什么。与企业不同的是，学校教育更多的是让我们追求学术价值、学术研究。到底怎样让设计更值价呢？就好比“职业化”和“专业化”，如果说追求价值是一个专业的理想，那么好的价格则是职业追求的目标。就好比站在肖老师的立场，企业因为需要在行业竞争相当严峻的生存条件下（20多万家装饰公司），需要采取一些手段来获取自己的项目，但我认为这跟设计的提高与发展并不矛盾。职业和企业永远是按照自己的方法发展和进步，这就要求我们作为设计师个体学会控制，以什么样的方式和态度进入到企业里，这是刚进入企业时我们从学生到职业人必须要经历的过程。

初见肖老师时，风逸潇洒的翩翩形象让人印象深刻。那句“人生得意须尽欢，莫使金樽空对月”用在他身上最恰当不过了。他是四川美术学院的校友，也是我的校外导师。热衷于抽象艺术和当代艺术的他思想相当前卫，把理想和现实两种完全相反的气质体现得淋漓尽致。应变能力极强，处理不同问题能有不同解决措施，面对各种情况都能游刃有余，聊天极其能侃，所聊到之处常常超出我的认知范围，惊叹原来还可以这样啊。这是和在学校读书完全不同的两个体验，在企业的工作模式对我有很多启发和影响。在学校时我偏执地认为，商业设计是扼杀具有创造力的设计方式。肖老师对此并不赞同，他常和我说“商业设计是一种商业化的模式。”设计师首先要养活自己，然后才能去为社会做贡献。而在商业设计成熟的基础上，再更进一步去创新，就能真正成为设计大师。相较于潘老师的仁慈，肖老师更热衷于把社会、企业的现实和残酷撕开来让我观摩，让我对市场和职业的认知基础上，来上血淋淋的一刀。我想这兴许是潘老师当初把我放到广田，期望我能在肖老师身边耳濡目染些什么吧。

古人说：与君一夕谈，胜读十年书。聊天之意不在求专精，而在求旁通。和肖老师聊天，我能从他那里学到不少思想，这些在平时是不注意的。聊天与听课或听学术报告不同，常常是没有正式发表的思想精华在进行交流，三言两语，直接表达了其二十几年的真实体会。学术上的聊天可以扩大我的知识视野，养成一种较全面的行业气质，启发职业的思路。肖老师爱聊纯艺术，总能从他嘴里听到不同艺术家的名字，有的我所熟知，有的未曾听闻，暗自惭愧自身艺术修为的不足。作为 20 世纪 90 年代美院油画系毕业，至今都在北京保不时还会回归艺术状态的人来说，我想他是热爱艺术的吧。可他会打趣道：“设计和艺术的价值可以用金钱衡量。”一会儿理想得浪漫，一会儿现实得残忍，如此一正一反的两面令我常常陷入矛盾纠结之中。 在我眼中，他是个极其反叛有个性的人，不喜欢中庸。这次的论文我拿给他看后，给我的意见是写得太常规，太规规矩矩，很难打动看的人。“你要做一个不一定要听话的学生。”从小到大我一直自诩好孩子，到底怎么样才是不标准，不常规呢？肖老师和我提到西班牙抽象艺术大师塔皮埃斯的《艺术实践》，这本书颠覆了他学生时代的艺术观，他认为这就是不常规、不标准。这本书现在已经买不到，我在网上找到书中作者塔皮埃斯的一些观点："我从来不相信艺术的内在价值。艺术本身，我觉得没有任何价值。重要的是它作为原动力和跳板的作用，帮助我们去获取知识。至于它的价值，只能由它的效果来判定。艺术即可解决。这些工业的方法，既能保持作品丰富的'价值'，又能使作品人人都买得起。有点像系列化的生产使汽车变得更便宜一样。"书中作者举的例子生动形象，让我似乎有些能明白肖老师对设计和艺术的理解了，什么样特质的人做什么设计，这个人是中庸、唯美、抒情或是极致，这是设计师自身特质和所做出来的东西相互对应，而他便是想要成为那个大胆、不合常规，打破了传统法则的人吧。

肖老师是一位艺术家，是一位设计师，也是一名设计管理者，矛盾的多重身份在他身上糅合得浑然天成。他看似融合于设计圈之内，又仿佛游离于主流之外。有时候我觉得他把设计看得很轻，能养家糊口、养得起设计院那一大帮子人就可以了，能不能设计出让人叹为观止和拿奖的专业作品都不要紧。他会说："最好的艺术和设计就是最贵的艺术和设计，设计就是套现。"这番话我从他口中听过多次，初听时十分震惊，作为一个学纯艺的人居然对设计和艺术是这样的价值观！完全颠覆了我二十多年对艺术、对设计的认识，震惊之余更多的是不理解，以至于在后面的很长一段日子，每每肖老师和我谈话时我都觉得是在给我洗脑，思绪早已在外神游。有时候又觉得他把设计看得特别看重，不管院里的事情有多繁杂，面对每一个方案，不论大小必定会把关，对设计师的方案提出修改意见，以确保项目进度。作为老师，每次肖老师都努力地用我能明白的语境阐述一些道理，他也从不在意说的话是否够狠，也从来不用在意举的例子有多现实残酷，只是把他自己从事设计二十几年的经历经验悉数告诉我。

和潘老师打电话时聊起我的困惑，他开导我："肖老师是一名设计管理者，由于企业的要求，他的想法和步调与学校老师是不一致的，这非常正常！设计师多式多样，包括这次的五位企业导师，每个人站的角度都不一样，每个人都有自己的思考发展空间。中国的市场非常丰富，允许很多设计师通过自己的方式来面对社会、生活和行业。”在对行业的认识上，不得不说我的两位导师看法高度的一致，他们都非常期望我能看到这个行业的深度和广度。三家设计企业，五位校外导师，每一位都个性鲜明，有着截然不同的打法。判断一个企业、一个设计师或一个设计，应该是有着多重的判断标准的，应用多重价值观去衡量。

设计有很多种，肖老师形容得生动：“每个设计师都有不一样的打法。”期望我从这次的研究生联合培养站中的三家设计企业中，看到各自的差异性。每个设计企业有自己不同的企业文化，我觉得在整个行业的机制设计里，很多企业设定的规则就是铁打的营盘流水的兵，一年换一波人也是常见的。但一个设计企业，如果想长期有自己的设计风格，自己做事情的一套文化，一套机制，都必须保持队伍的稳定。他们都是行业里的成功者，这种差异性无关好与不好，决定这种差异性的是与企业各自身处的阶段、管理者的决策有关。

六个女孩儿住在集体宿舍里面，空闲之余不免会聊到各自的老师，各自的公司。兴许是对企业商业设计的不适应，有时候会羡慕别的同学，羡慕她们所在的公司同她们自身对设计的追求高度符合，那种把设计当作生活态度的理想美好得让我心生向往。小心思总是藏不住的，被肖老师看出来后，他告诉我：“理想有时候是矫情的，或许他已经过了那个年龄，或许没有与其相同的感知。那种理想的状态是设计里面最美好的一个角落，当你走出那个角落，你会发现原来市场如此浩瀚。”是啊，在这个行业里，设计师有很多种，都有其自身存在的方式。设计是一种生活的态度还是生存的工作，观点不同甚至对立但都可以共存。如今的设计行业很大，做设计有不同的方法和选择，也都有诸多不同的道路和方向。

我相信，如果想保持眼界的开阔，想要跟上市场的变化，就必须要不停地接触各式各样的人。很庆幸能在研二的时候就能够得到这个行业如此立体的感染，设计的路有很多，做设计的方法也有很多。“年轻”的我们虽然意味着稚嫩和脆弱，但也有着对设计“无知而无畏”的激情和热望，有着对理想的憧憬和富有活力的勇往直前。不管哪种方法，我们终归能有适合自己的方向；不管哪条道路，我们终归能找到与自己身处的时代、境遇有关的道路。

界——房前屋后

破界

界面，边界和界线，一个是有形的界，一个是无形的界。这是我的研究专题，我所理解的界是用自己的眼睛能看到的界，比如说房子和房子之间有边界。在做平面方案时有一个界面，这个是有形的界。还有一个无形的界，适宜的尺度，人心中的安全距离是人与人之间的界（生理与心理）；地平线用不同的材料组成画面，是天与地的界；漆黑的小路，微晕的灯光是界；未出生的婴儿，母亲的肚皮是里与外的界；蜗牛笨拙的壳，是保护它的界；读书时旧课桌上的“三八线”，是我与同桌划分的界……

在我们心里面，对于界限，我们的思想教育里面屏蔽了各种各样的，告诉我们很多的界限。我想说的是破界，应该是当下我们在各个时尚杂志都可以看到的概念，一个叫跨界，会对我们思想产生很多的思路。当一个界面到另外一个界面会产生一个模糊地带，假如单纯在一个界面你的创造能力和调动思维的感性这一块会比较弱，一旦交叉，从不同界面游走的时候，我们会变得很丰满，设计更深、更长。中国的室内设计和景观设计经过十多年的发展，但似乎仍然是两条平行线，交集甚少。我们在看到很多室内设计的时候，会发现其对“内”的表现过于强烈，而忽略了边界的处理。

实际上在我们心理的层面还有一个界，是对自我的认知。我们界定自己是一个建筑师，是一个室内设计师，或是景观设计师有意义吗？没有意义，我们内心里不可以有这个边界。要懂得让自己突破已设定的心理边界去探索未知，找寻那个不确定的可能性。我的研究方向是景观设计，希望能站在景观和建筑的立场上思考室内设计，力求穿越内与外的边界。于是，和两位老师讨论后，决定以“界”为选题展开针对性的研究。

承载这个课题研究的项目，选择的是三亚温德姆度假酒店的，在海南三亚面海的地理环境，和浓厚的海洋文化背景下，设计师根据项目的设定，在满足酒店管理方需求和后期营销的要求，室内空间设计延续建筑偏东南亚和唐风的语言。我的想法是在室内的延续，在室内我们做了从建筑形态上已有的元素，强调建筑和室内的空间延续性。 介入实际项目，思考如何在做室内设计的时候，不光只做对内部的考量，还要进一步地对内与外的关系进行思考。我不认为，室内设计可以被剥离到建筑和景观设计之外。从室内到室外，是一个连续性的过程。我发现，当人存在于一个内部空间的时候，是需要和外部空间有所关联，而这个边界恰恰是最容易被忽略的。那么，设计时该怎样处理这种内与外的关系？志水英树曾经用一句话进行了概括：“边界就是将无限定空间进行划分和限定空间的要素。”

这个“界”应该如何界定？是以墙为界还是什么为界？空间的限定元素，如墙体、屏障、门、窗间墙或柱子等，通过设定边界、限制、包围、环绕、容纳，空间的外围或空间的边界被创造出来。空间边界所形成的围合程度作用逐渐变化，到一定程度，感觉上好像内部空间变成了外部空间的一部分。让我联想到希区柯克的电影《后窗》，从外部观察的窗内生活，经典之作。你看见一个亮堂的窗口下有位红衣女子，而你对她从事什么工作绝无头绪。

在做室内设计的过程时，要尽量保持对建筑和建筑师的尊重，让室内空间与建筑本体发生密切联系，保持一致性，从而建筑的外在气质传承并延续到室内。杰弗里·巴瓦是我非常喜欢的一位亚洲设计师，在处理室内外空间关系的时候，巴瓦总是带着一份模糊的暧昧，在围与不围间拿捏分寸，也许正是这份暧昧，让我们丝毫感觉不到建筑体量的突兀与违和，好像一切都是自然过渡。在巴瓦的眼中也许从来都没有独立的单个空间，内与外也没有绝对的分别，每个空间都构成前一空间的结果并预示着下一空间的出现，每个空间都与其邻里保持联系也和室外空间保持联系。打破内与外的约定俗成，建筑与景观的人为分隔，空间可以提供无穷的可能，需要人们去不断探索。相对来说，很多室内设计师在做室内的时候往往把室内、室外和建筑割裂开来，觉得如果依照建筑来做室内，会把自己放在从属位置，好像是去迎合。其实不然，对界面关系的处理：一种是材料本身的界面，包括色彩、尺度、声音、材料；折射周围环境的不同透明度做出一些变化；另一种是一个空间到另外一个空间的界面，比如对待室内和室外的关系上，把建筑本身的精神延续到空间中，让进入内部的人，通过室内去感受建筑的魅力。这样的内外融合本身就体现了丰富性，在一个相对有限的空间里面，产生出空间从内向外拓展。

屋檐下的声音

边界提供给人们许多实际的、心理的支持，使人愿意在此停留、徘徊。克里斯托弗·亚历山大在他的《建筑模式语言》一书中，总结了有关空间中边界效应和边界区域的经验："如果边界不复存在，那么空间就绝不会富有生气。"人自身的行为由室内转移到外沿，特别是在沿着建筑外立面的那方领域——屋檐，即房屋前后坡的边缘部分，俗称瓦檐，是中国传统建筑常见的形式特色。一个小小的凸出来的檐下空间。剧院需要大厅和前厅，人们在此等待入场，酝酿开场前的期待情绪。房前屋后，在门扇打开前，总希望有个小小的"间隙"，从而衍生出室外与室内的过渡空间。

屋檐下，室内和室外互相融会贯通，交汇在一起，自然的天光水汽自由穿行，人们在其中共同体验阳光、空气、情景的变化，而在这些边缘空间之中发生的很多细节事件，触动情绪，从而形成脑海中特殊印记的场所回忆。小时候，重庆漫长的雨季，鱼鳞瓦的屋檐下，墙角的青苔入境，街挑檐下的风铃，是一行行向下落的风景，于是我听见屋檐下滴答的声音。念初中时，搬了家，住在近三十层的高楼里。夜里，雨从窗边梦边路过，没有留下一丝声响。我恍然，没有树，也没有屋檐，哪里能听得到。我们住的这些高楼，葱茏林立，却是没有一枝半叶的。这些笼子似的家，光秃秃地挂在钢筋上，密密匝匝，却是没有一寸多余的檐盖。高处，失去只檐片瓦，一如少了管弦键盘。屋檐下的音符，只能寂寥成声声叹息，遗散在半空了。

中国传统建筑中，一个亭子做上门就是房子，精华在屋檐下，就是介于室内和室外之间，都在一个边界的地方，都在一个模糊的区域，所以我们纯粹去界定室内空间或者是户外空间的时候，我们更应该关注中间的这个模糊地带，比如说屋檐下，还有门扇本身的处理方式。

屋檐也可以延伸为"廊"的概念。它是一个气脉流动贯通的场所，在徘徊流转之间酝酿产生。单边的“廊”可以眺望远山，闭合的“廊”可以形成仅朝天空开放的空间，获得安静，发人自省，唤起对纤毫花草的怜惜之情，唤起人气的交流和环境的对话。温德姆酒店公共空间，有廊、有台等，廊道从缘侧里凸出的下沉卡座，与友端坐其上，相对小酌，聆听涛声，是何等的惬意啊。

空间中的“边界”

空间是不是存在一个边界？以“边界”于空间之为题，探讨边界的本质与其意义。边界是什么？边界该如何定义？ 从设计的角度，没有规矩，没有标准就无法形成体系。但是从思维角度上来讲，界的意义在哪儿呢？有人说设计要追本溯源，回到原点之后基本就是无界了。这其实就是跨界。原点、跨界、专注，我觉着这六个字不仅谈设计，还谈思考，这实际上是一个哲学命题。人在发展的过程中被不断“文化”、规矩和界定越来越多，我们看到的是符号、表象。这些被传播与认同，而深层、抽象的事物恰恰相反。但是设计是需要回到原点的，就像一棵树一样，是生长的一种关系，需要在生态、形态、情态三者之间进行转化。如果界限贯通，所有符号和表象带来的束缚解除之后，都是可以相互运用的。

边界是认识空间的起点。芦原义信在他的《隐藏的秩序》中指出边界成为人们青睐的地点有多种缘由，其中一种解释就是“这里为人们体验空间环境提供了最好的机会；另一种解释是边界地区帮助个体或群体很好地与他人保持距离。”我们日常经验中的空间都是有限定的空间，空间的属性由限定空间的元素性质来决定。这些限定空间的元素就形成了不同的边界。我们看见一座建筑，往往先对建筑的立面形式有所判断，然后再进入建筑，感受其中具体的空间形态。这里，建筑的外墙就是边界。即便在日常生活中，也经常无意识地在创造边界。去野餐时，在草地上铺上毯子，就产生出从自然当中划分出来的一家团圆的场地。收掉毯子，又恢复成原来的草地；男女二人在雨中同行，在撑开的伞下产生了卿卿我我的二人天地。收拢雨伞，只有两个人的空间就消失了；户外演讲者周围集合的群众，产生了以演讲者为中心的紧凑场合，演讲结束群众散去，这个紧张空间便不见。空间在认知上的抽象和模糊，使我们往往以无形的概念去看待它，但边界是清晰而可感的。

所谓边界，就像这样非常有趣，是有研究价值的。老子说得很妙："三十辐共一毂，当其无，有车之用"，就是说车有车轮，这个车轮子的中间是空的才可以用，这个空是界定出来的。"埏埴以为器，当其无，有器之用"，实际上，捏土造器，其器本质也不再是土，在它当中产生了"空"的空间。器物因为中间是空的它才可以用。实际上这就是一个辩证关系，不光要关注我们能看到的瓶子本身，更关注瓶子所界定出的里面的"空"，里面的没有。里面的没有是靠什么来做的呢?是靠边界来界定的。"凿户牖以为室，当其无，有室之用"，我们的房子是因为里面有空的，才可以用，因为里面是"空"，为什么是"空"，是因为边界把它界定出来之后里面的空间。尽管老子的本意不是谈论空间，但这段话很好地说明了边界与空间的关系，空间由边界构成，人们更容易看到边界的形式，而忘了边界形式背后的原始目的。由此，我们也可以知道，边界不仅是认识空间的起点，也是设计空间的起点。

根据一般常识来说，室内空间是由地板、墙壁、天花板所限定的。因此，可以认为地板、墙壁、天花板是限定室内空间的三要素。设计师就是在地面、墙壁、天花板上使用各种材料去具体地创造室内空间的。好比在灿烂阳光照耀下，毫不出奇的平坦土地上，用砖砌起一段墙壁，于是那里就出现了一个适于恋人们凭靠倾谈的向阳空间；在它背后则出现了一个照射不到阳光的冷飕飕的空间。拆去这段墙壁，又恢复到原来毫不出奇的土地。又如，在空无一物的建筑外沿，如果延伸出一片屋檐，屋檐下面，就会出现一个人们避雨或是躲避酷热阳光的休憩空间。由此，不同的界限可以划分出不同的空间。

在开放的、广袤的自然中，我们如何界定自我的存在？这既是一个哲学命题，对于室内设计师来说，这又是一个对空间的不断追问。原始人类穴居山洞，洞口就是内与外的界线，山间一座茅屋，是天与地的界线；我们为自己画一个圈，可以是石头垒成的围墙，竹子编织的篱笆，限定了自我于无限空间中的有限存在。

日本庭院中经常可见一段竹子横亘于小径之上，一步即可跨过的高度，但是大家都会意，在此驻足。在实体上它并不能真正地抵挡外来者，却从语义上隐喻了边界的存在。京都御所的清凉殿东北角的缘侧上设有一门，这扇门独立于墙而存在，只有门框与门扇，也不区分室内与室外空间，它回到了"门"最本真的含义，即门是作为从一个空间到另一个空间的边界。这让我想起韩国导演金基德的电影《春夏秋冬又一春》，在群山环绕的湖面之上漂浮着一座寺庙，到达它需要通过一座孤独的山门再划船，而寺庙室内的分隔也抽象到只有门，边界的概念则需要人的经验意识来补充完成。

所谓有三境：见山是山，见水是水；见山不是山，见水不是水；见山还是山，见水还是水。

我研究的边界课题，项目是一个度假酒店的餐饮空间，我希望在这个具有实际功能的空间中找到边界的丰富性，并通过界面延伸与变化体现室内外的景象与感知。现代建筑中的“玻璃窗”真是一项有意思的发明，它的透明性使外部的自然成了可以看见却不可触摸的存在。窗户是建筑空间自身呼吸的渠道，打开后，外面的空气和阳光才能进来。人与自然的边界只有一门一窗之隔，清风明月只在一开一合之间。在中餐厅包房的休息空间，室内的横座椅高度与室外地面同高差，仿佛室内的空间在向外延伸。整个酒店建筑群的边界是一种多样的存在。打开建筑的墙，打开了视线，楼板与地平线框出地景，向左右无尽延伸的边界线，让语句在其中书写，让植被、湛蓝的海水在其间铺展开来。

自古以来，城有墙，防御之用。现代建筑中，墙作为边界最习见的形式，即指的是用砖石等砌成承架房顶或隔开内外的建筑要素。回望现代建筑的开端，柯布西埃曾在新建筑五点中指出：“迄今为止还是墙承重，自地下室起，墙体彼此重叠，构成首层及以上诸层，直至屋顶层。平面是承重墙的奴隶。钢筋混凝土为住宅平面带来了自由，层与层不再按墙相互重叠。它们是自由的，每 1 ㎡的精确使用，导致建设量的巨大节省、金钱的巨大节省，这是新平面自在的理性主义。”而在传统木构建筑中，起承重作用的柱子使墙寻得了自由。室内空间中的隔屏、木板门能够灵活地开合，内外空间属性不断发生变化。它以一种游离的状态存在于两个似是而非的空间。通过它，有时不仅是空间边界与大小的变化，更是连通了两边的自然，空间的消隐通过贯通而通达自然。

空间的边界在哪里，是这堵墙还是这根柱子？在实体上的毫无限定需要借由隐喻来达成空间的限定，含蓄的东方韵味深藏其中。由此看来，柯布西埃提出的自由平面似乎有点过于直白得乏味。

室内设计汲取中国传统庭院中“层层延伸，移步移景”的精髓，但不拘泥于传统而采用当代的手法，强调竖向线条的微妙层次和几何对称。其间，一个看似突然的转折、切面、开窗都将情境关系引入更深层次的室内，营造“空间的空间”。归塑于空间本质，如阳光、水体、绿植，还有自由的空气、愉悦、美好等有形和无形的体，致密而透明地组织。

边界立面，应该考虑到墙的高度与人眼睛的高度密切关系。30cm 作为墙壁只是达到勉强能区别领域的程度，几乎对人的视线没有遮挡。不过，由于它刚好成为憩坐或搁脚的高度，带来非正式的印象。在 60cm 高度时，空间在视觉上有连续性，刚好是人希望凭靠休息的大致尺寸。设计的技法有两种：一开始就一览无余地看到对象的全貌，给人以强烈印象和标志，这是种方法；而有控制地一点点给人看到，一面使人有种种期待，一面采取掌控空间的节奏，这也是一种方法。中国园林的借景和隔景也是这个设计手法。“景”既云“借”，当然其物不在我而在他，即化他人之物为我物，巧妙地吸收到自己的设计中，增加园林的景色。

以“实”就“虚”

做酒店项目时， 建筑立面造型似乎是表现界面最为直接而有效的方式了，但是要想创造出更为丰富的感受，设计窗时，框定视野，不要一览无遗，要考虑到屏蔽的区域，甚至隐蔽某些景象。窗户的形式、尺寸和位置都需要经过精心的设计，这样的窗户不仅能形成独特的风景线，还能传递着空间围合的主题，孔孔相套的窗洞强调出内部的空间层次感，使室外的风景变成一方如画的平面。

方案中最重要的是，交通动线的空里面，是看不见的气，是流动的状态。实际上，在研究亿隆三亚温德姆度假酒店室内外餐饮空间，更关注的是空，或者是虚。临界的虚空——虚和实的关系也是非常重要的一个关系，有和无的关系都是属于我们在用“界”来界定的时候可以看到的。我期望通过对实体的墙所展开的变化来成就“虚”与“实”的灵动，即将外部环境的景象透过门窗、

间隙，给予室内空间以情绪感染。当内与外之间的临界点放大的一定程度的时候，边界会显得非常模糊。人会在空间里面形成所有走动，心理的变化需要靠一个模糊空间直接贯穿和连接来形成。寻找这个变化就是平面图中最有魅力的地方。我想在餐厅室外，是平台与围廊，建筑的风格与家具都十分简约有力，具有体量感，然后透过眼前物象和柱廊，遥望远处的海面，这是设计思考的另一个高潮。

看到太多这样的例子，一块空地生长出一个和周围完全隔绝的房子，和周边缺乏对话与交流。窗子是封闭的，空气经过了人工管道输送进来，人一走出楼宇，立刻汇入喧嚣的车流。城市本意是让人们聚居，但现行的设计是让我们隔离。室内设计是建筑设计的延伸，这个领域离不开建筑；而不注重环境的建筑本身也不可能是健康的存在。一个界面，两个方面。界面就是墙，围出建筑的边界，向外是景观，向内是室内，这个“墙”本身就是建筑。室内设计师虽然不可避免地要受到墙的“限制”，但我们为什么不能换种思维方式想想——我们到底设计的围合是什么，那其实不是墙体本身，我们围起来的是空气——我们要设计的其实是空气——那种我们可以呼吸到，感受到的——一种氛围，才是我们真正要设计的，它们同时又是不着痕迹的。

记在屋后

在深圳的设计企业实践，如说没有压力，着实是假话。与学校不同，这里没有专门的系统指导，知识也没有专门的科目分类，项目更没有特定的适用类型。起初跟进办公空间的项目，有了想法却不知如何表达，想尽一切办法来证明自己的想法却看的越多越无从下手，即便画出了自己的想法把自己弄得精疲力竭，却对自己的想法能否得到设计师的认可而毫无信心。这就是最痛苦的状态，纠结、焦虑、痛苦、抓狂，都不足以表达那时候的状态，只是不断地告诉自己，挺过去就好，只是用各种努力加班、努力看书、努力画图，来抑制那种没有信心却希望得到认可的焦虑。

在零散的时间和机会当中，坚持一点一滴的学习和总结，尤其对材料组合，施工交接技术，尺度的把握来说，项目经验也就是在这当中慢慢积累。大部分的积累都来自每天的工作，这些不成体系的积累需要利用闲散时间，以总结和归纳成为自己的东西，在将来的实际工作中可以灵活运用。或许不知道哪天看到的文章，听同事汇报得到的思路，请教资深设计师收获的经验，在某关键时候就能派上用场，启发设计，征服甲方，摆平施工队。工作以后，对设计的观念最大的改变就是，设计师其实是作为整个设计活动的协调者，协调委托方、自己以及施工方，在设计过程中的各种活动。用不同的角度设身处地地去为对方考虑，把他们的这些角度和自己作为设计师的职业诉求等多方利益去平衡，也许这样整个设计过程才能顺利合理的完成。

为期将近一年的研究生校企联合培养工作站，从进入企业开始到最后的出站成果，展览和写作，我们要努力融入团队、融入项目，融入工作状态；在具体项目的中独立研究相关课题，每个阶段还要接受企业导师和校内导师的阶段成果审查；成果出版论文的多次修改……这一切，都应该只是最低标准。但是，这些都不足以成为这一年在企业实践的动力。那些和我一样，在深圳不同的设计企业，实践的七个同学们身上，我能感受到一种来自每个人内心深处的动力。我们都是喜欢环境设计的，都在尽自己的努力想要做出些什么来。因此，大家在自己完成课题的路上，无论小有成绩还是痛苦不堪都会进行交流。当然，这种交流不只是发泄情绪这样一个目的，而更多的是看看别人的要求，从别人那里获得经验或启发。在这个看似松散的小集体里，我们经常能感受到相互的鼓励和慰藉。这其中饱含着求知的喜悦，迷失方向时的痛苦，与导师促膝长谈茅塞顿开时的清朗，通宵赶制项目初见拂晓时的倦意，阶段汇报初上讲台时的惴惴不安……我觉得，为选题而苦恼，为项目而忙得不可开交，为论文而抓耳挠腮不思茶饭，似乎并不是一两个人面对的难题，是在这里的所有人几乎都曾经或都将面临的状态，似乎没有什么捷径可走。

然而，细细想来，来到企业的每一个人似乎都很忙碌，但这种忙碌又都是自己的选择。大家默认的规则是，既然加入了研究生校企联合培养工作站，就要体现自己的力量。在这样一个团体中，每个人都感觉被推着往前走，但其实，是大家选择共同往前走。感谢我的两位导师，让我在企业、职业和学校设计教育的矛盾中，寻求到平衡。学校到企业的转变，是比较踏实、认真，甚至是较真儿的，所以，相对而言多了很多工作量。从老师到学生，似乎都无法容忍研究做得不够踏实、不够细致、不够严密。这样的精神和氛围影响到了每一个人，也就是即使不在一个团队里工作，比如自己写论文的时候，也容不得半点马虎。然后，当习惯了这样的认真的标准，便不会觉得是一种负担，或者认为企业的各种规定有多么复杂，而会成为一种自己发自内心的标准，一种顺理成章的应该遵守的规则，我觉得，到了这个时候，便是初步转变。

一起度过的一年，一段从重庆到深圳的回忆，一室共同生活的宿舍，一个个熬夜奋战的夜晚，一张张画就的图纸……一如既往，我们的汗水和泪水太催情。半夜在公司共同加班赶方案，深夜谈理想、谈爱情、谈人生，周末疯狂去听讲座、看展览，去香港看巴塞尔展走断了腿……友谊纯粹如你我。想念美院里新鲜的泥土味道，麻雀扑翅的声音，油菜花染黄的天空，大片盛开的荷塘，木篱笆，竹篱笆，风一吹，沙沙作响……

和小伙伴们同行的日子，一点，一滴，如此珍贵。希望大家的内心都能尽快强大起来。愿自己对设计依然心怀理想，愿你们对梦想依然坚定勇敢，愿今后的我们依然像鸟儿一样高空飞翔。

导师副线

肖 平
Xiao Ping

界

前天看到我要写的题目是一个字“界”，半个小时我愣在那里不知所云；这个字首先让我想到的是“世界”、“边界”、“界限”、“界定”、“区域”，然后是“左右”、“那边”、“这边”、“可能”、“也许”，再然后是“静止”、“境界”、“虚无”、“寂静”、“深渊”，再再然后“混乱”、“无序”、“绝望”、“嘶吼”、“黑暗”……老实说，中国汉字真是个“谜”。我个人很怀疑中国文化里很多不确定的没有标准的东西，就如同我一直很怀疑一贯不明确、无标准的大多数国人一样。中国传统文化的一些概念，一个词、一个字，总是发人深思，竭尽诡辩之情。左一点、右一点、上一点、下一点都可以，好一点、坏一点都站得住脚，怎么说都有它的道理和博大精深的玩味。古老的修辞从不绝对、没有进攻性，谦和之中流露耐人寻味的强度与唯度，尽显不败之精髓。从上大学开始，由于所学专业原因，我全面接受西方的文化思潮，同时自我感觉还是应兼修一些中国传统文化，希望找到二者的精华。尽管文化无优劣，中西文化比较不是要比出双方的优劣，而是要在比较中找出自己文化的欠缺，以求改进。于是乎在那段“寒窗苦读”的岁月中，我曾一次一次修身冥思、埋头苦学、研习自家学问之奥妙。努力过后发现成果不理想。因为我发现用理性与科学的态度去解读世界、解决问题更为简单，也更为高效。

在把一个简单的“界”字复杂化之前，我想首先就这次校企联合培养研究生的初衷有必要简单梳理一下：

1. 希望建立一个全新的学习与交流平台；（不知道是否达成？同学们是否领会并践行其中？）

2. 希望提供一个舞台，上演你的做人、做事及团队合作精神的话剧；（你上演的剧情有多少精彩？）

3. 给予一个从学生向职业设计师身份转换的尝试；（你做到的百分比是多少？）

4. 提供一个检验将所学知识，有效兑换为有价值的可能性机会；（你实现了吗？实现了多少？）

5. 提供一个专业基础技术有效提高的平台、利用一门专业技术解除你在设计中的困惑；（你获取了多少货真价实的技术？）

6. 提供一个理想丰满、现实骨感的地方；（同学们感觉到了吗？是多少？）

7. 提供一个需要勇气、敢于担当的地方；

8. 提供一个可以尽情嘶喊、彻底释放激情的地方；

9. 提供一个能看见财富与明天的地方；

10. 提供一个能给予你身份的地方；

……

这是我暂时能想到的可能性，其实我发现这十个问题仍然是在说一个关于“界”的问题，我们此时不妨将这个“界”暂时理解为“度”，更便于阐述我们的困惑。

现在我们来聊聊王秋莎同学的课题——“房前屋后”。作为王秋莎同学的校外指导老师，我首先要指出我是不合格的，不合格主要体现在以下两点：主观上，我从没当过老师，没有系统的教学经验。我的指导注定是个人主观经验主义，加上碎片式的组合方法；客观上，各种工作确实很多，在这件事上付出的时间肯定不够。

王秋莎同学在本科和研究生学习主修的均是园林景观专业。这是我在这么多年工作中，相对较少涉足的领域，我对此没有系统的研究，曾做过的项目体量不大，仅仅是配合室内设计的延伸工作。正所谓无知者无畏，没有经验不怕，只要有体验就行。记得第一次与王秋莎同学交流时，我直言不讳地指出了我个人对中国大部分园林景观设计的诟病，其主要表现在：过渡的地域主义，民俗、民风、民情的展现，过渡的依赖传统文化，经典复制，过渡的好大喜功，拿来主义。堆砌、浪费，不环保、不节能的现象比比皆是。第一次谈话我一口气很主观表达了我的看法，我甚至还很认真地告诫她做一个优秀的设计师要有自己的态度与立场，我想学生得到的结果是：老师年纪不小了还是个愤青！那一天不知道是星期几，我肯定是将情绪频道调到了“站着说话不腰疼”。

客观的讲，改革开放后，园林景观设计最近二十年来慢慢地在中国大地风起云涌，它应该稍后于室内设计的兴起。一个国家，一个社会通常重视一个系统的推广，往往不是一个单一的方向，在这个大的背景和潮流下，园林景观设计价值取向，无外有三种情况：国家层面热衷于做那些宏大的主旋律叙事景观；地方政府希望借用地域文化、古往名人、经典事件，开发营建地方旅游项目；地产开发商利用强大的资本，选择国内、国际顶级设计机构，大多数以拿来主义的方针。一时间舶来品充斥整个市场，“西班牙”、“地中海”、“北欧小镇”等风情的园林景观比比皆是。这是中国的又一个特色，因此大部分作品缺乏自我、个性与创新，也谈不上真正意义上的文化传承。看到这些情况不得不使我很不情愿的要提到邻国日本的“枯山水”园艺，这是一个很典型案例。日本人从中国的北宋山水画中吸取到精华，遵循画中之远（高远、深远、平远）的表现手法，形成特殊的枯山水庭院。在这样的庭院里，我们见不到真正的“山水”，只有白砂与石头的各种组合，简洁极致：大片的白砂勾画出或直或弯的痕迹代表水，几块石头，几株树木，节制而有序的随意摆放，意境深远，让人驻足深省。无论形式、文化的传承与借鉴以及对那个“度”的把握，真可算园林景观禅院的极品。

几年前出于兴趣，学习观摩了德国及北欧的景观设计，那是一片在欧洲很不一样的区域，大部分为第二次世界大战后或当代新建，仔细看完每一个作品后一个最大的感觉是“独立”、“原创”、“自然与人”。尊重历史，不从属历史，重视文化，不重复文化，每个作品都做到了是原地自然生长出来的东西，和城市、建筑、道路及人的高度融合和关联。在一致的简洁风格中，最大限度地释放对人的关爱与重视。最大限度地尊敬和塑造本民族文化的价值与未来。我还特别关注城市景观里的雕塑、装置以及灯光的设计，在整个景观中起到了精湛视觉贡献和文化情感的交流。无论花草树木、游玩设施，都在最大限度地做到景人合一、相互生辉的情景。这也许就是我们需要感受到的那个“度”！——简单、直接、明确、受用。

认真看完王秋莎同学的“房前屋后”，文章的每个段落，字里行间详细地梳理了她此次来企业学习实践的心路历程，翔实而真切中流淌出温存与感谢。作为她的校外指导老师，我有如下感受：

1. 作为一个学生，她细致、温情地抒发了这段经历她所收获的幸福与满足；

2. 作为一个非职业设计师，她专注、冷静地计划出自己的理想与未来；

3. 作为一个非专业导师，我需要有待改进和提高的地方太多；

4. 作为一个职业设计师，我越发感觉到自己很业余；

5. 作为一个普通的人，我们每天拥有普通的日子 却绽放善良， 我们每天追逐欲望的影子却黯然神伤，我们每天认真做一件简单的事做一个简单的人，偶获快乐， 却从未拥有幸福！

每个人都是讲故事的人，讲着别人的故事，也讲着自己的故事。一个优秀的设计师注定是一个讲故事的高手。同样，一个优秀的管理者，也是讲故事的高手。二者区别在于，前者讲故事让别人感动，自己也感动，后者讲故事让别人感动，自己不感动。每一个精彩的故事后面，都有它预先的设定和目的，有些是为了笑声，有的是为了愤怒，有的是为了加深痛苦，而有的是为了赚取眼泪。故事讲完，收拾你所获得的“人才”与“钱财”，上路走人。一个又一个，当泪水流干，当笑声散尽，一幕精心策划的大戏又将上演，周而复始，世界愿意如此融洽，混沌。何要区别？这些年我肯定讲述过不少“故事”，也曾感动过，也曾在该流泪的时间给予了淡然，在愤怒中选择了冷静。讲着讲着，我不知道自己是属于哪一类讲故事的人？故事里的那个“界”又在哪里？

今天拿着这个“界”的题目，胡乱地扯来扯去，毫无行文结构地说了一堆大白话，把一个简单的事情复杂化了，这违背了我的做事风格。园林景观设计肯定不是我的专长，甚至很业余！那么室内设计是我的专长吗？突然地自问，让我顿感恍惚，冷静而肯定地回答：也不是。一下子我感觉到我都是业余的，我甚至怀疑我从小学习为之奉献大量岁月的油画专业也是业余的，这让我感到愕然，不知所措！最后我发现我的生活也是业余的，这真让人感到绝望！我不知道那是个怎样的感受与状态，当这种感觉突然之间来到我的胸口，整个人如释重负，无比的轻松、愉悦。真实与虚无猛烈碰撞，缠绕在一起，不清不楚，互相厮杀，给人带来莫名的荒诞与解脱，甚至快感……一切都不重要，又都重要。突然间我感到两手空空，我们为自己做出了什么而感到喜悦，也为我们什么都没做而心安理得。这有什么区别吗？没有。因为我们总归要选择一种生活方式活下去，或者选择另一种方式结束自己。这一切都没有优劣之分，那么我们一直在说的这个“界”还重要吗？是否也就不再重要了！……一刹那间，飘过春季深圳潮湿的气息，疲倦的黑夜掩盖不住黎明的到来，夜幕将在各种喧嚣声中匆匆收场，精神愉悦的我突然感到筋疲力尽。好多好多想说的话，欲言又止，或许这个“度”刚刚好！

山寺的钟声

◎罗钒予

The Bell Tone of the Mountain Temple / Luo Fanyu

「相彼鸟矣，犹求友声。矧伊人矣，不求友生」

姓名：罗钒予
所在院校：四川美术学院
学位类别：学术硕士
学科：设计学
研究方向：环境设计
年级：2013 级
学号：2013110080
校外导师：琚宾
校内导师：潘召南
进站时间：2014 年 8 月 16
研究课题：山居禅院

在水平线实习参与了两个项目，两个都与佛教相关。刚到公司时短暂地参与了佛山的极乐寺项目，后又参与到九华山的狮子洞禅院。家里老人信佛，小时候爱去庙里玩耍，因此刚开始参与实习就能够参与到两个佛教相关的项目，也算与佛结缘，我对此心怀感恩。

这个方向的课题本身也十分有趣，它并非普通的商业项目，添加更多的人文关怀、宗教思想。让我的思维不仅仅停留在设计的学习，不仅仅局限在对于我周边事物的了解，同时也能够发散开来，令我更多地思考自身、自心、自然。

上山

参与到禅院项目不久，我们得到去九华山实地考察的机会。耀缘师父修建的禅院位于九华山后山狮子洞，交通条件上来说非常局限。听说几年前师父刚到此地时，水、电未通，只有柴房一间，晚上就只能和漫天的星辰作伴。从机场乘车绕九华山半圈至青阳镇，稍作歇脚复又上山。山道险峻，水泥路忽而成了石子路，一侧高峰，一侧深涧。这样开至了半山，往前再无车道，只能下车步行了。路是石板铺就，随山势歪斜生长着。我喜欢山路，小时候上学是在山上，每天都要走过长长的山路，石板经常年的踩踏有了深深浅浅的凹痕。见过修路的人，用手掌将石板拂过，码齐。渐渐长大，学校离家越来越远，不再天天踏上难行的山路了。走的路越来越好，交通工具也越来越多样。然后从重庆走到深圳，再从深圳走到九华山，走上童年一般的山路。成长的历程仿佛步入了新的一轮，让我在刚踏入一个新的阶段之时又让我看到最初，让我倍感亲切。

对于刚从象牙塔中出来的学生而言，社会、行业本就是一座山。从前我们远观时它，它是一幅画，虽笔走龙蛇，但所见之景色是平面的。而真正置身其中之后它是立体，是山重水复，是造化神秀，是斗转星移。公司曾经请一位合作非常愉快的甲方来开座谈会，这位先生曾经参与过一些知名的设计，被许多公司相邀，后未寻找未知性来到他现在所就职的公司。在学校的时候能够看到的面其实是很窄的，可能会很关注那些大师和知名的设计师。但是通过这位甲方的视野，让我知道行业中还有着巨大的空间，并窥见其中一部分。一个行业方方面面必然包含了许多，只是从学生的层面能够了解得比较贫乏。攀上山巅不易，其上之人只是寥寥。但山之大，行业之大，足以容纳喜欢设计的人，并能够让其在此之中找到值得奋斗的目标。耳传和远望中云雾里的高峰，在现实道路上的攀登中，每一次迈步的努力变得无比真实。望山跑死马，总是听说那些满怀的青春诗意与闪烁的动人梦想，被无情的苟且现实击败的故事。山路嶙峋，道阻且长，未必能够到达想象中的远方。也总有到达风光旖旎之地的，层峦叠翠花香鸟语。能够心意合一，传递价值，安放身心。更多的也许是平朴的云淡风轻，看平凡的风景，走寻常的路，寻找自身的适从。

石板路蜿蜒而上，没有引路人，溪流是我们的导航。据老师告诉我们要走一个小时，送我们来的信徒则说要走二十分钟。一边看着沿途的风景一边前行，我们无法猜测究竟还要走多久。于是期待一抬头有更美的风景，期待下一个转角之后有一座禅院在静静等待。还在实习的我们，就像是站在山门处向内望去。我们能够望见的路不远，更多的是未知。我们对未来的未知性充斥着幻想，带着这样的幻想，欣喜地去迎接未知的未来。未知是那样地让人迷醉，未来的我在哪里，呼吸怎样的空气，经历怎样的辛劳，品尝怎样的果实？

阿多尼斯的诗里写道：

每当我问起小路：“喂！

长夜，长夜的重负何时才是尽头？

何时我能得我所求，

抵达终极

享受安逸？”

小路对我说：“从这里，我开始。”

遇

在这个禅院项目之前，我从前确实也常去寺庙，可从没有跟宗教人士深谈过，对于他们想法的了解更多的来自想象。去九华山之前，耀缘师父曾经在我们的微信群里说过，她不希望用大面积裸露的水泥，整体的色调太过于暗淡，“古朴的韵，要清雅，不可暗沉而使人心中背负岁月的沧桑，给人心中沉重苦涩之意，有人因此畏惧古味”。这番话令我产生了一种惶恐，不知修行的人对于设计会有怎样的认知。在参与极乐寺的项目时，甲方管理施工的师父曾临时来了公司，我临时去讲了一下方案，好巧不巧方案里有“五蕴皆空”的部分，初生牛犊只看了几遍释义的我竟然去讲了一段《心经》，后来知道这也是位佛门弟子，我竟然给一位僧人讲了段经，实在班门弄斧。临行去九华山之前老师要我们，少说，多听，方案的事情回来再讨论，这真是解救了我们。

正是在这段时间我对宗教人士的固有印象有了很大的改变，一直认为僧人很有距离感，一则来自宗教或多或少的一些讲究，不能够冒犯。二则总觉得修行者大致有着很深厚的精神修养，让人无所遁形。在极乐寺时听见一位师父与同事讲修禅，也谈自己对基督教的理解，谈对很多人为了“积德”违反自然规律的放生。林林总总，接受的程度非常广泛，并且谈论起来毫无包袱。见到耀缘师父发现她本人非常年轻，端和从容，满脸欢喜，说起话来非常的亲切。和我们说重庆的辣椒好，深圳的天气佳，全无出家人的“架子”，就像是去了邻家做客。最让我欣喜的是，虽然是第一次见面，我们三人与三只茶杯可以对坐许久而不发一言，喝茶、观景，且不会让人感觉到尴尬。我想这是师父本身的平和与出家人身上的一些特质传递给了我们。这是俗世中的我们，与师父的遇。

这个项目的产生，是我们不同环境、身份的一次相遇。琚老师认为我们此行的价值更体现在“边界”，他希望我们和公司“保持距离”，在最后的学生生涯将自己放飞，享受这个阶段。游走在学校与公司的边界之上，实习，依然保有学生的身份。于是，这半年我们在进行一场边界的行走，时而为公司帮忙，从事物来说我们和公司是近的，但方式上我们依然有距离。时而进学，办公桌上各类书厚厚的一摞待读，从内容上和学校生活是近的，但从目的上来说有距离。考研是一个很自主的事情，相对于继续停留在学生时期，更多的同学选择了工作。一些同学在一年之前就来到了深圳，在广田设计院和杨邦胜酒店设计公司工作，而这两家公司都参与了我们这次的项目，这

些同学也和我们这次来这两家公司实习的同学有了同事之谊。在学校的时候我们时常关注他们工作的情况，通过他们的角度对公司和行业进行了解。现在我出来实习，与这些同学依旧保持着联系，并时常关注着还在学校的同学的生活，想象如果我们没有出来，我们依然在学校， 我们的这一年是如何过去的。和已经工作了一年与依然在校的同学比起，我们是中间人。在中间的这个状态最适合思考，可以立足于当前的状况回顾与展望，寻找各种变动因素中你最想要的那个点。就像是沿着一条线在走，观望学校同学们做着怎样的事情，是同样的实习、在工作室做项目、准备课题与论文还是参加各类比赛；也注视同事们的喜乐，进步的喜悦、加班的辛劳、收获的酣畅。这条线对于大部分人来说，是一步迈过的，从学校到企业可能只是一个时间点。而我们的这个时间点动了起来，从夏至春成了一个时间段。当它是一个时间点时，对于很多人来说充斥着纠结和迷茫的，在一步迈入工作之后产生各种不适，后而转行。时间拉得很长之后，这样的纠结就可以慢慢思量了。这样的纠结应该来自于一种碰撞。这种碰撞产生的因素有很多，也许是两个身份的变化，也许是压力的增加，也许是更重的责任。

我的理解与“边界”的概念类似，我更希望称其为“窗”，并非文学的比喻，而是从设计的方面来理解。恰巧我们做了许多窗的探讨，如果说墙是分隔内外的结构，窗则是这个结构里的部分开放空间，连接着内外。通常人们会清楚地意识到窗沟通的作用，却很少注意窗其实也是一个单独的小空间。窗外延伸的绿意凝聚着窗内的目光，风和雨，光与热在此相遇，集结着自然与人的风景。而窗，就在这些延伸的脉络之中。

设计上遇到的第一个冲突并非来自我想象中的“商业”，而来自对建筑的理解。极乐寺的外墙是第一个令我困扰的地方，室内设计自然无法与建筑分离，即使对这一点的认识非常清晰，却从来没有此方面的任何实践。大概这样来源于我在学校接触到的大部分项目建筑都已完成，留下固定的内里待设计。于是林林总总看过的理论，无法支持我在对于外墙进行设计的时候，拥有清晰的思路。就像是耳熟能详的“形式追随功能”，在最开始拿到外墙的时候也不能有所体现，只是单纯地去思考开窗和屋檐怎样比较美观。着眼之处也是从装饰的角度而非空间、体量的关系。在做熟悉的东西的时候，把理论结合实际比较容易，而在陌生的环境中做不熟悉的事情时，就需要我们对设计更好地理解。我需要的是剥离掉“装”的思路，自然从材质和颜色的角度也是一种途径，但美人在骨，与从空间生长开始的设计相比，一味地试图往上“装”的方式，就缺乏了更深层的思考。

我的导师潘召南老师对于琚老师非常赞赏，赞赏过多次琚老师的学者气质等优秀品质。两位老师其实是很不同的人，潘老师貌似威严甚至带点凶狠气质，但内心柔软仿若慈父。每每做不好事情，潘老师都从批评开头，说着说着就变成了安慰一般的“老师对你们严厉是为了你们出去不被别人批评啊”。而琚老师虽然外表温柔，批评起人却让人羞愧不已。作为学生能够感受到两位老师思想上相似的地方，在设计的一些方面发表同样的看法，甚至从一位老师到另一位老师之间我能够找到一些共通的关系性。但是由于老师所处环境和身份的不同，他们依然有很多的不同。研一的时候我们跟着潘老师做的事情都与本土的、民俗的、原生的、保护性质的有不可分割的联系，其实是在探讨一些即将逝去的，物质的与非物质的东西。这些关注带着学术的思考和学者的气质。琚老师也有一种学者的气质，但他同时也是公司的运营者。虽然公司提倡东方、原生这样的概念，但是与在学校环境下进行的探讨相比毕竟是带着商业的背景。在狮子洞禅院的一次汇报之后，潘老师和我说起当地性的问题，现代建筑从文化上来说必然比当地的更加的强势，而将一个“强势”的建筑带入不能仅仅因为它的强势。我并不认为两位老师存在对这个问题认识上的分歧，如果真的有分歧这样的存在，我想应该也就是来自于身份的不同，于是行事之法在不同的层面。年终的总结会上一位设计总监说，我们是在“服务权贵，关心弱势群体”。这句话我解读为“实现商业价值，奉献社会”。这就是在学校与在公司的不同，从学校的层面则不会有任何跟商业相关的目的，作为在校的老师和同学，跟商业社会中的设计师和设计公司的运营者相比，立足点可以更加单纯。因此我将潘老师对我在禅院设计上提出的意见，看作是这两个方面的遭遇。这件事让我再次反思学校的作用，作为学生我们所看到的大学更多地体现在教育性上。但大学在社会中扮演的角色应该不仅仅是人才的培养者，大学同时也具有公益性和人文性，它的目的不为盈利，老师和学生的关系首先在于教育，这也是说学校的环境相对单纯的原因。有人认为大学是国之重器，因为大学应该既与社会有密切的联系，又保持与社会的距离，避免变得越来越“社会化”。

在学校和公司对于设计的看待方式也是不一样的，除了和以上相关的一些原因之外很重要的一个因素是在学校做设计一些地方是不落地的。学生在学校做的设计、我们的学习、给自己的小课题，离图纸很近、离理论很近、离思考很近。但图纸、理论、思考迈不到现实的那一步，不能成为视觉和感官的呈现，做的事情和责任也没有某种对接的关系。我们在设计的时候就像是在跟自己玩游戏，以学生的心态，最后得出学生的作品。做设计的目的也是不同的，在学校的时候我们常常为了研究而做设计，设计过程中的研究和探讨变得比设计的结果更为重要。而在公司的研究是有目的性的，一定是设计过程中多元的推动方式之一，最终的目的还是为了得到一个好的设计。

在禅院的设计之中我们就遇见了很多设计之外的情况。禅院的建设资金不是全部直接到齐的，而是化缘一部分就修一部分，因此从造价上有非常大的限制。在初期的设计中，师父的希望是一个低调非宏伟的建筑，在山坡之下往上看时不要显得太高大，要低调而隐没。禅院依山而建，运输成本高昂，每块砖块都要近三元钱。从成本考虑，建筑只能有最简单的结构，只能是一个方盒子，不能产生其他错落的结构。甚至能够用石头造墙的地方就不用砖块，要尽量就地取材，减少材料的运输费用。造墙石头就来自山上，离禅院不远，九华山各类奇石屹立，溪流边更有大量石头，自然中的它们转换了形态变成了禅院的一部分。附近地区的建材同样受限，以窗户为例，只有一家能做双层中空的玻璃窗，而质量也非常差。而在几个月之后，师父提出了要加建第四层，客房的数量要进行增加。准备上师房间和闭关的相关需要。将二层的书房移动至第四层，并在四层留下打拳、运动的露台。将禅院建设成一个有气势的，可对外使用的禅院。从实际上来说，设计的内容改变并不大，第四层的加建不需要一整层，因此在外立面上并不需要全部重新推敲。这样的基于资金与功能的变动，对象的变动，所产生的对设计阶段性的变化，是在学校不能接触的。

在书房移动至四楼的时候，我尝试以类似的做法尽可能少变化的挪动，当然基于环境的不同不能完全照搬。公司在一些房地产公司的多个售楼部运用了类似设计的复制，而我这样的挪动更接近于基于类似的气质，进行空间和陈设的重置。我联想到在自己的房间里，挪动家具以适应生活习惯的改变，或是在一些与空间相关的行为艺术中，“空”与“物”的对比变化。一个好的设计很可能是保持许多年的，但我认为空间的生命力也在于变化。设计师能够基于当下进行设计，可以对于未来进行预测，却不能够预知。那许多的设计在使用了一段时间之后，与其说是设计师的设计，不如说是基于设计师，使用者的生活或是行为方式的设计。好的设计的这股力量，应该和使用者的力量是相互促进的，而不是在时间中相互角逐抵消。从禅院的室内设计上来说，“禅”本身就是会随着时间的沉淀，历久弥新。那我思考那些最常跟僧人的日常所接触的点，如在闭关的房间开上小天窗，留一线光下去，随着太阳东升西落的光线变化告知里面的师父时间的变化。再如禅院入口最外的几步台阶，只用天然石材稍加磨平，保留平滑的起伏，然后多年后在石上留下前人走过的凹痕。

一路爬山至从入口进入禅院，这个过程并非只是身体上的，同时也是心理的，是都市中的人与禅相遇的开始。而我们这些时间中遇到的人和事，时隔数月我已不能一一清晰回忆，但每一个细碎的片段，都融入这段重要的时光里，将我们引向前路。

诗意的栖居——安住精神

狮子洞的风景太好，山峦如椅，禅院将端坐其中，隔着山风与日光，眺望远处的另一座山峰。空气中弥散来自茶园的清丽，耳旁流水伴山间鸟语，潺潺而去。还有一种干净，不仅是自然的，也是让人心中感到干净。琚老师在我们去之前提醒我们，条件很艰苦。实际上我们过得很舒服，仿佛在都市中你吸入身体中的阴霾和杂质被大山的气场排除了出去。如此的钟林毓秀之地，即便交通不便，也非怀修佛的目的，依然让人心向往之。

琚老师给我们开会介绍我们要做的这个项目时，我们三人趴桌上围在一起看小小手机中的图片和录影。老师说这是他见多的寺院中，环境甚美的一座，但财力也甚为紧张。寺院的修建是由师父化缘，一步步修建起来的。起初老师并不认为禅院修在狮子洞是个好选择，路途太难，修建成本大大增加，却终于被这样的好景色说服。去时禅院已建至二楼，一切设计与建设均由师父自己主导，唯一的施工图是师父手绘的一张平面，其余一切的数据都在她的心里。相比现代的建筑方式，一辆辆卡车呼啸而来，排山倒海的往空地倾倒，这样的修建方式似乎带有某种优雅的美感，某种自然的韵味，它并非一蹴而就，而是蜿蜒流淌。

耀缘师父的设计有许多想法，也许是已和琚老师进行过交谈，对禅院的布局与功能都十分清晰。师父不理解的是我们给她的建筑外立面方案。对于白色墙体上大小错落的开窗表示了些许担忧，认为我们做的建筑现代的外表类似于城堡，给人的印象太过宏伟。因为资金因素无法将这个方盒子的结构做什么特别的改变，我们依然希望从可以活动的区域稍加改变，丰富人在其中视觉的变化，像是打破交通空间的形态。从外墙上希望窗能够给盒子更多的设计感。

我并不认为是师父不理解现代建筑云云，应该是设计没能很好传达我们的想法。对于设计整体的概念并没有什么问题，设计师是爱讲故事的，这个故事梗概是很好的，但是这个故事的写作手法在那时呈现得不尽如人意。如果做得足够好，设计本身就能够把一切需要表达的传递出来，又何须设计师再诉诸于口呢。师父讲了很多类似空间的气质，禅的需要，虽然师父没有用确切的语言说出来，但已可理解她想表达的是场域的气质。她说当你进入一个摩天大楼的时候，你是从满畏惧的，当然你也充满往上奋斗的渴望，因为你很清楚，这并不属于你。但当你进入禅院的时

「无为」在设计中也是绝高的境界了，是「你闭口无言，让岁月流去」。

候你应该是放松的，是没有负担的，是亲切的，人们来到禅院是为了“放下”。在她理解的材料里面，木、石能够更贴近我们的精神，对于回归自然的渴望根植于我们的内心，我们可以与自然的能量更加亲和。也将长居山林的人从居住和健康层面对于空间的需求。在这个方案中，一则要涉及建筑的范畴，二要将费用尽可能地缩减，在思考空间的时候也更加的纯粹，去考虑场域中的建筑所营造的空间，和人在其中的各种行为因素。像是空间尺度的收放，光的变化，与自然的关系，人在其间视线的移动与身体的触碰，和围合带来的温度感。去思考将人置于建筑的情绪之中。

相信在公司中，这不是一个常规的项目，耀缘师父也不是一般的甲方，她更不是设计师，却时常进入设计师的思维模式。并非只有专业的设计人士才能理解设计，一方面设计师是创造和传递美的人，但对美的追求是人类的本能。另一方面设计师是创造让放“心”的空间，而如何妥善的安放心灵不仅仅是设计的课题，人类心灵的不安由来已久，宗教、哲学的探索也在这个地方。如果一种世界观太庞大，以至于一生都无法完全领会它进行另一个维度的思考，那也就无法得知这两者的终极是否同一。我想也许设计、艺术、宗教、哲学这一切的尽头其实是一致的，是我们不可企及的生命的“真”，是“得道”，是“彼岸”，而这一切都只是殊途同归。从这样的角度而言，是无法因为“学过设计”而对“非设计工作者”进行设计相关的批驳的，因为这不仅仅和设计相关。从这样的角度，我们反而应该听从师父的想法，听从生活的智慧。

“空间最重要的是什么？建筑与空间就是为了围绕出内里的宁静。这样的宁静就是巴拉干的追求，是佛教的无，是黑川纪章的空寂。”哈里斯说：“不只是身体，灵魂也需要一个栖息地。”建筑的本质是让人的身体安居，也是让灵魂安居。人诗意地栖居在大地，对荷尔蒙德的这句诗，以往的理解是单纯从文学的角度而言。从一本书中看到对海德格尔哲学的角度的解读：“艺术的本质是“诗”，“诗”是真正让我们安居的东西，“诗”的创造本身就是一种建筑，建筑只有充满诗意时，即充满诗所具有的让人“存在”、“安居”和“还乡”的特质时，建筑才能成为“真正的建筑”。“人类栖居的本质是诗意，它并非仅仅表达一种审美情态，实际指的是人类寻求生存根基，重建价值信念的现实活动。有无诗意是能否存在的标志，正是诗意使居住能称其为居住，使栖居称为栖居，让人们在地球上的存在有了牢固的立足点，使人居住在世界上。”

早前台湾为了反对一座水坝的修建，有位歌手写了一首歌，

《种树》：

种给离乡的人

种给太宽的路面

种给归不得的心情

种给留乡的人

种给落难的童年

种给出不去的心情

种给虫儿逃命

种给鸟儿歇夜

种给太阳长影子跳舞

种给河流乘凉

种给雨水歇脚

种给南风吹来唱山歌

这首歌的歌词我非常喜欢，歌者唱的是人和自然的根与过往。有人说它有点乐府诗的味道。我喜欢它也在于这与我理解的设计是很相似的。设计是为了人，人的欣喜，人的愁绪，人的情感。设计师的关注却不仅仅是人，也有自然和其间的众生。琚老师的一次演讲里说：“设计上的简，是跳脱人文后，对大自然的无尽膜拜”。那设计的诗意，就存在于人文和自然的交织之中。在我们的学习过程中，“自然”与“人造的自然”被强调。有的人会强调人与自然的关系是对立，仿佛只有没有人类的自然才能算作自然。但人其实是自然中的一环，把自己放入自然的环，就能感到诗意的存在。

记得琚老师讲过设计的作为与无为，印象很深刻的是他对一位西班牙设计师的夸赞，那位设计师成功而巧妙地改造了一座古堡。那是一个好设计，因为它毫无设计师的工作痕迹，设计师在其中将自己弱化到了极致，数百年前的建筑与数百年后的室内空间浑然一体。"无为"在设计中也是绝高的境界了，是"你闭口无言，让岁月流去"。设计师观察这种人的活动、精神的状态、时间的流转，然后在其中寻找某种最合适的关系，寻找天人合一，然后静默微笑，悄声离去。

中国文化有一点非常好，凡事无论大小好坏，都要到自己身上去寻找原因。将"诗意"拉回到东方的语境之下。道德经里说："凿户牖以为室，当其无，有室之用，故有之以为利，无之以为用。"这是讲功能，以安身。孟子云："仁，人之安宅也。"这是讲精神，以驻心。到公司的第一个课题与传统相关，从我们的历史中找到一个能够折射到现在我们设计中的点，这是一种寻找。我们有非常深厚的历史和文脉，去获取那些我们所需的精神和文化给养，无论是绘画艺术、古代建筑、还是哲学思考。对于设计师，无论做着什么风格的设计，流淌在血脉之中的东西会促使他进行与民族相关的思考。我想找寻的第一点是东方的思维。我们设计所学习的现代设计的体系是来自于西方的，他非常的强势，适应时代。我们生活在一个文化交织的时代，东西方的思维深层的差异很难从日常的认知中发现。往过去找，寻找相对的纯粹。第二个要寻找的是传统的设计。无论是从建筑还是器物，去寻找工艺的美，感受匠人的心。第三则是气象，看文人墨客的情怀，贩夫走卒的生活，看庙堂与江湖。

在公司的方案讨论就像是在学校无异，大家围坐在会议室大桌之前一个个讲自己的方案，待老师指点。一整个禅院被分成了许多个小的空间，在不同的时期完成。第一个内部空间是茶室。禅院靠山的地方有一块坚硬巨石，师父修建时只能留下了它，用水泥修葺一个墩子盖住，于是一楼茶室多了一个半人高，一米多长，贯穿整个空间的突起。在处理这种类似的空间时很容易陷入局限，看到这个突起如鲠在喉。在极乐寺改造项目时，看到同事对于一个原本不合理的楼梯数次纠结，这个楼梯摆在这里本就是个问题，如何处理都影响空间的整体效果。最终是琚老师将楼梯移到了原本外墙之外，再将楼梯之外新建朦胧的阻隔。最后茶室的处理方式，利用一层足够的空高，利用这个突起的体块，造一个抬升的空间。这两者之间似乎是没有什么联系的，对于我来说却不然，我有许多思维的局限，与之前对于“装”的关注大于空间也有关联。对于我来说这是破而后立的思维方式，将脑中定式的思维溶解、碎裂、飞散，去寻闪光、灵动、自由。

老师希望这个禅院之中，陈设能够请工人做就不必去市场购买了。我看了许多传统的家具设计，如果传统的气息能够与现今极简主义的家具相结合，就再适合不过了。禅院客房十余间，想来无法时时满住，则在禅院用餐之人数目不定。宋黄伯恩有燕几图，以方几七，长短相参。以燕几图为灵感，结合禅院的情况，给斋房设计组合式的桌子。燕几式样繁多，是七巧板的前身，古时早有这样的家具，但想来使用之人也不会如玩七巧板一样随意挪动桌几，不便且易损。而结合今时的技术和需求，是我这个想法的基础。而师父曾问，为何现在的人可以花大量时间打麻将，却不能好好的清扫一下自己的房屋。为什么要将行走等待当成毫无意义的求其后的结果，而非值得体悟的过程。从这样的角度来说，与出家人相比，我们更需要的并非道与禅，该寻找一颗认真生活的心。

持灯——布道之心

与耀缘师父的谈话从设计开始，不知不觉间却转到了禅、佛、内心的安放与命运。师父讲自己如何与佛结缘，如何在西藏修行，讲世间财富的流转与智慧的积淀。也讲能量的循环，善的传递。夜里师父送我们返回，山里没有灯，星月为云雾所遮盖，没有一丝的光亮。师父持着灯，我们紧随这一片的光亮而行。远远地有溪流的声音传来，还有风吹过森林，吹过空气中植物的清香，是静谧的味道。城市中没有这样子漆黑的宁静，流光溢彩甚至时常让眼睛疲惫。但此刻在深山之中，黑暗里的那一团光温柔摇曳。

耀缘师父是修佛之人，是持灯之人，是传道之人，有渡人之心。因此谈话间会不由自主地转到佛理，希望讲善与德的种子植种于我们心间。琚老师同样有一颗布道之心，他多次讲过设计师就是“佛”，是布道者，无论走到了哪里，都要记得布设计之道，布“美”之道。

一次选片会时老师表示，我们希望把设计做“少”，希望传达给甲方，豪华，并不只有“多”才可以实现。但是这样的想法在今天接受度依然比较低，更多的人希望在同样的花费之下，产生视觉上的充实，以彰显华贵。想起在日本的设计中，时常出现的简。这自然与日本的民族性和他们对内心孤寂的挖掘较多相关，也应该与设计发展的程度相关。从20世纪80年代国内的设计开始发展，至今是30余年；从我出生至今是20余年；从我开始留意身边的室内设计，至今是10余年；就看这10余年的设计，大众的审美，对于设计的接受程度，有了巨大的提升。十年后，我们会成为比较成熟的设计师，到那时我们的受众、市场会产生了怎样的变化；到那时，大众的审美会到达怎样的程度？我相信我们的社会，相信信仰会逐渐回归，相信人们的心境会有所不同，能够更多地看到设计的本质，会逐渐接受更多元的产物。

设计师无疑在这样的进程推动之中扮演者重要的角色。之前公司为一个著名连锁餐饮企业做过设计，该企业以服务著名，就餐环境的设计根本不是他们所关注的重心，期间的合作也可谓一波三折。但当最后的作品呈现，让对方的老板意识到，此前所提供的就餐环境是如此的粗糙，连自己的企业通用的餐具摆在这里也显得不够美观，从而提高他对周边环境，对设计的意识。通过好的设计的展现，让大众看到美，无疑是设计师的布道方式之一。如果说大众对设计的接受程度不高，是因为没有见过好的设计，那么把好的设计带给大众，则是设计师的使命。

布道是为了传承，往大说，是遥远的过去和遥远的未来的承上启下，是前人的智慧果实和对后人的责任。“中国现在是没有设计大师的”，这句话听许多老师反复说过。琚老师在一次给设计师讲课的时候对着一众同行表示“但是如果我们现在的设计师都保持对自己的要求，也许在你们这代设计师中就会有”。如果说民族的传承依靠着血缘和文化的凝聚力，前文所说到的变化也会在一代代设计师的自我要求与文脉传承之中实现。从这些层面上来说，每一个个体都是它庞大机器中的一个小小齿轮。作为设计师，即使你并非怀着推广“美”之类的崇高的目标，作为庞大洪流之中的浪花一朵，也是令人激动的。很久之前曾被问过我想当什么样的人，我回答我想当能够帮助别人的人。并非我就是无私或者乐于奉献的人。那时想的是，能够帮助别人的人，首先要能够帮助自己，才能够将能量传递给其他的人。而如果我有能力传递这样的能量，我想我会很乐意做一个传递者。对于身在公司中的我，不仅仅是老师，我周边的人也在用自身的生活方式感染人。琚老师对我的影响更多的是从设计的方面、思维的方面、生活的方式，我会随着他指的方向往前看，往远处看。而我身边的人就像是另外的我，跟我相似的年纪，曾经跟我有过相似的困难的忧虑。

坐我对面的女孩年终总结会上说，自己毕业之后，辗转多个城市，最后再一次来到了深圳。一直自己一个人，想想这些年觉得自己什么都没有。但是在去年遇见了现在的丈夫，然后结婚了，她丈夫对她说：不要怕，你看我们慢慢地什么都会有，一切都会好起来。我的家住在大学里面，家人的工作都非常的稳定，做长辈的无非也就是希望工作稳定生活舒适，所以多多少少欠缺点冒险精神，做选择的时候会想哪个是最优的。公司里有很多跟我差不多大，孤身来到深圳的女孩会告诉我说，这仅仅是选择。以我从前把各种因素拿出来权衡的性格是不容易理解这样的答案的。在学校的时候会想，干这一行前景如何啊，工资多少啊，怎么生活啊，我一个女孩子最好的年华要这样死熬吗……在公司旅行中，我和技术组的大姐大在高铁上聊天，她跟我说其实现在回头看经济也好、前景也好都不是问题。毕业的前几年会很拮据，但是你要相信随着你的努力很快就会好。我自然从来都是相信我会过得很好的，只是在学校，毕业选择工作的这部分同学在这个时期多处于纠葛之中，难免偶尔会挺泄气。

对这个方面最具说服力的不是老师，不是老板，不是成功者的案例，而是身边普通的每一个人。看到身边的同事虽然常常加班劳累，抱怨设计和生活难以协调，但是对于生活依然充满热忱，对于未来充满信心，就会让我觉得做设计真的是很不错的。未来也许不能成为很厉害的设计师，不能从物质上得到很大的满足，但是你可以看到一种让人期待的生活方式，这是我此次实习，收获不亚于设计学习的方面。

立心——认识、修、行

“立心”出自张载的“为天地立心，为生民立命，为往圣继绝学，为万世开太平。”这样的话格局太大，只能仰视。我所希望的，不过为自己“立心”。

师父早年出家之时在山上修行，僧人修行需要自己先盖房屋做栖身之用。数年观察之后，师父发现盖房时有三种人。第一种人草草地修了房屋开始了修行。第二种人修好了房屋，将房屋卖了出去，自己下山了。第三种人耗费数年时间，修成了很好的房子，但是却丢失了修佛之心，房屋建成了却不知该干什么了。第一种人是坚守本心之人；第二种是别有用心之人；而第三种人，他们也许是带着修行的心上山的，也许只是认为应该盖一座很好的房子以便于修行，但在完成一个辅助工作的时候，却遗失了本心。

在决定考研之后第一次见潘老师，那时候离考试还早，老师给了许多好好学英语、多画手绘之类的建议。同时在准备考试的话题之外，老师说了一番话。大概是考不上研没关系，重要的是一直要坚持学习。能不能当一个好设计师也没关系，只要一件事，要学会如何做人。做设计师要有良心，无论做哪一行都一样，我们能做的事情有很多，但是重要的是坚守不能做的就一定不能做。这是老师教导学生的目的，其他都是这之后的事情。

是一个什么样的人，也是与“心”相关吧。潘老师的许多想法和思路，对我们的教授我都能记得很清楚，但最清晰的还是第一次拜师时候说如何做人。甚至回忆起从老师身上学到的东西，待人接物与设计的学习说不上哪个更多。随着年龄的增长，长辈好像不再经常说这之类的话题了。观察身边的人，从学校到社会的这个时间，很多人都产生了一些变化，让人觉得社会真是个大染缸。在研究生阶段，这样的第一课，让我更加的乐观，让我意识到很多同龄人的变化只是一时的或者是个例的，有一些东西一直不会发生改变。虽然与社会的对接并不多也没有真正的离开学校，但我想许多人在繁华都市中的迷失，也就是在生活的压力和物欲横流之中，找不到了自己的本心，忘记了自己是一个什么样的人。

大半年之前来到深圳至今，对于我其实是一个改变的过程，在许多的方面成长了很多，回忆起来自己觉得很惊讶，同时也很感恩，我愿意把这看做是一个自我完善的过程。人生本就是一个自我完善的过程，我们做的事情是在完善自己，让自己成为想要成为的，甚至比想象的更好的样子。这段时间对我们来说很关键，在来之前我没有想到会有这么大的影响，我相信在今后回头看的时候，也这是一个很重要的时期段。

记得刚到公司的时候，于我而言要接受的是十分庞大的信息量。最开始跟老师的几次交流，恰巧碰上的几次座谈会、交流会对我来说开启了另外的一些思路。公司倡导的价值观和设计风格与我个人的喜好又高度的符合。身边有很多充满激情的同事，让自己也受到感染，想着一定要让自己向前走走，再向前走走，当一个好的设计师。决定从事的职业算是立志，再往里面看，决定这些东西的，是“心”。我也常常思考公司的设计逻辑、传达的取向，以及据老师自身的对我而言十分有力量的设计思想。东方的、自然的，这些原本就符合我的喜好和思维方式，于是对于我来说接受起来甚至从心情上都是愉悦的。但随后我渐渐地发现，因为这对我来说即庞大繁杂，同时又很合意，似乎在我的思维中也本该如此，渐渐地就让我觉得很担忧，害怕自己整个人陷入这样的理念之中，无法进行多样化的思考。这不是我觉得老师的思想不好，是我觉得太好，因而害怕找不到自己。认可好的东西太容易，从中找到自己并自己与其之间的差异性不容易。学习最好的状态是，从老师那里得到知识、理念、逻辑，然后，你成为了你自己。现在我们的阶段还太“初级”，处于学习的阶段，似乎说很多“自我”的话还太早。我希望我能够在学习的时候弱化“自我”，让我能够在接受知识的时候心无旁骛；在团队合作的时候忘记“自我”，让我能够融入集体。我也希望我能够一直保有这样的“自我”，让多年后的我，依然是我，是从师长前辈处得到传承的我，或者是领会了许多人思想和经验的我。而不是其他人，或是很多人的综合体。

如果把学校和社会分离来看，社会很“嘈杂”，学校相对来说更加步调趋同，更“安静”。发展的这些年也是自我意识崛起的这些年，我们的父辈祖辈所受到的教育更多地强调集体意识，成长的过程中时常会听到他们说，现在的小孩子真有想法。现在的资讯太开阔，媒体的发展，信息的传播太快，散布着各式各样的想法、观点和各种有想法有观点的人。这自然是好事，更多元的讨论能让我们更接近真实。但有的时候就像是我必须有“想法”，大家都有“想法”，我又怎么能没有呢。这时候就会让我觉得，大家都太有“想法”，太吵闹了，让我自己一个人安静地想一想吧，这里已经人声鼎沸到什么都听不见了。

在九华山的时候，我们的楼下住着修禅院的工人，工人跟师父一样吃着素斋。师父说她这里不是世俗的地方，她告诉工人想吃肉了便可以自行回家，等饱足口舌之欲再来上工。师父能够理解我们的红尘三丈，但这与她佛门的“净”并不冲突。让我们离世俗的繁杂远一些，即使我们依然在世俗之中，却能让我们离自己近一些，这是宗教的好处。我从小很喜欢植物，看到生命的成长而欣喜。用手触摸土壤与根，也像是能让我们离自己更近。大学的时候开始种景天，惊慕它惊人的生命力。类似于仙人掌的植物，只要一片叶子完好，就能从它身上生长出崭新的生命。我们每个人的心里有一朵花，我愿它拥有这般的生命力，常开不败。也愿它拥有这样绚烂变幻的色彩。

前段时间日本著名演员高仓健过世了，老师们一起缅怀了他们年轻时的偶像，并讨论起“士”的节操。我看顾随老先生的讲坛录，说“士”和“君子”是同义异字。老先生说这不仅仅是认识，还是修、行。“修，如耕耘、浇灌、下种，是内向的。若想要做好人，必须心里先做成一好人心。至于行，不但有此心，还要表现出来。”曾子曰：“士不可以不弘毅，任重而道远。仁以为己任，不亦重乎？死而后已，不亦远乎？”弘指大，毅指毅力，任重需“弘”，道远需“毅”。“合此二者为仁，道远亦以行仁”。而说到“君子”，我最喜欢的一句莫过于：“风雨如晦，鸡鸣不已。既见君子，云胡不喜？”这里指的非是见到意中人的喜，而是在风雨飘摇，晦暗不明的乱世之中的，见到如鸡鸣一般如旧，坚持自身操守的君子之喜。

愿如“士”，如“君子”。愿在道远任重的的路途中，不失去本意，坚持自心。

友生

在九华山的第二天，师父带我们自后山翻山前往前山的一处禅院。天下着雨，道路湿滑，我们披着雨衣，由师父领着，后面跟着挑行李的工人，在云中灌木之间的小道穿梭。事先全然不知那天的路那么长，更不知道天公不作美，只记得满眼的水汽，雨衣外是雨水，里面是汗水。星月背着笔记本电脑，穿着看似平缓内里乾坤的鞋，走了一段终于不支，满脸通红，把电脑交给了工人。记得那天在九华山巅，浑身湿透的几个人啃着路人送的野果。那些所有颓唐艰辛的日子，或者是光芒万丈的时刻，回忆里的美好都不仅仅属于我一个人，还有与我同行的人们，是这些人，让苦涩值得回味，让收获更加甘甜。

《伐木》里责问：“相彼鸟矣，犹求友声。矧伊人矣，不求友生？”“友生”也就是朋友，有人说这个词，用最简洁的构词，说尽了朋友与生命的关系。“假如我们相信苏格拉底所说的，最好的生活是追求智慧的生活。那么，在向这样的生活尽力靠拢的路上，一个心智健全的人，肯定无法单凭自己就能判断所走的路是正确的，他一定是依稀能见到前人的身影，回头又看到另一些人正快步跟上来，更重要的是，还有一些可以声气呼应的同行者在左右。”（张定浩《既见君子》）

“朋友之间，恰又是最不需要朝夕相处的，因为彼此已经镌刻在对方生命的年轮里。所以要回头再把‘安得促席，说彼平生’这句轻轻读一次，这是设想在隔了漫长时空后的相见里，把自己生命的年轮打开，把被自己搜藏的生命，交还给对方。”（张定浩《既见君子》）

愿我的朋友们，得偿所愿。

在离开九华山的早上，听见了庙里的钟声。钟声响时发心，“钟声闻，烦恼轻，智慧长，菩提生，离地狱，出火坑，愿成佛，度众生。”记得一位师父说，“难道真的钟声闻就能烦恼轻吗，那世间的烦恼尽可消了”。你在佛前发的愿，只是更加提醒你要谨记，如此去做。愿钟声警示我们，我们在险阻中勿忘初心，在泥泞中不屈前行，愿我们能够传播“善”与“美”，愿情谊长存。

流与淀

◎雷星月

Flowing and Subsiding / Lei Xingyue

「正这是这样一种不满足的状态，即使前路坎坷，仍然兴致盎然，无法放弃。」

姓名：雷星月
所在院校：四川美术学院
学位类别：学术硕士
学科：设计学
研究方向：环境设计
年级：2013级
学号：2013110082
校外导师：琚宾
校内导师：沈渝德
进站时间：2014年8月
研究课题：山居禅院

流——心出发

同一屋檐下

如果说每个故事都有一个开始，我则固执地认为心境的改变便是故事的源头。人的一生总会因为遇到某些人产生了变化，又或是经历了某些事触动了内心。而那雨滴般滴入内心所唤起的层层涟漪终会使其向前迈进。

世界上总有那么一两个人，当你第一次与他见面时，便会觉得似曾相识。是的，当我第一次见到文娟时就是这种感觉。

也许是大学常年一个人住的原因，和她同住时便没来由的觉得亲近与欢喜。

都说人与人之间是相互影响的，一天有大半的时间同她在一起的我，应该庆幸她是一个如此努力且爱学之人。

研究生的课程与本科不同，课程设置均为选修，用学分进行考核。她说："我们这期便把全年的学分修完吧，反正还有的是时间，指不定下期有什么安排呢。"因此，研一上半学年我们便将整年的课程挤得满满的，从早到晚。这个建议其实也算合情合理，但后来才发现她完全属于那种不去听课便觉得有所亏的学霸型，所以就算在修满学分的下半学年也去旁听了好些不计学分的课程。

我算是那种喜欢宅在家里的人，正巧大学城又算是半个密闭的"牢笼"，便也助长了这种要是周边没有什么可看的展览便几个月不跨出校门的气焰。每天的活动无非就是那么几样，倒也不嫌单调。她导师是图书馆馆长，她常常打趣说："走，我们去图书馆玩玩，顺便跟导师混个脸熟。"图书馆来来去去却始终未能碰上，倒是这个玩笑却始终乐此不疲。

她是一个时刻都充满激情的人，到研究生会招人那会儿，便也顺势拉我去报名参加了。我并不是那种对于学校活动不屑参与之人，反倒是每次都在招人的时候都想要参加却始终止步于宣传单前，以至于整个大学过完我也没去参加过什么社团活动。

总说万事开头难，正当我开始犹豫是否迈进时，恰巧她在身后轻轻地推上了一把，不敢说正是因为如此，但我也确确实实从那时起开始改变了，随之身边的很多事情也都在变化了。难说这种变化是好还是坏，但至少我开始能更诚实地面对自己的内心了。

大约是在五六月份，临近暑假之季，刘珊珊老师在群上说起广田进站的事情。

深圳，我没有去过，设计之都。我想，既然去哪儿都是实习，为何不走出去看看?

想要出发，想要去寻找打破平静后的另一番景致，这种冲动更像是拿研究生三分之一的时间来进行一场豪赌。

文娟说："人生不就是一场豪赌么？"

也是，已知的未来又有何趣味呢？感受未知的所带来的兴奋与苦恼这正是人生乐趣所在。

憧憬

沈老师并不是特别严苛之人，细细想来似乎从没对我发过火，就连跟我谈话的时候也是尽量笑着保持语调的平和。也许是因为他有个比我大或小几岁也学设计的女儿，那种平时对待女儿的严苛才隐约透了出来。

我自然是有些怕他的。

所以尽管大学时候就已经上过他的课，但直到后来，才开始探索着与他亲近。

入校那会儿，总是有股会让人充满了力量的劲——忙着白天黑夜的上课，忙着昏天暗地的写论文，忙着准备 11 月份的年展，忙着各自数不完的事儿。

不记得谁曾说过这样的话，"研究生培养计划？形式而已。"

在我们看来，也确实感到如此。很多形式上的东西早已习以为常了，走走过场罢了。所以当直到临近交表的前一天，才抱着东拼西凑的培养计划去找他签字。

"这个放这儿吧，我要好好看看。"

"表明天就要交了。"连忙补充到。

他转身走进屋子，掏出老花眼镜坐在花园的长桌边上，对着阳光逐字逐句的读了出来。

“你看，你们这少打了个字……哦，这标点又多打了个。”

“这个还是放我这儿吧，我再好好看看。”

本着急想拿回去再仔细检查下的我们，也就愣在那里不知如何了。

再后来，听娜娜说起碰巧在办公室看到他正用手写板一字一字地去写我们的培养计划时，便想起了父亲在手机上用手写来回复信息时略显笨拙的模样，想起了那日阳光下他掏出眼镜带上的那一瞬间，仿佛依稀还记得他丝丝白发旁深深的眼纹和认真的神情，顿时羞愧到难以自拔。

这时也才似乎体会到了那天晚上借着酒劲跪在地的师兄哭着嚷着的那句，一日为师终身为父。

他传授给我的不仅是专业上的知识，更是作为一个设计师应该有的生活态度。也是此刻我才从真正意义上开始认识到，一个职业设计师的生活状态与我的不同之处。职业即生活，或者说职业与生活是相互渗透的。

在设计中的所展现的各个层面往往都是日常生活中的自然流露，而认真负责则是设计态度最基本的要求。

我总以为设计可以从生活中剥离出去，只要在做设计之时认真去为每一处去考虑，生活也便随性就好。这使得我常常在认为重要之处细心处理，在一些不太能关注到的地方往往会疏忽而不自知，最后却成为设计的致命之处。

我想，我应该要有一种认真的态度，不管是对设计还是对生活。我想要改变，在职业生活的状态中，能使我更加认真的去对待事情，认真的去打理自己的生活。而这便是我想要参加广田进站的初衷。

去向何方

现实中的乌托邦

刚到公司没多久，琚老师便与我进行了一次谈话。我从没想过这一次的实习会与其他的有所不同，但在与老师的谈话中发现，在这次的校企联合的实习中给予了我极大的自由度， 来公司的目的可以是“学”而不是“做”，而做的事都应是以学为出发点。

学校与企业？对我而言来到企业中的教学实践应具备什么样的意义？

我想这种意义应不同于大学毕业后进入企业的一种状态。它应与学校有所不同、与企业有所不同，应处于企业与学校一个模糊的交界之处。而学校与企业的区别，正是需要去探索和尝试的边界。

学校与企业最大的不同便是能否提供实际项目的环境。

由于学校很难提供有实际项目的环境，教育的培养方向则偏重于对设计的思考。在学校中往往会以概念性的研究作为学习的课题，而当设计作为一个单独的个体脱离环境进行某一特定条件下的研究时，更多的是表达设计者自身的想法。当然设计思考是极为重要的部分，但思考缺少实际的支撑便会有些弱不禁风。磨枪练舞是为了上战场杀敌，而不是纸上谈兵。

尽管企业中设计属于实际项目，在团队的合作下进行设计，讲求的是同事之间的相互默契的配合以及寻求一种更加实用快捷的方式进行设计与研究。但项目不免要面对来自各方的压力以及各种时间的问题，常常会在设计中简化或者以一种常规便捷的方式思考，像是对相近项目的复制则正是这种缺乏分析与思考商业设计的体现。

如何将学校与企业两者结合起来？

所要结合的，应是学校的思考与企业的实际。这就要求企业能够提供实际项目给我们进行设计，最好能够是一个完整的项目。同时是一个实际设计技巧的学习，这就要求我们有足够的时间，去同老师或者公司同事学习和研究项目中的具体设计。

所以能够更好地将两者结合起来的关键因素就在于能否给我们提供充足的时间和自由。以便在实际的项目中掌握项目的流程、学习一定的设计技巧的同时，又能有更多的时间与空间去思考和尝试。

框下的设计

每一个实际项目都有其特殊的制约，这种限制则是基于其不同的条件、环境甚至于甲方所产生的。限制是一把双刃剑。项目的某些限制因素正是产生设计的不同之处，会刺激设计者在设计时产生新颖的处理方式，带来更为丰富的设计手法，但有时也会将设计捆绑。

最初的一个月，老师并没有安排我参与具体的项目，而是让我去熟悉公司流程。每个公司都有自己的设计流程，以保证设计能够准时且较为规范的完成。但如果单单看和询问同事项目进行的具体情况，是很难去把握设计中的量和度，于是我便想需要参与到项目中去。

HSD 是以小团队合作进行项目设计的。公司小组会经常对某些设计问题进行讨论，我便去旁听学习。读研所学的专业是会展设计，对于博物馆、美术馆一类的项目自然会有比其他项目更为浓厚的兴趣，正巧那时遇到有个艺术馆的项目重新启动，也便申请参与其中。

此项目甲方给予了相对充裕的设计时间，同时项目组的成员均第一次做艺术馆的设计，于是在整个流程的框架下，项目以一种研究的方式展开设计。从最初的资料收集整理，到概念设计构思，再到概念设计方向，空间流线分析、平面布置图、模型的推敲、硬装概念等。

参与到项目中去了解流程是很有必要的，能以最直观的方式明白整个设计过程中具体需要些什么，要做到什么程度，安排多少时间。而这些的判断对于一个设计来说是非常重要的。能让设计完整化、过程规范化，同时保证在既定的时间内完成，而这正是我在学校做设计时难以去把控的。

但公司的运作如同一条高速转动的链条，在这条链条中，对于我而言，想要做设计方面的系统研究，条件是相对苛刻的。公司的属性决定了作为设计师必须为业主提供一个职业设计师相应的服务，同时也需要进行一些牺牲以维持稳定的收入支撑企业的发展。处于这环环相扣的链条中，便会有很多的身不由己。

美术馆的方案在后来由于甲方经营上的原因项目停止了，进行到一半的设计研究也便停下了。紧接着我接触到的第二个方案与之前美术馆情形有所不同，时间来说是很紧迫的。这种情况下设计便难以以一种研究的方式展开了。

游离在链条的边缘

公司的运作速度跟学校的相比设计研究项目的周期是较短的，这也便要求设计师有足够的能力在短时间内去提供职业化的设计。

设计是一个由内而外的输出过程，在我们经验较少时便容易去寻求可供借鉴的设计作为参考。而这种参考的过程虽是一种积累但思维上却没有得到该有的训练。设计中最重要的不是去参考做出设计，而是提高对于问题的分析能力，训练能看出项目需要什么，项目问题所在，从哪个方向去解决的能力。

但这种能力需要进行长期的积累，足够的量变才能产生质变。所以通常来讲，刚毕业的学生进入公司后都要做一两年的设计助理来积累经验，而非进行独立的设计。

但此次教学实践的时间仅有一年，且进站研究生的情况与毕业生的又有些不同。

教学实践中“教学”二字则说明了作为进站研究生的属性决定了我的身份是一个学生，区别于大学刚毕业的设计工作者，这种身份上的自由让我可以拥有足够的时间去自主学习去独立寻找设计中所需要的答案。而“实践”二字则说明了这一次的活动是一个尝试性的有别于一般大学毕业生的培养方式的实践。

以怎样的方式进行实践？

第一次的实践是基于一个比较宽松的项目时间和新型的项目进行的实践。美术馆这类大型工装项目有来自甲方更大的限制，同时也有来自建筑，园林，策划等各方的配合。虽有较长的时间进行研究和探索，但在项目的实践方面，却是很困难的。

第二次的实践是对于一个寺庙的改建。寺庙类的改建通常而言在设计实践上是相对自由的，但此次的项目实践十分紧张，导致没有时间去进行更多的思考和研究。

两次的实践都有一个大前提，是基于公司团队设计下进行的项目设计。虽是两个比较特例的项目，但根本上的培养方式没有得到突破。

对于一个设计公司而言，对前瞻性设计的探索是必要的，可以说是其发展的核心所在。但往往设计师在探索和尝试时，便会遇到我刚才所举例的两种最大的障碍。一是各方意见关系的协调。二是项目的时间周期短。

这迫使公司在保证生存发展的前提下，通常采取一种迂回的战术以保障对于前瞻性设计的探索。一种是在保证设计的前提下，在尽可能多的项目中去尝试一些新理念，尽管这种方式大多只能是局部的尝试。另一种则是将一些少部分有发挥空间和时间的特例项目进行研究。

而公司对于前瞻性的探索与我们教学实践所需求的条件在某些方面是相吻合的。在一年的教学实践中，并没有过多的时间来保证实践大量项目的同时也能有足够的深度。相对而言，参与一个小且能完整独立进行设计的项目也许更为适合。

所以第三次的实践的平台是一个时间相对宽裕的禅院修建。与之前两个项目不同的是除了给予了一个相对更为宽松的设计环境，同时，也将我和另外一个小伙伴作为一个单独的小组来负责整个设计。这次的尝试与对刚毕业大学生的培养上便有了本质上的区别，其目的是希望我们能处于链条边缘，能看清链条的转动又不至于疲于在其中奔波。

选择题?

“学”与“不学”

校企联合的教学实践能带来什么？或者说我能从中学到什么？

“学”意味效法，钻研知识，获得知识。如果学是一种从未知到知的过程，那么要学什么便非常明确。我所要学习的便是之前所未知的，或是无法完全掌握的东西。

简单来说，什么是校企联合的方式下所能学到的，而对比学校所难以给予我的便是所要学习的。

在与老师第一次谈话以后，“学”的方向就已经很明确了。

以进站的方式进行教学实践，在公司的大环境下，能够提供给我的便是一整套完整的设计流程，包括概念设计、方案设计、图纸、软装、物料、施工、摆场等。

其次则是按照公司流程走得非常实用的方法。

而这次的教学实践与毕业后来到公司最大的不同则是导师制度。会有一个校外导师进行指导教学，位于设计界前沿的设计师能给我的便是他个人的前沿思想。

“学”除了对最初未知的掌握外，还有一种则是针对于在技术和方法上对于事情的模仿并运用。

如果是基于思想的，那么这种“学”则是人与人之间思想上的沟通。而这种“学”是一种来自于对所看的文章和方案思想理解上的“学”。另一种则是以对话的方式进行思想上的交流，而这种交流的“学”往往是双向的。

如果是基于技术和方法的，那么这种“学”更多的是一种单向的获取。

那么到底什么是“不学”的呢？

若对于未知事物便有明确的“不学”，那是否是对此事物一种带有一种先入为主的偏见？我想这种“不学”应该是基于充分的交流之下的“不学”。

思想上的“不学”通常指我们无法理解或接受的东西，这往往是“学”以后剩下的东西，无须言明。

而在技术与方法的模仿与运用上，哪些方法是我了解后产生疑虑的？哪些技术是我了解后在运用时需要有所保留的？显然此时对于“不学”什么的思考便显得很有意义。

如果说“学”是一种方法，促使能够获取知识的方法。那么“不学”则是一种思考，一种对于所学知识的如何筛选和处理的思考。

“作为研究的设计”与“作为设计的研究”

在美术馆项目设计中，我负责其中展厅部分的设计。在其设计过程中却发现与项目负责的姜工在对于项目设计进行研究时发生了分歧。展厅面积在 1000 ㎡左右，高度是 7.5m，是一个较大区域的封闭展厅。在做分析时由于甲方的经营方式并没有给出，我便展开了对于展厅形式结构的多种可能性与其可能带来的展示效果的分析和尝试，试图在探讨其多种可能性中找寻更多的解答方法。姜工的观点则立足于在经营方式确定的背景条件下对其进行针对性的分析，探索其形式中最优方案和几个可行的备选方案。这种观点上的冲突，令我发现了学校与公司对于设计的研究方式的不同。

在学校大多设计教育与实践相脱节的环境下，设计无法以发现问题到解决问题的方式进行，或者是有一个设计的原型也无法预计其后设计实践中所能遇到的问题。此时，学校的对于设计上的研究便转向两个方面，一是对于理论上的研究，构建较为完整的理论框架，做一些类似对于本土或文化的探索和挖掘，尝试以理论作为切入点来指导设计。二是对于某一正针对性的实践课题做尽可能多的扩展性的尝试，以达到培养学生对于设计保持开放性的思维。这种“作为研究的设计”其重心在于对设计过程和设计思考的研究，而设计仅是作为研究的一个实践。

公司的属性决定了其设计是针对某一特定项目进行的，需求的是以解决某项实际问题作为设计研究的出发点。这种特定项目的研究往往以三种方式展开。一是为设计进行准备性的研究，针对特定对象进行的环境、文化、材料、方式等的研究。二是通过设计进行研究，设计过程本身就是一种反复实践的研究，设计者在通过反复实践的过程进行探索和研究，以寻求某些更为便捷实用的方式。三则是当项目建成时回过头来的反思，与前期准备性的研究和中期执行上进行一种对比上的研究，或者是将设计当作观察对象与其他同类型进行类比的研究。而这种“作为设计的研究”其目的在于设计，而研究的根本是为了给一个特定的问题提供有针对性的解决方案。

是选择“作为研究的设计”还是“作为设计的研究”进行这次教学实践中对于设计研究的方式呢？或者在两者中找寻一个恰当的点进行穿插融合？还是将两者作为一种对比参考从中探寻新的研究方式？什么样的研究方式才是适合我的？

问题抛出来了，然而该以如何的方式进行研究，到目前为止还在探索和实践中。

“作为设计的研究”其最大的特点在于对于设计过程和设计思考的研究，避免思维朝向单一解答方案的逐步递减，针对思考提出多样性的建议。而“作为设计的研究”则在最大程度上保障了项目以最快的方式找到对于问题的解答。

在所处的时间和空间均相对自由的实际项目环境下，所需要的是对于项目的问题进行多样性的研究，在多样性的研究中分析找寻与项目契合的答案进行实施。那么，以何种方式的研究才能保证我们的研究方式跳出对于项目最佳答案的局限性，回答保持开放性的思维方式？

基于实际项目，研究的方式则可以采用与公司研究方式大体相同的框架进行。前期准备性研究仍旧采用与公司相同的方式进行针对性的研究，以确保能够快速地对项目的特定条件进行掌握和分析，通过这种集中对于项目实际的研究，去尽可能的涉及一些非学校所能提供的，对于材料技术等方面的研究和探索。通过设计进行的研究，则与学校采用的设计研究方式进行融合，以项目具体问题作为设计研究的课题进行多样性的讨论，某些设计的关键点以多个小课题的方式进行分散式的研究提供多种解决方法。而最后一步回过头来的研究，对于我来说实践中的反思、归纳，更能让我能更深入地进行与其他项目的对比研究，从中探索一些未知的东西。

在设计的迷雾中

没有既定的答案

建筑的开始是琚老师的几张手绘平面图。会议室里听着他用几张图片、几段视频娓娓道来上山艰辛的条件下所感受到的那近乎极致的美景。

“妙有分二气，灵山开九华”，禅院位于的正是此九华山后山的狮子洞，面积大约有 1000 ㎡。从一个高速公路转到乡级公路再走到村级公路才能来到山脚下，而上到这个禅院大约要走一个小时的山路，没有其他的路可走。据老师说这是他所遇到的环境最美却又最艰苦的禅院。禅院还没有盖起来，刚起地基的状态，正是建筑最为关键的时候。在艰苦的环境下，所有的材料最好能现场提供，砖瓦运上山来是特别费力且成本较高的，所以只能尽量考虑用石、木、竹，以最简单便于实施的方式做出来。

首先要做的是把建筑按其结构修建起来，研究建筑与环境的关系、建筑内外开窗的关系。

我不禁会想，当下的禅院应该是个什么样的建筑？

它不应只是一种简单的浮于表面符号化的对于古代禅院临摹，而应是一种立足与当下条件，与实际场地相结合的解决问题的建筑。显然我能很明确的知道这个建筑不应处理成什么样，但却不知道应该要做成什么样，此时我便陷入了迷茫。

建筑是否有真的“应该”做成什么样？是否真有一种“应该”的标准？答案是否定的。

而这种“应该”则反映出了思考上的先决限定条件，认为会有一种既定答案的思维限定，然后想要去寻找这么一个标准。显然是无法找到这样一个标准的，而此时往往会把一些别人给出的答案当作合理的回答。于是便懒于去思考，习惯于去找寻答案而不是尝试自己去做解答。此时，便会容易陷入一种模仿传统主流设计的窘态。

设计倡导思维的多样性，建筑的设计也是同样的道理。对于问题的解决也绝非 1+1=2 那样有绝对的答案，自然对于狮子洞禅院的处理也绝非只有一种“应该”方式。

我开始尝试转换思考的方式：当下的禅院可以是什么样的建筑？

此时，建筑设计之路便有无数条摆在了我的眼前。同时，我也在想，是否真的是“可以是什么样”便足够了？如此一来便不得不继续思考一个问题：什么样的建筑设计才是好的设计？

纵观时代来看建筑设计的好坏没有其固定的标准，但似乎都有其内在的逻辑，解决问题的同时着力于对未知领域的探索，对传统和主流设计的突破。就如勒·柯布西耶在《走向新建筑》中所说的那样，建筑设计的起点是问题的发现，终点是一种直指人心的境界。

能打动人心的建筑，便是好建筑。那么是否能从人的感受入手切入去寻找禅院设计的逻辑？

去试想和判断当建筑建成时，禅院在其环境中会具备什么样的意义，与周围的环境建立了怎样的关系。于是，我便有了“隐”与“灵”两种方向的解答。

“隐”则是将建筑消隐于山间形成一种融合的关系，讲求“虚幻不实，变灭不常”。

禅院处于九华山山间，山形如九瓣莲花的花瓣将禅院包裹于其中。“灵”则取意于灵动，灵性。使建筑灵动的闪现于山林之间，以白色的禅院建筑与郁郁葱葱的山林形成对话关系。

赋予设计的自由度

如果说设计是天空中自由飞翔的风筝，那么技术则是牵引风筝飞翔的那根线，失去了技术的设计是难以飞翔的。如若让技术控制了你，它就像一条被钉在地面的线，限制着你飞翔。若你控制了技术，那它便是缠绕在轮上的线，可令你飞得更高。

此次的项目是我第一次接触建筑设计，要研究窗户与建筑的关系。首先想到的是必须要去了解窗户的材料和技术问题。窗户的样式有哪些？木窗、钢窗、塑钢窗、铝合金窗等的差别在哪？开启方式有哪些？分别能支持的最大尺寸是多大？什么样的材料和开启的尺度才最省钱？

然而，在了解这些的过程中，我似乎变得越来越不知该如何设计。或者说，所做的设计越来越趋向于一个建造的标准而少了设计的成分。在当时的自己已经完全陷入其中，之后做了三种形式的尝试，也都大同小异。

“开窗，太雷同了。房子的魅力就在于如何去营造光线、控制光线，开窗是最需要慎重考虑的，窗户不是为了开而开，而是为了你的功能需要，是你平衡博弈了所有的功能、审美得出来的结果。”直到老师的一席话使我懵然惊醒，才从技术的牢笼中跳出来，去重新审视设计。

对技术知识的阅读和了解为何会令我陷入了设计失语的状态?

我想这与去阅读资料过程中的带有的潜意识有关，对于知识未知的恐惧容易使人掉入“应该”的陷阱。特别是像技术一类的书籍的阅读，给予了一些常用的标准化的尺度，便更易于使人忘记对设计最根本的思考，被技术捆绑了手脚。

设计最根本的出发点，应是对其功能和审美的综合性思考，无论何时设计的方向都不能迷失于材料与技术。设计的核心是对于设计的思考，而设计的呈现的最好状态应是对于思考的表达，不夹杂其他。但我们要将设计的思考呈现给别人看时，往往就需要通过材料、技术这些载体，然而这些外在的属性都不是设计中最重要的。只有当我们真正去剥离掉其表现，才能去寻找设计中思考的逻辑，才能去寻找设计中最有魅力的关系。

这并不是说技术不重要，反而技术是支撑是其设计的关键所在。当然，不得不承认，技术条件必然对设计有所限制，而对技术确切认知所带来的是更自由且合理的选择。就如伦佐. 皮亚诺1998 年在东京大学建筑与教育讲座中曾说过的那样：“人们说技术是重要的，并不是因为技术本身重要，而是因为赋予了你做决定的自由度。”

我想只有理清了设计本身的核心所在，阅读和研究的过程才不至于走如迷途。对材料、技术更确切的认知，才足以支撑创造性的自主，才能成为辅助设计自由飞翔的线而不是将其捆绑的绳索。

寻觅建筑的魅力

刚接触到此建筑之时，想到的便是如何设计出符合功能的，实用的设计。所以一开始建筑便是很直白的从地基往上升，将功能进行块状的分区。而这样的一个设计也许是符合功能的设计是实用的，但未必是一个有生命的建筑。

就如同人对于食物的要求，从最初的温饱到对于味觉的追求，寻求更为丰富的变化。建筑也同样如此，对于建筑的思考都是为了让建筑变得更加有趣且有更为丰富的层次。此禅院的建筑设计是在既定条件下以一个方盒子的形态呈现的， 而如何去破掉方，如何能在施工允许的条件下去创造建筑更为丰富的层次则是设计是否有生命力的关键所在。而如何去“破方”的关键就在于找到建筑空间的不同属性。

建筑是一个整体的同时，对于人来说其实也是一些感官现象的综合作用。内部空间的不同属性决定了建筑每个部分所要营造的氛围是有一定区别的。这便决定了建筑设计应是从室内，从内核开始往外生长的。

一是光线。光是建筑的灵魂所在，如何控制光线，使光的方式产生多样性，创造更为丰富的设计。而这种光线的需求，则需要由内部功能出发去平衡设计。空间需要营造什么样的氛围，光线应该进入建筑多少，从哪个方向进入，讲求建筑设计与最后室内设计所想要呈现的效果进行结合。

二是尺度。空间氛围的营造是离不开对于尺度的控制的。对于个人而言，空间有一个身体尺度和心理尺度的关系。而在氛围的营造上，心理尺度会对人的视觉上产生冲击，从而影响人的情绪。建筑对于人而言是相对运动的。因此建筑所传达的氛围是除了既定空间的氛围感，同时也有人在移动中去感受到的空间氛围。而当人在建筑中由空间高矮，宽窄所产生的变化中会加重空间赋予人的感受。

三是行为。建筑的最终目的是控制人在建筑中的行为。人在建筑中如何走动，在哪些位置会看到什么样的景色。在此空间中是坐？是躺？是走？还是停？同样建筑框架下的楼梯、过道、房间，怎样让人在不同层中所看到的建筑景色有不同的感受，就需要对空间在允许条件下的重构空间，限制人的行为活动。而尽可能的给人带来不同的建筑体验，这正是建筑的趣味所在。

对空间光线、尺度以及人在其内部行为的控制，达到对于空间不同属性的呈现，带来层次更为丰富的感受，正是建筑的魅力所在。

但是急于在设计上摆脱“普通”想要使建筑看起来“特别”的心理，在不久之后也使我陷入了困境。在进行开窗设计的时候，因强烈地想要设计与一般的设计有所不同而发力过猛。到后来回过头来看时，却发现当时的有些设计并不是完全从功能出发，而更多的是一种过度的设计，太过强求其开窗方式的不同，反而增加了设计的成本，使用与实施上也增添了一些不便。因此在追求设计空间丰富性的同时，也同样需要停一停，回过头来反思下是否过度设计了，是否很好地平衡了设计的各个方面。

持续中

现场是建筑的永恒，这话不仅指的是已完成建筑现场能带给我的震撼和细节是无法从图片中知晓的，同样阐释着在一个未建成建筑场地所能感受到的场地的震撼是其他信息所不能替代的。

在看到场地的那一刹那带来的是最纯粹的震撼以及捕捉到的是多到无法理清的对于建筑的思绪。

“场地”是基于某种作用的一块区域，自然与建筑产生关系的区域。“场地感”则是一种对于此环境氛围最原始的感受。也就是，当我在建筑工地时的一刹那所产生的感受。这种感受并不是仅基于那一亩三分地，我想应是来源于整个爬上路程上所看到的极致美景以及脚下所踩青石带来的整体感受的融合。

此时我所看到的场地，它就像是拍电影时只拍了一个外景的前镜头，故事是什么样的，演员是谁，穿了什么衣服，怎么表演，都还是空白。如何去营造场地氛围则成为设计至关重要之处。

来到九华山之前，老师就跟我们讨论过关于场地感的问题。建筑最重要的是场地感，没有场地感的建筑是没有生命的。要求建筑和周边的山体、户外的花园、旁边的路以及建筑后面的大的山上的石头，它都要发生关系。建筑不是轻飘飘的放在那里，它如同一棵大树，扎根在土里并且生长在那里。

那么建筑与场地产生什么样的关系？如何去产生关系？

基于我想要呈现的是“灵”的一种关系，而“灵”取意于灵动，灵性。那这种关系更多的是一种对话的关系，一种自然与人工的对话。那么将建筑与环境形成一个整体所需要处理的重点便是黑与白中间的灰色过渡地带。

尝试不单是建筑从人工到自然的过渡，而是形成两者穿插对比的关系。是要让人工与自然拉开距离，但它还是自然的，但是它是人工的自然。呈现这种状态的具体细节处理手法还在探索中，也许你看到下一本作品解析时，我可能找到想要的答案了。

“栖居”的冲突

十月中旬时，在师父那住了两晚，与她交谈得知了她对于很多建筑的想法。师父并不懂设计，她只是从自身出发告诉我们她所想要的环境。从很实际的角度出发，想要更大的窗户让阳光均照射房间中进来，想要进入禅堂的有个柜子能让人卸下包袱，想要楼梯口对着的房间看不到房间门。

虽然师父无法从理论上说清楚她所想要的是什么，但她有一种最原始的对于建筑所需要的一种思考。一种是对于实用功能的思考，让更多的光线照射进来对于山上湿气较重的房间，被子便不用拿出房间去晒。这是一种是俗性，柴米油盐，是对基本物质的功能需求。另一种则是她尝试去寻找空间建筑精神上的属性的体现，一种通过建筑的限制和营造从而达到改变人在建筑中的一些行为方式，这些便是人基于建筑精神的一种表达。在建筑空间中一直有这两种属性在共存。

这两种属性的共存是人性最基本的反应与表达，在不同的建筑不同的空间中其物质性含量和精神性含量的多少则是各有侧重的，也正是作为一个设计者需要去判断的。禅院的属性应该侧重于何方呢？是精神上？还是功能上？ 侧重的比重是多少？ 如何取舍？这便是一个设计师需要去解答的问题。

禅院是佛教寺院的一种，用于提供禅师们悟道修行的。参禅的目的在于明心见性，就是要去掉自心的污染，实见自性的面目。那么禅院的属性更多的应该是基于精神性的比重更大。而不同空间下的比重是不同的，这是由空间属性去定义的。

如何去表达建筑的精神性？形式无疑是至关重要的。

佛教注重修行，其目的是通过戒律或苦修的方式来进行对自身的约束，从而达到来净化心灵的目的。那么禅院建筑形式是否也能通过“戒律”的方式来达到精神的在场？是否能通过建筑形式来达到一种“约束”，以更加静的适宜参禅的环境？

空间和环境的氛围，对人的感知和心灵上是有一定的影响的，而视觉上是尤为突出的，像是颜色、形状都会对人的思维产生一定的冲击。参禅的先决条件，就是除妄想。所以尝试对空间和环境进行简化，约束建筑中的光线与视觉线上的景色，排除一定量的外界信息对于心灵的干扰，使人更容易进入到修禅的状态。

海德格尔说建筑的意义在于“诗意地栖居”，而其中的“栖居”是一个如同诗一样的“存在立足点”。只有当建筑的精神与人所需求的精神达到高度和谐时，建筑才能真正使人的精神 “栖居”。

建筑的精神与人的精神达到高度和谐的出发点应该在哪？是师父所想要的禅修环境？还是我想要寻找的建筑精神？

11 月底时，师父来深圳我们与她再进行了一次交流，这时才发现，师父的楼房已经按照自己所想的修到了二层。这使我感到惊讶，图纸并没有给到师父，但师父在现场对建筑进行直接的参与和控制，以她所想要的方式进行修建。

虽然建筑应是禅修者精神的“栖居”，但这种“栖居”不应是去忠实的呈现师父所构想的建筑。师父对于设计的控制是我始料未及的，但其中有些从实际出发的设计构想，反而是作为设计者还不够成熟的我无法完全顾及的。而在那时，我开始怀疑完全按照我想要寻找的建筑精神是否会偏离“栖居”的精神呢？

在与师父第二次细聊后发现，整个设计有一半陷入了不能实施的僵局。出现此窘境有几个方面的原因。其一，与师父的沟通交流不够密切，师父想法改变而未于我们进行商量便修到了第二层，同时将建筑由三层改为四层建筑。其二，与施工方的交流几乎没有，所有施工方的意见和建议都是由师父代为传达，以至于有些设计细节无法实施。其三，作为学生而言，是对于现场的认识和实施经验的缺乏，这直接影响了对于设计准确的判断。而在校企联合中如何去弥补这一点，则需要更多的时间在现场去揣摩设计细节。

接下来 4 月份我们将再去一趟九华山，而这一次将在山上住上较长的一段时间，并结合现场实际状况完善设计落实实施，使设计的思考与项目实际更好的融合在一起。

淀！再前行

追梦

“只要看到世界上有名设计师的身影就会有强烈的震撼，希望有朝一日也能变得像他们那样。”这估计是每个设计者都会怀揣的梦想。琚老师对于我来说，就是那样的人，能接受他的指导让我很是感恩。

从他那儿学到的最可贵的不是方法和技术上的东西，而是作为一种职业设计师的思考方式——对于设计的、对于生活的、对于情怀的。

“在研究空间的时候，美院的学生缺乏什么，比如建筑方面的思考，比如说你怎么思考光。这就是一个薄弱点，在薄弱点你要怎么思考他。你们研究的时候，拿出了薄弱的方面，并且和成果产生了联系，还有很多的可能性，这就很不错。在你局限于立面和材料的时候，往往会忽略空间的关系的魅力。”他时常会告诉我们他所关注的，他现在会运用的手法，而我们当下应该关注些什么，我们应该采用什么样的手法。也会耐心的教导我们如何去分析问题，如何去分析别人的设计中的逻辑。

公司会定期组织一些讲座，讲座中也会讲到他作为一个职业设计师的心得:“作为一个职业设计师，应具备什么？职业的态度，职业的道德，职业的操守，职业的流程里面表达出的专业性。设计师的成长不仅是他技术的成长，而是他对于职业操守的坚持。再往上才是对于设计理解的深度，高度，向往和情怀。”而这些东西，也许是现在的我还不能完全领会的，但这些理念将会渗透到日后的设计生涯中，终身受用。

还第一次见老师时，曾问过我这样一个问题。想好了以后出来做什么吗？

做会展设计，我回答的十分肯定。而在这段学习的过程中对我影响最深的是一种观念。设计是没有界限的，不管是会展设计、室内设计、建筑设计、甚至是产品设计，它们都是对于生活理念的一种表达，对生活美的一种传播，其内部逻辑是一脉相承的。不要让所见的局限住了思维，也许会发现更适合自己的表达方式。

他说，设计师是一个布道者，他走到哪里都是在“布道”，在“布”设计的道，在传播美和思想。而他就如他所说的那样，是一个布道者，不管是对于设计，还是对于我们。

通往梦想的路还很遥远，也许要达到那样的思想和设计的高度需要经过一段相对漫长的时间，而那并不是终点。也许在漫长追寻道路的过程中，有太多的无能为力会使你会渐渐放弃了梦想，又或者你已经开始自嘲这种长不大的幼稚天真的想法。但我想是，如果你心中还拥有那么一点点的相信，那就去相信吧，相信会使你对设计更充满热情，对生活充满希望。而那一个高远的目标，实现了便是光荣，即使实现不了也因这一路的风雨兼程而变得丰富充实。

我想要去相信。

在路上旅行

之前就曾想过要记录下这一段人生中这段特别的日子，总是或多或少的因为忙于其他事情的理由而将其搁置。所以一直想要找一个舒适的下午，不再杂事如麻，不再有各种烦心之时，在公司楼顶小花园舒服的阳光下，慢慢来述说。仔细想来，却是难能等到那种时刻。致使一切都还在我未自主提笔前，时间已然紧迫到不得不动笔了。虽没等到主动停下来去想想，但想来这种形式也是甚好的，至少对于我这种时常给以各种借口搪塞之人，也无法不提笔回忆这段期间遇到了什么，经历了什么，改变了些什么。

恰巧我又是个健忘之人，又因知自己记忆不佳，也便以难为难的更加刻意不去回想。本以为这些一年半载之前的那些细节会变得模糊不清，但似乎并不如此。也许记忆就是这般，若不去触碰，仿佛它经过也便经过了，不曾存在。可当你细细开始找寻某一画面、某一片段之时，便似乎打开了海底的一扇门，记忆碎片如海水般不分先后的汹涌挤来，随意混杂，难以合上。

想要留下的记忆其实太多太多，和她的故事，和她们的故事，和他的故事，还有他们的故事。想来似乎也是，人和人之间本就是相遇了才有的故事，触碰了才有改变。有了思想的碰撞，才有了新的思考，才有了前进和创造的原动力。也许有天，我会忘记曾经经历过的这些事的细节，但它们都会印刻在思想里，流露在生活中，成为我最为珍贵的收获。

这一段学习之旅有过艰辛、有过痛苦、有过挣扎、有过迷茫，这些都比不过从中学习的快乐和兴奋来得浓烈，现在回想起来似乎当时的痛苦与挣扎也有了乐在其中的滋味。我并不是个灵巧之人，很多学了的事情还需要去细细琢磨。对我而言，学习这个东西是需要去回顾和吸收的，倘若只是学了而不去回顾总结，那收获便是甚少的。

知识需要积累与沉淀，心同样需要。

前路是漫长的，知识、技术、能力的不足时常让我在学习设计之时倍感疲惫，想要更多的时间，更多的精力去提升自己。有时会问自己，设计这条路是否能坚持的下来？答案我不知道。但要问我是否愿意放弃？走得越远，见得越多，自然越是难以放弃。约翰·斯图尔特·密尔曾说过这样的话："it is better to be a human being dissatisfied than a pig satisfied. And if the fool or the pig are of a different opinion, it is because they only know their side of the question."正是这样一种不满足的状态，使得即使前路坎坷，仍然兴致盎然，无法放弃。

那么，就让心沉淀下来，设计这条漫漫人生路中难免会有彷徨和挣扎的时候，何须畏惧，这正是奋勇前进的最佳状态，这也正是探寻的乐趣所在。这让我想起小时候玩鲁班锁时，为其几天吃不下饭难受的抓头甚至想扔开它，然而其乐趣就在这，就在探寻的路途之中。那么，就该庆幸设计的路还很长，就算前路崎岖不平，装着梦想更装着思想，不要放下那颗好奇的心，没有比探寻旅途中那新景致更令人心动的了。

导师副线

琚 宾
Ju Bin

在我的观念中，一直认为一个人的“形容心性”，需要借助更多的空间和时间去显现。人的社会属性越多，兼顾的方面则更多，表现的状态及可能性也许也会更多。学生作为关联于学校但又独立存在具有特异性的个体，其个性的体现，不只是容颜、体质、仪表等的外在表现，还有其成长经历的沉淀，遇事对事的脾气秉性、思维方式，以及待人接物的所思所想、所行所为，与周遭的人的关系、物的关系、与学院的关系、企业的关系，在全过程中表现的责任心、担当感等等。

学院与在学院的生活，本来就是两个空间两点一线的，即使有短时间的社会实践，因联系感太强，终是有着学院思维渗透的影子。而今将企业作为了第三空间，通过将学生前置化，拓展了其生活空间的多重性，也增加了学生的可能性。或许也能由此，最终促进了学校教育体系和教育方式的改变。

以学生的身份进入企业是件很有趣的事——成为一个完全状态下的“旁观者”，旁观员工状态，出离于学生阶段，中间的这个思维模式很具有可塑性。也许进入企业需要经历一个由最初的惊喜、冒险感演变成压力的过程，也可能在此过程中需要思索和微调自己当初坚持的方向，并慢慢发觉与其他校内同学的差异……让学生能有更大的收获，便是此次环境设计学科研究生校企联合培养的所有意义所在。

师者，所以传道授业解惑也。我向来觉得取经路上，西行四人是互为师徒的。

最初的能力是一方面，修为精进是一方面，全过程中的收获是更为重要的一面。很多过程不单单只是讲解给学生听，同时也能够再次梳理自己的思路和感触，将体会整理的更加清晰。热爱是支撑我们在设计这条道路上前行的最大动力，自然地，对导师的要求更是如此，无论是校内还是实践。对专业和学术之间的精准把控，是让我们能在设计道路上行的足够远的前提要求，这需要不断锻炼我们的智商情商设计商。玄奘师徒的西行路，路才是关键点，不走完全程，经总归成不了真经。其实这是一个很让人乐在其中的过程。我一直很喜欢师带徒的传统，喜欢将过往的经验借助一件件小案例点滴渗入讲述，喜欢那种旧时的“道”的传承表达、人与人之间相互真诚相待，觉得那种潜移默化间的影响是最温情的方式。学生可以清楚设计里理想与社会资源、社会关系更为和谐且巧妙的切入点，可以学习到在学院打下的良好基本功在实战中如何更好地应用——无论是太极拳还是独孤九剑，不论招式的有无，再高些的境界总是需要在实战中总结沉淀出来的。何况在这过程中还能与学院一起发现人才。无贵无贱，无长无少，道之所存，师之所存。昌黎先生将对导师的要求已经说得很明了了。

之前讲“中界观”， 此次环境设计学科研究生校企联合的培养计划就是一个界，让学校与企业之间相互去中心化，相互迈入到共同的边界领域当中，相互交集、渗透，最终碰撞出新的能量、新的可能性。

这些年来在学术与社会属性间的思考，让我认识到了学校教育的另一种可能性。这个培养计划，可以让教育与实践从真正意义上融合起来，在国家层面上形成一个高度。校企合作向来是作为毕业设计的面貌出现的，这次的首次突破，除了提供应用学科新的学习方式的可能性外，表达的态度更是对学院教育乃至整个社会的美育起到积极作用的。

用一年的时间将一条桥梁从概念到成型，也许固化，最终成为可以借以参考的一种模式——这个过程本身就是意义所在。

白地

◎梁轩
White Land / Liang Xuan

「白地自解：不代表任何，是个没有颜色情感的组词」

姓名：梁轩
所在院校：四川美术学院
学位类别：学术硕士
学科：设计学
研究方向：环境设计
年级：2013 级
学号：2013110079
校外导师：杨邦胜
校内导师：龙国跃
进站时间：2014 年 7 月
研究课题：中国酒店室内设计地域性文化研究——以海南安娜塔拉酒店为例

引言

小时候，大哭一场，伴随抽泣的尾声，整个世界会出现片刻停顿的宁静，微睁泪眼迷离的双眸，会出现一片白。转瞬，视野又会被填满本存的光怪奇特世界。那一瞬的直感会有怎样的冲击？而之后的填充又担当了什么样的角色？一片绿叶蕴含了整年四季变化，一粒微尘可窥宇宙的沧海桑田，时空的转瞬永恒，那出现仅半刻的白地……

喜欢为把世界看多一点的游走，让不断积累的景框片段填充大脑，当时过境迁，身处异域的我见到曾相识的一角，嘴边抿起会心一笑，那种闪光逐渐变成了追求，就像此时笔尖划过纸片留下的黑痕，记录着这一刻脑海划过的思绪。时光匆匆，许多的期盼都变成了走过，比如我的考研、研一。突然耳边响起李开复说的：“教育本质是把所有东西忘掉后所剩下的。”蹉跎岁月中，忘得东西倒是不少，该出去走走，看看外面的世界了。

发生在海边的春天故事。没有去考究“设计之都”是城市的规划建设满足了评判标准，还是按照评判标准兴建的城市？文化的交融是能诞生出诸多的新生正面存在。怀揣着憧憬的人群来到新生的土地能发挥多大能量，市容市貌已经给了回答：国家城市的同一性未免几分感伤，若巨大工作量前贴上时间标签，被劳动者深深感染。如此新锐的国际城市除了带给视觉感官的体验外，能让脑海中衍生出怎样的词汇语句来表达。又或者构建的“城市”表皮是否感动了“人”能直达内心深处的最底层，轻敲平静湖面荡漾层层涟漪，水波触拍卵石，溅起白花，散发诸多美妙情景截图，短暂的一瞬能带来多大冲击？或消弭于暴露的空气中，或寄居某片情愫。于相似情境中产生持续冲击，那溅出的转瞬即逝的一抹白扩大到覆盖整个视野，随即湮没，“在最美的时候凋落”，留给人们无尽遐思。

人的几十年寿命中是否该有“惊鸿一瞥”？几个月如一日的强化集训是否会

有质的飞跃？在不定数的可能性中，定性的生活有时不可避免。孰优孰劣？“万物早已注定，只是在经过时显形。”来深的十个月是于生命几十年轨迹中的一瞥。这一瞥所勾勒出的图例深浅，眸眼微睁时所出现的那片白地。个体定性世界的主观臆断，索性任意一把，让独绝尽情奔跑：转瞬永恒，一瞥而成的白地高度能洒出何种面貌的斑斓？我在白地上又能画出几笔彩？

—

那个夏天：云很白

走着走着，把我自己走丢了，忘记了很多事。两年的考研时光飞速穿越，旋转的自行车轮滑过地面，眼角掠过的行道树有没捕捉到当时那匆急而过的掠影？事后，再经同样的情境竟是如此亲切，置换成掠过的行道树。反观这七百多天一瞥而过的身影：我见到了自己。同学电话来，官网录取名单上出现名字，自觉成绩惨淡希望渺茫，已没有关注此事的我消息还是由同学处获得转达。此时的我身处北国，在探望生命之烛已燃到可预见尽头的远亲。注定失去的发生堆积在这无以复加的矛盾心绪……

一只白鹰撕破墨黑天空，滚动浮现出两年间划过的熟悉场景，一页页，一帧帧，无序播放着。当期待许久的愿景在这样的场景实现时，竟不知所措，手足无踪，千头万绪的脑袋被清空，什么都没有，世界停顿。

哪里涌出的几分豪情，仿佛得到了全部，但也只浅吟几句作罢。我该怎么样？我能怎么样？我又会怎么样？同时，脑子里重新估算着之前憧憬过无数次的研究生旅程：自认为最重要的还是多读书，又给自己争取了三年时间。大学期间文学书阅读偏多，读研期间方向明确，应更偏专业书籍，尤其专业理论。深知秉性内向的我须紧跟导师，不论学术、洽谈、做人处事、业余时间安排等，都须全方位吸收提升。又往上走了一步，录取函实现了曾经作为高考学子的美院梦。备考期间多少次作为旁观者路过美院，一直萌生去拍下学院内的所有感动细节：不断更新的涂鸦、特色走廊、建筑、雕塑、铺装、水田、景观，还有对同门、课程、教学模式之类的好奇等等。

这个夏天，天很蓝，飘在衬布上的云朵，特别白，我仍十分清楚地记得！

我的时光

研究生培养模式：导师负责制，基本实行工作室制度，按照学院培养时间计划表，在导师带领下一同完成项目实践课题，理论与实践步伐并驾前行。我的研一：看了几本书，体验了把别样的生活模式，望远看广了很多，“设计”了一个课题中的几个方案，结交了几个好友。

我对阅读的思考：它直接影响着个人所散发出来的实体气息，很多历史具有惊人的相似度，很多事件可直接折射当今。我们在一维度时空下快速走完书中人物的一生，过程结束，会留下诸多思考，不觉间，思维、辩事、游历、处人、交友等各方面素质都会提升，读完之后，似乎把世界看多了一些，看实物比以前更深了一些，想问题时更宽了一些。都是个人直觉罢了，开卷有益，不要吝啬聆听独处时内心世界对你的独白。

身处美院，宽松、自由，呼吸间有几许随意的空气。没有轻松氛围又何来艺子们的天马行空。设计源于艺术，艺术影响设计。思维应无限，当突破临界点，创新即应运而生。任何类型的生活模式都是没有定数，关于这一点我们也一样，可能更多的是在寻找那个点：感兴趣、有意思、越投入越着迷的。随后投入大量时间，最终形成果实。一直都认为，只要用心专注于一件事，肯花时间精力去付出，就绝对会有所得，有所突破，如若不能，或许此种专注本身已是可贵的难得，它已经形成了一种境界。

之所以“设计”打引号，是因所做方案都是在工作室由导师龙老师指点得出，真正拥有“设计”这两个字所有权的该属老师。前文提到的工作室导师负责制，该是四向伸展的枝丫都返回原点的时候了。如今大部分图纸上的绘图都已建完出现在重庆九龙坡区市政人行道上，仿佛登上高山般兴奋，一路走来的过程着重想说的有三点：

一 、老师创建的“龙之队”犹如家庭般的温暖，经过龙老师自己的躬身力行，大家庭已形成良性循环机制，工作室老师掌舵，师兄师姐牵头，一届届的顶替输送，上届的离开正是下届可承接之时，经常的“回门”之客让生活充满新奇，因为每位师兄师姐的来访都有色彩斑斓的游历，这是课堂上所学不到的。“天道酬勤、诚实做人” 这是我们于不觉间刻在心上的烙印。

二 、师者不易。本到硕的身份转变，其间必然存在各方面的鸿沟，如何让学子尽快符合硕士培养机制？如何让新生双手勾勒的东西可成为实物？如何确保学生学与习的稳步提升？如何让大家庭共荣互进？所有疑问都得由一己之力解答。

三、真正意义上的头次经历完整设计流程：着手方案，审阅设计要求，查阅资料，设计作品，汇报修改，施工调整，成品使用反馈。环环相扣，时间紧凑，从书面文字到最终建成的构筑体，过程下来，许多很难用文字表达，必须身体力行的投于其间，完成几项具体事务，强烈意识到“学”与“习”之间的均衡，深感实习这块已落下很多，很多直面的问题亟须解决，往后的重心须偏向，这点成为来深圳的强化剂。

中国经济的跨越发展，引起各方面的相对滞后，教育也不例外，但一批批周边切身可感的敬业工作者，感动之余充满信心，时间定会给出成绩。

未曾联想的同寝几位老哥给了我许多难忘的记忆及深深的触动。

分别国画、新媒体、油画专业，分别职业高校教师、个体经营者、自由艺人，我分别称呼飞哥、天哥、齐哥（因都年长我三岁以上，礼貌称呼），喜欢飞哥的自谨活脱，天哥的善谈处事，齐哥的内敛自修。最让期待的四人聚餐聊天，很激烈，不脸红，适可而止，谈笑其间。男生在一块聊得话题是有重复性的：政治。我们也不例外，不过参和宗教、思想于内。思想开放的美院，经常聚会都会大谈政治实事，社会新出的不公案例，阶级矛盾等。不论正确与否，个人对周边一切是有体感的，留心观察、主观思考、勇于表达都是对公众事务的参与，“不惧坏人猖獗，最怕好人的沉默”，改革浪潮滚滚，我们这代是承载使命的。最终归于一点公认：几十年走完上百年的路程，弊端毛病是绝对的，都应该给互相多一点时间，毕竟国家在进步。

单独提几笔经常因油画创作没灵感而陷入愁苦当中齐哥。研一期间除图书馆看书、导师工作室做课题外，在齐哥工作室待的时间不少，玩乐器、举哑铃、喝酒唱歌、看书、聊天，很轻松，很随意，聊天地。因其经常创作通宵画画，而我也只是晚上回寝睡觉，每次见面如初识般亲切。有次其工作室改变平面布局，挪回寝室的书籍竟有上百本之多，位置上都堆满，绝大部分已看完。有时候，让人改变特别简单，一个场景，唤醒曾经承诺过的话，然后就改变了……

艺术是超前的。从艺者本身的理想空泛及对周遭事物的敏感很容易引起内心的煎磨，而正是这过程给有深度含义的作品以骨架，一个月有两幅画算得上多产。于走设计路途的我，接触、见识、游走、实习、专业等词汇都涌入脑海，得排上议程了，在期待着一次专业研学。

特区海风吹来

学术风劲吹的校园，整个学年各式各样的讲座、论坛、竞赛、讨论会：绿色设计周、玛莎施瓦茨拜访沙坪坝、夏威夷大学建筑院长学术交流来访、佛学研究、论文写作讨论等，有时候一天会去听两场，陶醉于其间，那段时光很快乐、很充实，各类信息汇聚到脑海，晚上睡觉一闭眼还能感到知识符号在里面的跃动。

初次正式了解工作站是在研究生群内刘老师发的介绍信息，看了附件关于校外导师资料，个个成绩斐然，更甚站点是设立在中国设计最前沿的深圳，让当时印象深刻。与导师商量，绝对支持，认为无论于学校、个人能力提升，或者再扩大一点：这个站点于设计学院环艺课程的完善改革都是有探索性质的，身为环艺系主任的他很愿意派出自己的学生去亲历这次行程，希望回来时可以带给环艺课程、工作室、同门之间几缕新风，带回一些具有指导意义的切身体会。同时叮嘱机会得来的不易，过去了要珍惜时间，勤奋、努力参与到企业实际项目当中，过段时间我会来那边考察，到时给你电话，不要有后顾之忧，这边的学校、工作站的企业都给你们准备了足够的平台，要做的是用心实习，最后给出一份满意答卷。

学校暑假如期而至，重庆、湖南、深圳一条直线，当时的心迹已无径可循，应该是兴奋远大于思乡的，没有选择回家，告别老师，联系站点，笨鸟先飞，径直来到校企工作站：深圳广田装饰集团股份有限公司。虽刚进站时只在广田待了几个小时做了填表记录报名工作，却被规模整整四楼的装修精致设计部感动：明亮自由的办公氛围、垂直玻璃幕墙保洁得一尘不染、墙底纯黑镜面抛釉瓷砖、入口弧形自动感应门及三楼挑高的水晶吊灯等，冲击力十足的材质组合、体块质感的对比，构筑物周边的绿化、地砖、标识等处理所营造的场所感，都在体现着公司实力，无尽遐思往后的岁月。

二

相逢都是注定

导师龙国跃教授在 QQ 签名上留言是“龙的传人”。来深后发现校外导师杨邦胜老师的设计哲学是“意境东方”。无心的选择仿佛注定，也暗自庆幸两位指路者的深处都饱含浓厚的中国红。

年会上有位主管说起这样一件事：一同杨总去西安出差，快凌晨两点到的客房，看看手表，还早，我们再一起商量下方案的完善度，调整下汇报图册……另有同事提到有次出差回来已经是两点多，而杨老师还得去回酒店面见重要客户。时间观概念完全不同。初步估算，每天的睡眠时间也就四五个小时，心生敬意，深有感慨：没有随随便便的成功。成就是脚踩大地一步步走出来的！

杨老师，四川人，黑框眼镜，说话声音不高，语速适中，谈话内容跳跃度很大，若不专心听，很容易抓不着调。每天的行程很满，一进公司，先会被行政总裁办兜绕一圈，签字画押拿主意。再就是一天的工作之重，与各设计师协商完善方案，一般这过程偏长，群策群力，你来我往，各抒己见，得当场拍板定平面布局，轮回下来直至方案成形，外加项目启动之初的概念提出。接着要查看空间配饰选材、定空间色调，虽配饰主管一般都有两套以上搭配方案供选择甄选，但认真过滤主材直接决定空间的性格情感，所以基本周期也会持续 40 分钟以上。公司名称：杨邦胜酒店设计集团，以其名字命名，作为公司重要名片，有时必须得出现在一些场合，同时还有各类难以推掉的论坛、讲座等。杨老师很忙。很感恩能零距离进入老师创办的设计公司实习。几个月的磨练必然实践能力提升迅猛。有次网易记者采访时跟杨老师一同吃饭，席间路上与杨老师谈话：

问：生活快乐的理解？

答：当时农田干活的我收到高校的录取通知书，我怀揣着它拼命往山坡上跑，汗流浃背，风飕飕的吹过，那个过程我很快乐。

问：杨老师，描述下你的家庭境况吧。

答：关于这一点，我比你们任何一个人都优越、幸福。母亲慈祥，父亲忠厚，家庭和睦。但有一点值得提出：穷。有时候填饱肚子都是问题，小时起我就开始劳动，很苦，但那时我最宝贵的一笔财富。那个过程不是我学到了什么，而是我知道不会有比这更差的样子了，以后会越变越好。那时的我就在憧憬。

问：若时光倒退二十年，您会做什么？

答：其实我还真没敢想过这个事。那时候家里穷，考上中专，出来教学，发现那不是我想过的生活，顺流来到深圳，在洪涛装饰，最初我也是从基层做起，再一步步直至最后当上设计院长。最初接手的星级酒店，拼着做完，效果反响都很好，后再陆续启动项目直至创立自己的设计公司走到现在。要说想法，也是有一点的，都说不准，只知道每天都在很努力地活着、拼着。

朴实的回答领悟到了多种可能，努力后收获果实的喜悦，身体爆发后产生速度，极限了情绪，这种场景本身的兴奋感就已十足，何况最初的种种付出。不可改变的天生家境反而逆化了思维方式，使众人一线的时间轴上跃出了高点，锦上添花的履历存有很多必然，由零直上的路程值得钦佩感动。那次和老师的谈话时间不是很长，却能强烈闻到隐藏在语词根处的不平凡奋斗经历，很多东西是教不会、言不明的，只有身处周围的自然感知，在不知觉的某一个瞬间某一举动就能让你改变很多，在 YANG，大家都在时时改变着。

杨老师是否安静午后会突生感慨，一路不易？是否有过站在办公楼玻璃前凭眺远方，顿生豪情？是否有过这些是否？饱满的日程弱势了可能，成就了事业。有次公司出游车上杨老师提到太忙都无暇顾及我俩（另有我同学也在公司）的实习指导。老师太过自谦，我们能环绕左右、耳濡目染，给的刺激鼓励已是很大，已是一条长足的取经之路了。

家人的温度

初来站点时精致装修、城市表皮所给的冲击兴奋已渐渐退化，画笔的手中紧握，七条路线白地上交叉几何？我的担心现在来看是多余的，因为有家人的陪伴。

最近我们搬了新家：迎宾馆松园别墅办公楼，想起第一天来公司和老师见面时恰大家在商量办公室方案。“这个办公室一定要按照星级精品的路线，镇住每一位来公司的人，有实体展示在眼前，什么都不用说，这就是体现我们公司实力的最好宣言。”主入口一对古建筑瑞兽石鼓、黑色玻璃感应门、前台高档大块木化石、镶嵌在红褐块木上的古典金公司 LOGOY 以及遍布各站台转角视线汇集点的艺术品、雕塑等，无一不在实现着当初的设想。新办公室的完成对来往的人绝对是一次感官旅程，而每天游走于期间的我们更是自信油然而生，工作之余可以拉着设计师给讲解施工过程的种种，体验与学习并存。有一点公司的初衷没有变：每天午睡下班回响起的音乐《相亲相爱一家人》，缘由杨老师建立公司一直的希望给众人营造和睦家庭的温暖，我在这样的环境下走着。

初来公司的诸多不熟不懂，周边同事给予莫大的指导帮助，偏文科感性的设计，大家都天性幽默。工作期间到处夹杂的对话、调侃、趣闻、考察、甲方、工地等因素给纯粹意义上的工作分担了许多枯燥。提出一个符号，各自围绕符号做的相应添色，有的精彩之笔会让人捧腹不止、甚至拍案笑好，当然也不乏贫瘠之词。每次的对白都有各自担当的相应角色，分别对来语做怎样应对。当然最好的接语是既对上方做出了回答，中和锐角，引爆氛围、话题，又抛出橄榄枝，让下方可抓，延导话题继续。是否需要准备？平时生活涉猎的广度深度绝对有影响，但只是一个方面。很多情况，只是发生在那一刹，零点几秒的时间，这种急速的应变如火光，抓住了，可照耀很远。无时无刻不会出现这样的情况：茶水间的偶遇同事，安静中的一个突然喷嚏，隔壁部门传来的几个声调，接电话的复述内容，播放音乐中的一句歌词等。主旋律专业工作下，诸多片段拼合成了轻松工作的蓝图。

工作站定期汇报、站点间资源互享，让有机会去另外两家公司游历。

我们七只小白鼠，奔跑在广田、杨邦胜酒店设计集团、水平线这三块沃土上，“游弋于企业、学生的边缘，希望你们能在结束学生生涯前做一次最后的飞翔”。2014 年 11 月 3 日下午两点：琚宾老师水平线空间设计会议室，旁听琚老师给所带学生所做方案的汇报。琚宾老师是改变了我对设计师的一些看法的，与人打交道的行业，必须是存在说服与征服的，来来往往中自然就会身上黏有商人味道，在与琚老师的接触中却没有，形象固定搭配的中式外衣、白衬衫、黑裤，卷发，高瘦轮廓，说话字里行间的每个细节都是在脑海中过滤后的声音，句句屏射出知识的厚度与个人设计生活哲学，比如“这篇文章要写出学生自己体验后的温度，你们应该游弋于企业学校边缘放飞梦想，搜索命题背后的原因，感受有生命的材料。”琚老师给所带学生课题：江西九华山狮子洞禅院空间设计，现阶段正建筑推敲汇报，上山进庙的入门方式可能性推敲，建筑外立面序列美感，楼梯间侧长条采光萌生禅意，食堂外空地正对绵延山脉景观做小景雕塑引导视线等，这些都是在同学考察完现场、拍照、测量场地、与禅院禅师交流相处了几天、附近禅院参观等工作完成回来后所做的设计，要求同学文字完整记录旅途、上山、相处、感悟、下山这系列流程心得，“要去感受生活，把禅院环境带给的感动铭记心里，默默地，它会发芽萌生出让你意想不到的设计点。”受益良多，能明显感受到同窗间的进步，每一个想法的背后都是堆积着大把其阅读图书、搜集资料、整合提出的过程，从图面上也可看出其用心程度，也有惶恐，一个平台上的游弋，共同进步，在这样一种心态下大家互相监督前行着。

一根线

绘图软件中每一根细小的线都是有意义的，都是在说明一个问题。可能踢脚、可能完成面、可能顶棚轮廓、可能家具看线、可能区域覆盖，甚至不打印图层比如布局边框也是有存在理由：比例大小的调整及边框布局排版。而这每一根线，都是一步步敲击所得，不可有丝毫误差，尺寸必须精确到毫。设计好坏，每个环节都必须精确到位，前期概念、效果图、方案设计固然重要，最后的施工效果如何直接关系到设计成败。绝对的严谨，绝对的规范，同时这也是迈开步伐的基础，必须夯实。都在朝着同样的目的抵达，不能有错误的发生，人是在为别人时才更强大，如果因为自己的纰漏导致大家整体工作的瑕疵，得有多难受。是犯过几次错误的，在我手里完成的图纸，自己也检查了再提交，最后的审图还是出现问题，站在同事背后看着其修改自己的图纸，很不是滋味：一、自己的疏忽导致工作失误，延迟了交图时间。二、同样的工作人家已是疲惫，仍得抽出时间来修改这些错误，何况有时候改图纸比画图纸更累人，因为得挨个核对每个细小处，很多是微小的尺寸差异。三、努力细心还不够，都是锻炼出来的，几个月的打磨必须得出些闪光点，以后再用心点、多用心点。

过程比较痛苦累人。想迅速弄懂图纸的心态与学习周期性之间的矛盾。多次请教同事，顾虑影响其工作量的心理。工作量直接决定月工资的多少，步入职场，工资的关注度是绝对的，我不可过多打扰。图纸盲区与学历自信的纠结。职场步伐与学校生活的不对称等。无论以上种种如何，时间没法停步，交图日期不可更改，分配的任务必须按时规定时间段保质完成。至于期间工作量与时间的对立，可以通过加班完成，因为大家都是这样的，不存在完不成。如果有，要提前说，可部分转让给同事，这就造成更尴尬的局面：同样的环节这边出现问题，无异于自身的贬值。承担多少，拿下多少，按时递交，没有协商，这是必须。不能影响施工进程，所有问题、难处的短周期内解决对整体能力绝对是种莫大历练。就这样“不知不觉”间已对自己所绘酒店功能空间的三维想象效果逐步浮现脑海，室内施工工艺做法由初识进展为常识，身体常用尺寸由默记变成熟识，考察项目、酒店等眼力深度增加，包括进入空间所被环绕的氛围欲表达的精神情感、诉求定位。观看人家的作品可以变得如此有情节，就像文学作者提笔向你的倾说。

又大了一圈

人是个圆圈。刚出生时是圆点，随年龄增长吸收消化事物的能力加强，点中空变成圈，圈越画越大，同时接触的面也越多，那些圈外接触的面，就是我们知识的盲点。知道得越多就越感无知。常自嘲与同龄人之间怎差这远？之前的我做了什么？现找到答案了：之前的我在创造专属记忆，也只能这般自圆了。

姑且自满地说：进工作站这段时间跨步很大。时间的消费必会有所得，无论身处何方，若无进步，怎交代在深圳流淌的时间及每日匆匆而过的身影。

软件：每天接触的最多就是它了。一个软件能做出多少东西只有接触了慢慢玩才知道。且不论新增了多少操作，熟练了几个快捷键。实习中对项目实战需用操作大量指令，不会像刚来时的接到任务的无助内心，现自信所接任务无所惧，只是速度的提升还需加紧练习。同时实习中自身专业图纸的审阅能力，制图规范程度等都有进步，制图过程出错率明显减少，以及为完成任务，手上功夫各软件间的熟练配合运用等。

项目流程：可能于项目流程内体验最大的感悟应是要善于沟通、及时沟通。庞大的项目必然存在纰漏，上层的错误会一级级延后，而最后反映在绘制图纸上基本是一场灾难，尤其平面的稍微改动，先其他平面系列的修改不说，立面图、大样图的修改工作量巨大，人对同一系列图纸的反复修改，其疲倦程度可想而知。所以部门多次总结经验：需跟甲方，与上级及时频繁沟通，让工作更顺畅，或者说：可尽量减少改动自己的图纸。

协调沟通：没有孤胆英雄了，事物都是交错在一起的，碰上非常赶时间的图纸，有时一个空间可能三甚至四个人的各自分工，后再组合提交。这个过程很惊险，平时的工作已是在限时完成，突然有这种情况出现更加历练人：首先专业基础不说，心理素质得稳得住，不时会有旁边的催促之声，短时间内的紧急交图意味着审图时间会更仓促，出错率必须得降低到零。软件的熟练度，操作的快速反应，空间的尺寸把握等都得一步到位。整个过程都会有沟通，尤其空间重合交汇处更得操作细致具体到点。流程走下来，大家都似长跑完后的惨累景象。

标准程序化：初入职场最怕自己的散漫随意。很多细部都有硬性标准，不可逾越。毫米之差，出现的施工效果不尽相同，有违设计意图，最终可能导致整个项目的水准下降。责任的无法承担要求必须过程的准确无误。生活的随性于工作中断不可行。这应是此行与我触动最深的，其实以上的所有在学校都有涉及，来深圳后，全国设计最前沿的更规范化让如重识，在必须规范化的环境里，我只能做到必须。

当然具体总结下来，远不止这些，比如：时间的把控，不论任务内规定时间的出成果，还是上下班的严格把控，或自身业余时间的安排等。项目给予的感动，尤其自己绘制的图纸出现实体成为实用物。城市的体验，设计之都的称号处处体现在城市的视线所及，交通十字口尤甚，即使树槽都能出现几十种围合形式，岭南的风情，众多设计展览活动，民众公益设施的普及度，公园于城市的星罗棋布，隔岸香港的海风，邻居广美的学院设计，以及一直在不断诉说着的茫茫大海……

句号、省略号

有必要写几笔于部门内的人和事，没有他们，很多事件都会缺失。以上种种的总结性质文字，每段末尾都是句号。十个月于一生中的转瞬所冲撞而出的白地，纯净透亮，映射出各种精彩可能，延伸出结局的无限，这是段没有终点的文字，句号后面映射着省略号……

公司共八个设计部门，一二三部主力，恰入公司赶上新接手的海南威斯汀酒店项目分配到三部，一直跟随到现在，参与其中汇报排版、几种客房类型布置平面、别墅区布置平面负一层康体泳池图纸绘制，跟着一个完整项目的流程走一圈，获益匪浅。

陈岸云老总是公司董事之一，三部 BOSS。前几天开年部门内聚餐，凌晨才回的住处。翻开当晚的日记本，上面的记录是：陈总乐唱、善聊、会玩、敢拼、能识。最后一场：喝粥，大家互猜年龄。陈总自报七九年的，才三十六岁。不禁遐想，十年后的我身处几何，有无如此精彩及高度？

不管与否，能跟随左右且被重视已倍感亲切。平时的陈总不苟言笑，总监负责制，每位方案设计师的布置平面自觉没问题后最终要到陈总那“汇报”，由陈总把关，所以平时只要出现在公司就会被部门内各设计师给堵在办公室。自身参与的海南威斯汀酒店、张家界华邑酒店前期概念方案跟陈总有过汇报，从学校出来写的文字是有很浓厚的主观色彩和书面忸怩作态的，这些东西如果出现在跟甲方的汇报文本上就会有诸多问题，比如拗口、辨识度不高、故作深意、甲方的不认可等，记得做张家界华邑酒店关于地域内容的版面附文字，就是存在这些问题，陈总耐心给讲解，一步步推导让主观从哪些方向去改变，这样的文字为什么会不实用，琢磨甲方可能会需要什么样的内容，我修改四五次才最后成形定稿。事后有看公司已完成的汇报图册，都很直观、切点、精炼，以后都得注意。

最近有次跟陈总外出一业主家量房，车上陈总跟聊到深圳前景及自身轨迹：“刚来深圳啥都没有贷款跟家里借钱买房，后买第一台车身上只剩一千多，几年下来涨值几倍，后全部清空又在此贷款买第二套房，前几天还有人电话来高价愿买。我们一定要有前瞻性，不要看到眼前，往后多走走，会轻松很多，如果一直盯着脚下，会很难走的。”“深圳还是不错，如果两个人生活，人均月入万余，租所四千多的居室就是条件很不错的，其他的完全可用来享受生活，香港购物、国外转转，自驾周边什么的更是很普遍的事，主要这座城市外来人占绝大数，包容性很强，没有距离感，同时城市面貌年轻化，很适合你们。”“我们今天量的房子十多万一平，三年前跟一哥们想着合伙在这儿买一套坐等升值的，后没办成，谁能想到会涨成这样…….”

陈总的观念及生活模式已经很西化了，用现有的掌握资源享受当下生活，盈余投资稳固升值空间。这种生活方式很潇洒自在。同时我能明显感知到一种魄力：敢于甩掉绝大部用来博取，行事敢为。之前刚接到说要与陈总去量房的不安心理不复存在，给我引入了更深程度的思考与度量，人生几十年，选择的机会很少的，似乎分叉口出现了。

陈福春、姜得强、刘惠平、刘威、于雪峰、梁有奇公司很大，两百多人。我眼中的YANG更多的是部门内周边的这六个人。刚进新环境必然是一片陌生，是福春最先给我两套客房画平立面且手把手教，耐心十足，讲解三遍四遍是常有的事，直至懂为止，过程中遇到问题都随时召唤随时来到，很认真。得强，一直以来的好同桌，有什么问题，提出即解，很扯的打印机老跟我作对，为此强没少走路来帮我摆平，晚会照片上仰头张口的就是他。惠平刘大人和福春是老乡且住在一块，敬业态度基本无敌了，平均公司每晚加班到一两点多回屋睡觉，第二天九点多准时出现上班，骨灰级的工作人物，年终的公司最佳新人奖实至名归。在专业施工方面，刘大人没少教，印象最深的还是威斯汀项目甲方来人前的那几晚和刘大人的通宵排版了。随后出现的绝对老乡刘威，一直想问：哥哥，你那么多搞笑段子哪儿来的？东北纯爷们大峰哥，下次再聊天能否不占便宜？最近被派杭州驻场工地了。还有基基梁有奇，你的广式普通话着实有待提高，淫家已经很认真的在画图了，跟惠平一个级别，基本晚上十二点走……

匆匆的时光里，感激遇见大家……

三

根域

刚进公司，杨老师就根据我和另一位同学的研究取向，分别培养。我还是继续校园模式：学术性研究生。平时工作时间大部分按照工作比例占六，翻看领会案例、阅读相关书籍占四。这次我会有部分工作量展示，而文字上的呈现则是这阶段的我的范例研究解析《酒店设计地域性文化研究——以海南三亚保亭安娜塔纳酒店设计为例》。篇幅有限，同时论文的进展仍在完善中，在此仅列出论文前言及极具代表性的地域特色第四章摘录。

引言

“地域性研究不仅要充分认识历史的价值，而且要理解为什么还要寻求变化。它不是对既有价值的守旧，而应该是打开走向新生的门户……”——（印）查尔斯科里亚（Charles Correa）

芸芸众生于身体组织、结构、器官等都相同的情况下，却无同一者。造物者略动指环即塑造出几十亿尊迥异各态的个体，交互跳跃于“社会”的舞台，编织出绚烂异彩的人文框系，诱惑着

异域的有识个体去探寻异域文明，相伴随的两种或多种人文形态交汇、升华，共荣共进……又或者生物天性的优势占有鄙态，文明的碰撞“自然”演化吞噬消亡的过程。“存在一瞬即永恒”。年轮渐辗，尚待深议的“劣亡优胜”已急雷般吞噬几多斑斓彩色，是否作为几千年来地域载体的微小。我们“已经不觉被”时代推向了前线：去保留那份原汁土长的“真”！每个“人”都是旅居于某片区域的寄生虫，向大地无限的索求去满足自身的必要或不必要“成长”。尘土、青绿、瀚空、飘云、流溪、屋藏，伴随片片光时流逝渐进记忆脑海，一方水土一方人文，当异域个体又于某片异域相遇，煮茶碰酒，谈言甚欢，思维融撞后的开悟，绽放出深微思辨植根于土壤的花莲，为地域文化再添一摸红。在以借据土地为成本而生起体块的代价中，本地域性是否应该成为主要的发言？而发言者不置可否的应该去探寻，不论内外……

独特海之南

“海南”一词最早出现于《随书．谯国夫人传》：“闻岭南俚族豪杰冼夫人有志行，海南儋耳归附者千余峒。”此时的海南称谓是泛指而非专指，意为“海之南一带”。及至宋代，海南见之地名逐渐增多。宋苏轼《和拟古》诗“稍喜海南州，自古无战场”；古时“州”与“洲”同义，而与“岛”近义，又海南岛孤悬海外，故有海南州之称，“海南州”即“海南洲”、“海南岛”。此处海南州不是建置命名，而是俗称地名。及至元十七年（1280 年），海南建置隶属“海北海南道宣慰司”，海南一词称谓国家行政建置名。此后，“海南”指的是海南岛，至近代被广泛使用。民国时期，陈铭枢、陈植先后编撰出版的地方志，即命名《海南岛志》、《海南岛新志》。1988 年 4 月海南建省，命名为海南省。简称“琼”始于唐代。唐贞元五年（789 年）置琼州都督府，作为海南统一的军政领导机构，海南称“琼”自此开始。

两万年前人类来到海南，生活在沿海、河流坡地山洞中，创造了海南岛的旧石器时代文化。位于今三亚市荔枝沟镇良机坑坡落笔锋的落笔洞古人类文化遗址距今约一万年，是海南岛发现的最早期人类活动遗址。

两千多年前，中华民族的主干成分汉族的移民，继黎族之后迁徙海南。西汉元封元年（前 110 年），汉武帝在汉南建置珠崖、儋耳两郡，标志着中原文化向海南氏族文化流动的开始，海南进入黎汉文化并存的历史阶段。

黎族源于中国古越族。4000 多年前，古越族的一支骆越人迁入海南岛， 成为海南岛最早的世居民族。

海南回族是宋元时期穆斯林在海南的后裔。自唐以来，海南岛是西域波斯、阿拉伯与中国东南沿海进行海航贸易的必经之地，穆斯林主要是对南中国进行海外贸易时，因台风假泊和海盗劫掠而落居海南岛。另一部分源于异族压迫和战乱。明万历《琼州府志・风俗》卷三载：番民，本占城人，乃宋元因乱絜家而来，散泊海岸，谓之番村、番浦。上述宋元穆斯林的落籍，成为进海南回族的先民，其文化习俗时代相承，延续至今，构成海南地域文化的组成部分。

方志记载，海南苗族系明嘉靖、万历年间，从广西调征兵勇而落籍海南，故称“苗黎”。明末，苗兵后裔流徙游居，聚居癖处，落处高山大岭，随生产方式落后，刀耕火种，其山地向黎汉山主租佃，以纳入封建生产关系轨道。

独特海之南居住形式：干阑

据考古资料证明，干阑建筑至少在距今七千年前的河姆渡古人类文化遗址中已经出现。作为百越民族后裔之一的黎族先民，在原始社会末期普遍采用干阑建筑形式，并长期保留其先祖古老的干阑建筑——船型屋。居干阑是中国古越族的居住习俗，又称“巢居”。黎族居住地区气候炎热，雨量过多，蛇虫繁滋，野兽出没频繁，人们为了生存，在巢居的基础上创造了高脚建筑干阑。高栏离地约 2m，上住人，下养牲畜。后随居住环境的改造变化，野兽出没侵害的减少，为出行、生活的方便，逐渐改为低脚干阑，仅离地 0.5m 左右，失去“下养牲畜”的概念。

民间古老故事：黎族雅丹公主范家规，受罚置于舟上，飘至孤岛，为避风雨，防御野兽，将小船置于几根木柱上，用茅草围住四周，作为居室，后舟板朽烂，换用茅草盖顶，此即为黎族船型屋的来历。

看似简单的船型屋来历却有独特的适应海岛能力，其弧形屋顶有利于雨水的排放；同时弧形的界面的设计减少船型屋周围空气的流动阻碍，一方面防止强风的破坏；一方面有利于屋体的表面降温；深深出挑的屋檐可以避免阳关直射，同时为家庭提供荫凉的作坊活动空间。船型屋体现了简单、质朴的建筑与热带气候和谐共生的关系，是传统乡土建筑与气候环境相协调的典型代表之一。

衡

“国家的存在根源文化，文化植髓思想。我们日常所见所闻，阅读观瞻只能称作知识，自己身体力行，融汇各学科于己后自成体系，成为思想。”国家置换成个体，在做的：积累项目知识，早日形成方案思想，事物只有在均衡的基础上才会有稳步的进步，不能踩踏临界点，此行的重点也是要均衡着“学”与“习”。怀揣着“多出去走走，把世界多看一点，自己提高一点”的想法抵达工作站，有很多想法，现在想来，实属多了，时间滚轮会载着你到达彼岸，不论你愿不愿意，喜不喜欢，就是这样的运行着，到了这个点就要完成这些事。中途有老师来访，再次提到要好好投入项目当中，平台很高，学习很难给提供如此庞大、专业、全面的实战项目。一颗悬着的心落了地。不再分拨时间，知道该怎么做了。

再怎么庞大的项目，直接分配，落户每处，也就不见得有多巨猛。公司的部门也是如此划分。统筹的前提下，各自应对。大堂、客房、餐饮、公区、后勤。方案设计师的平面布局、主材空间、基调敲定。配饰部的选材采样，艺术部的空间陈设、艺术品甄选，甲方确认，最后施工图绘制，施工，成果显现。

朝气蓬勃的深圳各行各业都忙得不可开交。路上游走的大部是与年龄相仿的职场人士，焕发生机、步履匆忙，大家都在奔跑，你也会被带着前进。时间的固定，如果速度提升两倍，那是与工作量成正比的。有一次加班到凌晨两点多，下楼打的。

师傅第一句：你们搞设计的吧。纳闷的很。“从这栋楼下来的这点大部分是你们这行，隔壁还有平安银行，也经常很晚……”事情都是做出来的。翻倍事情的经历可能容颜未曾改变几许，内心却波澜汹涌了多少回，最终归于平行，下一次的波澜就不容易起来．在经过了更大起伏后，大的起伏已不足为虑．不能想象的太美好，因为这种事物不存在。或者说未完成。人们习惯性的在所遇事件前标上自己的情感颜色。“完成了吗？”“完成了”。而人性迥异，怎么会有完成的事物？怎么会结束？事物形态都是人对其表征的个性认识，仅代表也只代表个人，若要定性，“我”认为，都是未完成。若有美好，也只存在于“未完成”当中。完成的事物中，人很容易被先读者所誊写或认知的思维所牵引，人云亦云，主动丢失了专属的可能性。还原本真，在“完成”的世界里记录几笔“未完成”的美好。

之前网上流行个说法，学生是最好的职业，身处园林式单位，过着无拘束的生活，每月有家庭的生活补助，周边不时有养眼异性出现，且都有可能性。面对傻里宝气的伙伴过着傻里宝气的生活。现在回想仍会止不住的露出微笑：那段光阴傻得值。今天天气不错，没有霾，明天没有课，以后也不会再有了。不去论四年光阴的值当与否，懂得太早会错失很多呆笨冒失镜头，懂得太晚不免心存悔悟。存在，经过，都是拥有，也致意一把正在经历的青春。该怎么过，现在回想，若再选择，或许这样过可以挽回几年的胡拐乱撞。

以挣钱能力强弱作为衡量个人成功程度标准，经验的丰富决定能力高低，能力直接影响工资总量。那么，经验的取得从哪挤出？答案很自然地落到了创造这多难忘记忆的大学时光。偶尔的几次同学聚餐，都会聊到工资收入，不可置疑的，早出校门实习的同学，收入通常都会高出一截，这时少不了艳羡之声。能量绝对是守恒的，数字的取得底下垫着慢慢的记忆。人天性是会比较的，有限的光阴挥霍殆尽，社会的真实碰撞必会产生几许感慨。于间必有几抹难以言语。身份置换：先参与社会博弈的人是否也会常谈那些丢失的片段，有几张合影上有自己的一角？又有多少张合影上缺失了自己的位置？这些我不知道，因为从属前者。

沾有学校的边角是“长不大的”，我不知“长大”的标准是什么？中华词典上的解释是从年龄上出发的所谓“成人礼”。注定学校社会间的鸿沟可以部分缩小，绝不可能填满，也不会填满。人生长线的前半段如果看成是为社会求生做准备，或者说教学培养个体于社会求生技能。社会是教育的最终归宿。可否把区间点往右偏一点，用举行“成人礼”的那几年集中培训生存技能，区间段前得时间自由分配：爱看书的看书，爱闲逛的去旅游，爱汽车的玩机械，爱运动的学体育……人尽其才，这对择业也具有很大导向性。

社会是所绝对的铁面高校，企业扮演着各院系的角色。大伙被推到了临界点，必须使出浑身解数，否则是绝对的出局。不再会有老师的情面。或许说选择面还很广。可频繁的挪动是否显示能力的缺失，应该一个点的直线上升才是预想轨道。社会高校很残酷，没有固定课程、固定老师。确切说：所有的出现都是偶发的，或许短周期内有重复性，绝大多数是不期的，知识储备若自感不足，那只有先缓缓，每天有固定“功课”得做完。除此之外，如果自觉还有多余时间精力，可自行安排，决不强迫，也没人督促。可能会有垂头丧气，受伤，无助无奈的时候，这时得看你平时的行为处事，或许能结交几个知心朋友携手度过，或许：只能独自顶过去。

相信人都有别人所不具备的品格、特性。有些发现的晚或培训方式不当未能促使本体及时发现。这点社会高校能做到。企业作为高校重要载体，其成立即承担着相当部分，部分必然责任与工作总量。未进入机器时代前，人仍充当着完成大量工作的角色。金钱，用时间横话。愈短时间完成总量意味所得更多。大家都在赶时间，大家都在拼命工作。强大重压会一步步推着往界点靠近，最终抵达涅槃。超越自我的进步，跨度很大，过程艰辛，最难受的时候就是在进步的时候。“太舒服了不好”。大学就是太舒服了。

开窗山顶

社会进化，人的懂事程度似乎在往后推。联合国最新宣示：年龄低于 44 岁都属于青年。那成年该如何定义？入职的那刻可否成为解答，责任赋予，角色置换，再无庇护，独自应对，个体模式形成。人一生在“居所”度过，家、学校、企业（公司）、家、坟墓。居中的企业：前段的归宿，后端的因果。为何没用“社会”，自认社会一词未免笼统大意，其中的乞者、老者、丧失劳动能力者可自选交集或隔缘自身。而企业不行，因交集而存在而强大，身处企业更不行，因其成就自我，书写专属篇章。幸运的我坐上了这班车。

一路这么远走来，该回头看看起点了：老生常谈的国家教育，也是前文提到的“经济跨越引起各方面相对滞后，教育也不例外”。高等教育更是重患区域。世界教育比较，中国的基础教育是最好的，可越到后，帮人家培养了一批批建设者，回国的很少。老牌专业已是如此，何况如此年轻的。但却有个优势，它最容易改变。实践性强的设计行业必须有企业平台作为支撑，深圳身处大陆设计行业最前沿，毗邻香港，单从城市建设的众多大师作品，其就可作为首选。更别提在深的国内外一线设计公司云集以及不到几十年的行政区域建设可以不用顾忌太多历史根源。所有的一切选定，事情并非应运而生，而在人为。学院潘召南教授劳苦功高，来往各地充当说客，外加工作站各导师的积极配合并最终促成此事，平日里难得偷闲的各位工作站导师能接受这个培养机制，社会责任感可亲可赞。这都只是一个开篇，初登小丘后所看到的更远地平线，一直都在被指路者们默默的向上推送着……

执笔最后引入一段在做威斯汀项目前期概念时写下的话：（稍改动）

打了个盹。

都市快节奏让我想休息会，在去目的地途中，望着车旁向后跑的树林，我自然悄悄的睡着…片刻中：脑海浮现了即将远航的海船及远处海员们的阵阵劳动号角，我似小孩般在这片海湾中戏耍、滚爬、欢笑、放肆、游玩，刹车的惯性将我惊醒，映入我朦胧微睁眼里的竟是刚刚梦中的那片白地……

（白地自解：不代表任何，是个没有颜色情感的组词。前文提的“微睁迷离双朦会出现一片白”“城市表皮触动内心底层，激起涟漪溅出一抹白”“十个月于一生中的转瞬所冲撞而出的白地”都只是当时事件于内心发生后顺势而生的场景表述。不被定性的存在可产生多种可能，因人志本就千差万别，没必限框其内涵取向。词汇的提出未必自身能给出最好解答。或者任其自由闯荡漂流，延伸其各种枝节应是对“词”本身的最大尊重，至于枝节的朝向发展都已无足轻重。）

自在·辨清

Easy & Clear / Li Dai

◎李岱

「这样的笃定是美丽的，但变化无常更是美丽」

姓名：李岱
所在院校：四川美术学院
学位类别：学术硕士
学科：设计学
研究方向：环境设计
年级：2013 级
学号：2013110091
校外导师：杨邦胜
校内导师：赵宇
进站时间：2014 年 8 月
研究课题：新东方文化在陈设设计的艺术表现

引子

一直坚信，执着于跋涉千山万水，只为去追寻心灵中那一份清澈宽广的自在。自在于我，就好像清晨时分站在徐徐吹拂的凉风里，在风中感受到整个城市仍然沉浸其中的梦幻。回望走过的脚步，回忆就像阳光下芳草萋萋的原野，让我从置身的所在去张望最初的向往。

求学是一场身心的修行。所有关于未来的愿景如同黛色的远山，激励着青春路上所有的追寻。如果这一路上辛勤的采撷能在岁月的回眸中凝成一首诗，那么所有幸运的注脚必定始于走进美院的那个瞬间。美院予我的，不过是“执着”二字，实在是“执着”二字，永远是“执着”二字。这一方艺术的天地如山，有险峰空谷，有凝月幽林。我信步徜徉，每一步都更笃定于内心的方向。师长的教导，同窗的提携，办公室的静夜，如同一张张剪影，雕镂出岁月斑驳的美。

“这样的笃定是美丽的，但变化无常更是美丽。”

深圳这座城，在艳阳高照之下闪耀着热情的美，而变化，则似日夜吹拂的海风般不可捉摸，永不停息。在象牙塔中滥觞的艺术之河在这里汇入翻腾不息的价值之海。艺术仍然是关于“自我”和“内心”的探求，但已然驱逐了一切的孤芳自赏。南海之滨的黎明来得这样早，这座城的夜晚又开始得那么晚，这似乎无眠的永夏之城里永远奔走着追赶希望的脚步。

追思往事，心有万言。待要落笔，却蓦然听见先贤的吟诵：“此中有真意，欲辩已忘言。”

川美和老赵

然后，我就揣着通知书来到了四川美术学院。

美院初建于 1940 年，中国名牌专业美术高校之一，沿革有据，底蕴深厚。作为埋伏于西南腹地的美术学校，自然闲散与执着专注相容一体，是以名师辈出而人才济济。身处其间则倍感荣耀。唯愿。

川美林木扶疏，蓊郁温润的校园我早已游览过多次。楼台掩映于山水之间，匠心独运于意料之外。原来地上的丘壑大多得以保存，因势随形而成景观，田地鱼塘亦多保持原来面貌，精心设计而愈显古朴。许多小器物都是农具充当，比如背篓状的垃圾桶，有些设计则返璞归真，比如凉亭里摆设的都是古人坐卧的“床”，诸如此类的创意俯拾即是。有时候低头看看自己考研期间长出来的肉，极有贾元春巡视大观园的自在感。

林荫道上满是拖着沉重行囊的青年。然而，他们脚步轻快，跟我一样；他们顾盼睇眄，跟我一样；他们安静的眼神中带着安详的信心，我是不是跟他们一样呢？“惟楚有才，于斯为盛”，四川美院是中国艺术界当之无愧的一方重镇，我将在这里展开何种的际遇，心中有按捺不住的好奇。

通过电话之后，我来到工作室拜见赵老师。老师亲切地招呼我，清亮有神的眼睛里有一种让人十分安心的沉静，微笑起来就露出两颗虎牙。他中等身材，头发在脑后梳成简单随意的小辫子，是一位有着清新气质的儒雅男性。我问候了导师，也跟在场的各位师兄师姐们寒暄之后，就和大家一起围着一张乒乓球台坐下聊了起来，这张球台现在担当着多功能大会议桌的重任。想一想这就是我们赵门“鸿儒”们以后谈笑往来的场所，还可以绘蓝图、打乒乓什么的，我差点儿就笑出了声。抬头看看和煦温文的导师，“老赵你好。”我在心里轻轻地说道。

校园里的一厝挡土墙，横在那里嵌满了旋转各异的坛子，有一种极富神秘感的东方神韵。后来得知这些坛坛罐罐很多出自老赵之手，怪异的景观自然引来很多的品评与议论，流传的说法很多。其中主要的有两种，其一是说学校坐落在一个阴气极重的地方，坛子可以聚集阴气，所以用来镇妖。这一说法虽于理无据且缺乏美感，但是众说纷纭之下颇有市场。另一个说法要优美得多，这种设计是出于对自然的尊重，是为了给生活在校园里的蛇留出更多的生存空间。这个解读实在深得我心，我一直觉得中国当代建筑和景观的设计理念太富攻击性和侵略性，向自然不断扩张和索取的同时也给生活在其中的人造成强烈的压迫感。另一方面，绝大多数作品中东方文化和民族元素体现得太少，而对西方设计理念的借鉴又往往浅尝辄止，止步于外观上徒具其形。虽然近年来在许多人的努力下民族文化在设计作品中的应用有复苏之势，但是在普通的日常设计作品中仍然难得一见，并且千篇一律罕见创新突破。这些“坛坛罐罐”景观既体现了古老东方文化也可以闪耀在日常景观中，又兼顾了西方设计界“人与自然和谐相处”的精神，是有器量的合璧之作。

我后来带着这两种说法去向老赵求证，他听过后哈哈大笑道：“第一种说法好！很有意思！”然后很认真地对我说：“其实对于每一个设计师来说，虽然作品是你的，但风景却属于每一个看风景的人。对于这些坛子，我建议你自己去观察去理解。”

导师的话于我如醍醐灌顶，领略到设计作为一门艺术应当拥有如何自在泰然的态度。“作品属于设计师，而风景属于看风景的人”。应该说这句话对我感悟设计艺术有真正的启蒙。

经过考研阶段对知识的恶补和入学以来的一段时间的学习，我对两个词语渐渐有了较浓厚的兴趣，一个是“文物制度”，另一个是“器物文化”。导师的教导则给了我一种心态上的把握。

“文物制度”现如今已经成为一个生僻词，它指的是一个国家关于政治体制和相应器物、仪式的一整套法律制度。文物制度形成并服务于“礼”的概念，由于各民族各地区在历史上对“礼”这一概念有着不同的认知，因此发育出各种不同的文物制度体系。小到衣着饰品，大到房屋建筑，今天呈现于世人面前的多姿多彩的世界，其实折射着各国历史上文物制度的演变。华夏民族由于其源远流长的历史、幅员广阔的国土，尤其形成了丰富、多元又统一、鲜明的文物制度。这是一个很有溯源感的解读角度。比如说，中华民族的法统自上古绵延至今，即使在地方割据最为稳固的三国时代，亦有“天无二日，民无二主”的共识，以“华夏民族”之整体认同超越各民族的自我认同，因此设计艺术在很长时间内以“求同”为主要诉求，反映在现实中则体现为大量整齐划一、千篇一律的建筑群和工业产品。而西方世界自古以民族国家的名义互相攻战，干戈不止，单民族认同感远较我国为强，因此其城市建设、工业设计亦强调差异化，突出个性化，更具多元性态。

而器物文化则脱胎于文物制度，又随各地风土人情之不同而有演变。古代中国府库充盈，六畜蕃息，因而中华文明一直以“驷马高车”为尚。而古代欧洲物产匮乏，畜力珍贵，所以“三驾马车”一般是最高规格的配置。这个例子多少可以说明为何作为发展中国家的中国对运动型多功能汽车（SUV）的需求远超美国之外的其他任何地区。又如我国物产丰富，无饥馁之虞，故常以“清雅廉洁”要求官员不近阿堵物，因此士大夫普遍追求淡雅自然，“九秋风露越窑开，夺得千峰翠色来”之句就是描写清亮明艳的釉色中蕴含着大写意的美感。而西方由于土地狭小贫瘠，重商主义大行其道，庙堂阶层亦因此产生对细节的重视，其绘画雕刻等多长于写实。观之于当代，则东亚设计作品更显内敛、蕴藉，而西方工业设计则长于以流畅的线条突出雄浑的力量感。

虽然初步地积累了许多想法，也在灵感的催化之下升华出一些创意，却始终惴惴然担心着作品会收到怎样的反映。回想起大学时在兼职的公司做设计，充满了公式化的机械和麻木，我觉得那样的心情下交出的作品不可能拥有感动人心的力量。而回到自己的创意和感悟，又觉得所思所想无处下手，作品完成了又担心甲方不能体会其中蕴涵的主题和思路。首鼠两端之下，更觉壅塞不畅。

从导师前面一段“施受论”中我领悟到，将自己的作品呈献出来，就是与观者做一场设身处地的交流。所谓“断执着，才能证真如”。诞生于我的情绪、灵感和技艺之下的作品，在不同的眼睛当中会形成怎样的风景，何不就交给那双眼睛自己领略？王国维曾经在《人间词话》里讲道：“一切景语皆情语”。从此我愿意每一个路过我作品的人都映照出自己在那弹指之间的心情。

初心

“爸爸，我想考研。” “嗯，好！我绝对的支持你！”挂断电话，一个人坐在宿舍楼的天台上，爸爸的脸却格外清晰起来。他的声音简直是在天边萦绕不绝，又从脑海一直回响到心底。我的眼泪奔流而下，很久很久。

想要读研的理由多少有点儿可笑。彼时正热烈地喜欢着一个很优秀的男生。他说，只有共同的目标和现实的基础才能让两个人一直在一起。“要是你也争取先读研再找机会出国进修的话，我想我们是有机会的。”想要牵着某人的手不放开，真的就这么简单。

跟爸爸通电话之前，我和那个男生分手了。各种原因甚至更简单——朋友认真地看着我的眼睛：“无论做出怎么样的选择，何必跟随着别人的脚步去规划自己的人生呢？”并不是道不同不相为谋，实在是我已然无力负担抉择的关口心中总浮现出另一个人的眼神。

明确地为自己而选择之后，心情也就变得十分单纯——成长本身，是一场值得奋力追求的胜利。时光荏苒中我愈发地坚信，长久的喜悦要摒弃一切喧嚣与浮华，它发轫与宁静的内心，因心力的光明而熠熠生辉。有比丘言：“禅心万里一条铁”。在繁华落尽的某天，若能自问初心如昨，则一切始终不过如是。

我于是顶着重庆七月的艳阳，拖着箱子来到考友合租的住处，又一头扎进了考研补习班。在陌生的环境里，我努力让自己的勇气越来越纯粹而坚决。

对川美的选择从最初就毋庸置疑。“四川美术学院”这个名字本就与川人的自我认知血脉相连，而重庆这一座山水之城又记录着我青春路上一切的年少懵懂，一切的热烈恋爱和一切的执着追寻。

补习班里我在酣睡连天和悬梁刺股两种模式间来回切换，唯一全程保持清醒的是俗称“故事会”的人民大学政治课。有一堂课上，任课教授讲了这样一个故事：一位新生在课堂上发问：“老师，其实我觉得专业知识到底能有多少份量？大学阶段多学点儿为人处事的道理更实际……”教授形容自己当时的心情是“惊讶而欣慰”。这故事对我来说又何尝不是当头棒喝？扪心自问，我在这四年当中对自己的道路有什么思考？又为自己憧憬的未来做了什么努力？我顾自享受着云淡风轻的日子，全不顾似水流年里手中的笔已经钝了。“可怜辜负好韶光，于国于家无望。”重庆的炎夏里，我冷汗涔涔。

备考的时光如同一万米的长跑。起步时的昂扬很快就烟消云散，筋疲力尽当中我昏沉而迟钝，钝痛的大脑再也无力控制消极的情绪。自我怀疑、惆怅迷茫、沮丧和失望在心中投下越来越重的暗影。心情难过不能自已时，我就到田径场去飞速奔跑，让汗水混淆泪水的奔流。我越跑越哭，越哭越跑，唏嘘流涕中仿佛天边的乌云也与我同戚戚。黑夜里我在陌生的路上疯狂地踩着单车，掠过耳边的风中飘荡着我对自己的承诺。

尽情宣泄之后我体会到一种超越极限之后的空虚，填鸭一般塞给自己的东西开始发酵，令我有浅醉微醺之感。一种疲劳且兴奋的状态降临到我身上，那种出奇平静的心情我此生难以忘怀。一种奇妙的喜悦滋长，就如同山间的溪流冲破巉岩的险阻终于汇入宽阔的长江。我知道，我终于看到了自己必然的方向。

考试本身并未成为一个句点。头脑中奇妙的发酵在继续，摆脱了考试束缚的我，反而第一次开始思考设计本身的意义。设计师应当对自己的设计有所赋予的想法如同一缕阳光照进我心中的迷茫，无论是怎样鱼目混珠的行业，我绝不能走进滥竽充数的职业生涯。

这一条来时的路蜿蜒曲折，这一路婆娑的脚步如此真实。或许我就是这样成全了自己内心的那份自在罢。我没有辜负自己的初心，也终于得到川美的垂青，成全了人生路上这一段小小的始终。

滚滚红尘中奔跑追逐的自己，无论走在怎样的征途之上，都要全力守护那一颗赤子之心，岁月的冲刷可以洗去浮尘，却不能添上一朵锈色。“逝者如斯夫，不舍昼夜”。我愿在川流不息的河畔守望，守望自己的内心，守望人间的烟火，守望曾经在追梦的旅途上艰苦跋涉的自己。

我渴望一种平静而温暖的成长，渴望一份纯净而崇高的力量。

我渴望听见风掀起金色的麦浪，渴望看那白云徜徉在山巅上！

从“隙间”到“回”酒店

在研究生阶段我选择了与本科完全不同的时间分配方案。没有去学生会参选，也没加入任何社团组织，而是每天都简简单单的“老三课”——上课下课加翘课。我们学校每学期都会举办很多讲座，是我辈求学后进务须把握之学习机会。遇有水平高而听者众的讲座，老赵总会提前帮我们把门票准备好。这其中最难忘的，是隈研吾讲座的“隙间”。

当时校闻大师之名而动者不计其数，欲求一票而不可得者不可胜数，多亏老赵又给我们预留了入场券。当日，讲堂内外观者如堵。我们手握门票走过讲堂外拥挤的人群，立刻觉得“老子们上头有人”的感觉如此爽快。

讲座结束后安排了隈研吾作品的实体模型展览。展品精密而又简单、在自然的和谐中闪烁着理性的光芒。曾经师从于中华的大和民族如今在设计领域也远远地把我们抛在身后了。他们将“道法自然”的理念升华为设计工作中的至高原则，比中国目前绝大多数的设计作品更深刻地体现了东方文化的神韵，因此得以自成体系，与泰西相佶伉。反观中国，矫揉造作、生搬硬套的作品层出不穷。想想《红楼梦》里贾宝玉所发的一段议论：“古人云‘天然图画’四字，正恐非其地而强为其地，非其山而强为其山，即百般精巧，终不相宜……”，连纨绔公子哥儿都懂的道理，偏偏许多以“设计师”自居的同志们不懂，饶是不懂，偏偏愿意装大尾巴狼。

后来，也就是去年七月，我在深圳见到了平生第一个称得上“艺术设计作品”的酒店——回酒店。这座酒店改造自废弃厂房，由我的第二任导师——杨邦胜先生担任设计，采用了大量新东方设计元素。

“回”字是中国传统文化中十分有代表性的文字，它的古文字型呈水流回旋的漩涡状，寓意旋转与回归。《荀子》有云：水深而回，意思近于“念念不忘，必有回响”。在中国传统文化中，“回”一直与“归”互为表里，表达出对精神家园的追求和向往，构建起十分丰富的审美元素。从整体设计理念来讲，回酒店追求外在向内心的回归，生活向自然的回归。

在入口处设置绿色植物墙是目前比较常见的设计，这类景观常被冠以“可持续现代设计”之名，虽然营造出十分清爽悦目的绿色视野，但维护所耗的人力物力实在不菲。穿过门厅进入大堂之后我眼前一亮：一字排开悬挂在空中的鸟笼，营造出东方风格的安闲自在。各种鸟类清脆悠扬的鸣唱，更给人以“蝉噪林逾静，鸟鸣山更幽”之感。仔细观察整个大厅，中西组合的家具、陈设搭配中国当代艺术品，巧妙的构思呈现出静谧自然的东方美学气质。而光源的精心选择和光线的巧妙设计，在整个空间中渲染出宁静优雅的文化气质。我为这种精致所折服，我觉得整个空间所表达的情致融汇着个体的心情，给感性以具象。而其中蕴涵的价值和理性，又可以启迪认知的发生。感性和理性两个方面结成了不可分离的幅合，融洽而默契。

整个作品中反映出的理念和格局都让我感觉十分舒服，身处这样的空间里身心两方面都自然得到极大的舒展。也就是这个时候，我决定选择杨老师作为我的第二任导师，在中国“设计之都”继续自己艺术之路的攀登。

乡土元素和走马观花

德国浪漫主义诗人诺瓦利斯曾经伤感地感慨：“哲学原就是怀着一种乡愁的冲动到处去寻找家园。”从屈子在汨罗江畔吟哦《离骚》到哈代怀恋着埃格敦荒原完成《还乡》，寻找精神的原乡大概是一切人文情怀的由来之处和最终命题。于我而言，母校是我心灵的故乡，一直给予我温暖的亲切。选择研修课题期间我总是不停想起校园里那厝镶着坛子的挡土墙，好奇着我们的民族对脚下土地的情感如何寄托于土木之中，凝结成立足于大地上，矗立在历史中的表达。这一定便是所谓的“归属感”吧？终于，“中国乡土景观元素研究”这一课题如同水落石出，而“乡愁”元素则理所当然的切入点。

我展开课题研修的载体是重庆白市驿走马古镇，课题进展的过程中我收获良多，这确乎是一个可以让思绪尽情飘飞的古镇。

孟郊有诗云："昔日龌龊不足夸，今朝放荡思无涯。春风得意马蹄疾，一日看尽长安花"。走马项目，是我放开思路的起点、在全程参与下看到自己的作品很快就呈现在古镇中，这种来自"落成完工"的成就感与以往十分不同。

走马镇坐落于一座形似奔马的山岗之上，古镇因此得名。从古镇的圆拱门望过去，绵延 800m 的石板老街，在缥缈的薄雾与炊烟里，似一卷卷展开的竹简，载满了古镇的风雨沧桑。因其西临璧山、南接江津，故有"一脚踏三县"之称。走马古镇的历史可追溯到汉代，鼎盛于马帮最为活跃的明代中叶。走马镇处在重庆通往成都的必经之路，这里在当时成为茶马古道成渝路上的一个重要驿站，往来商贾、力夫络绎不绝，也留下了"识相不识相，难过走马岗"的民谚。来往此地的行人把各种各样的新鲜事带到走马古镇，所以不计其数的传说、故事等也被创作出来，世代相传，形成了独特的民间文化。

随着时代的巨轮滚滚向前，马帮逐渐退出了历史舞台，茶马古道也逐渐萧瑟、荒废，古镇的一切也沉默地湮没于滚滚红尘之中。直到数码拍照设备终于普及到了千家万户，富裕起来的国人就此走出家门，带着关于风景的故事去寻找有故事的景色，然后拍照。大江南北，长城内外，兴致盎然的游人惊醒了一处又一处尘封在历史深处的院落。在这一场浩荡的大潮中，走马古镇也甦醒了。2008 年走马古镇更是"金榜题名"，被国务院命名为第四批"历史文化名镇"。重庆市对这座古镇的发掘与重建也驶入了快车道。结合我的研修课题，我加入了导师的《九龙坡区走马古镇街巷景观再生修复设计》项目组。

在走马镇，我们组每个人负责一个区域的整体景观设计。我分得了一个叫曹家院子的院落，是一处古旧的院落和院落后面的渡槽广场。带着一种紧张的兴奋，我内外前后进行了仔细的查勘，年深荒废的院落、行将倾颓的石墙和院外狭窄的街巷，不知为何忽然让我想起了罗中立的画作《父亲》，曾经于每一个日出日落发生在这古老宅院里的欷歔感慨刹那间成为了肌理十分丰富的具象。

老赵最最深得我心的优点就是在整个设计工作的进行过程中从不做过多的干预，以一种轻松自由的工作方式营造出一种自然惬意的工作氛围，不受拘束的思维也得以最大限度地冲破束缚，激发灵感。"晴空一鹤排云上，便引诗情到碧霄"。在思绪的放飞中，我体会到自由空间带来的广阔思路。在设计初步完成之后，不断的修改完善过程当中，赵老师一直十分耐心细致地分析讲解方案中的合适与不合适。他对工作节奏的把控近乎完美，所以也就很好地控制了整个项目的推进速度。得益于此，我的工作总体上进行得十分顺利，虽然也难免有艰涩卡壳之处，但所谓“推敲”，实在也是设计工作的乐趣所在。

在整个景观修复项目进行过程中，我们的参与度很高。从方案的制订、修改到现场施工，逐步的对景观设计有了整体流程上的把握。到施工现场去得多了，和附近的乡亲们也都混熟了，见了面也会招呼应答。

在现代设计中，对于曹家院子这一类古代景观的修复、再生设计项目，如何在保持民族传统文化的同时融入现代设计风格的时尚感，是最重要的课题。中国传统建筑所体现出的精巧构思和高超技艺堪称蕴藏丰富的艺术文化宝库，值得每一个设计师深入体会和挖掘，对于生于斯长于斯的我们更是如此。我所追求的，就是以圆融的技巧将传统的乡土景观元素融入现代景观设计中，以此丰富自己在设计工作中的表现手法，激发设计灵感，深化自己的内涵和底蕴，从而完成一个更高层次的进取，拿出更具现代感和古典美的作品来。

具体到曹家院子项目，我从“器物文化”出发，萌发了把传统古朴的生活方式在现代院落中做全新展示的思路。我将虾耙、搭斗、搭谷架、蘲子（学名木砻）、风驳、兑窝、米筛等古代生产生活工具按照其本来面目布置于本该放置之处，以此激发游客对古代生活图景的想象，同时以开放式的展示方式增加游客的参与度和融入感。对于墙壁和危旧房屋则在加固之后尽量保持其极富岁月感的外表，希望游客们在游览的过程中犹如经过了一场时间的旅行。

差不多 3 个月后，项目顺利完成并通过了验收。走在自己亲手设计、全程参与的景观之中，确切地知道自己的作品终于得到承认而留在了我所属于的大地之上，我似乎又听见鸡犬之声，看见炊烟升起。把思绪从我不曾亲身经历的生活里拉回来，我再一次深深地感受到自己和这片土地之间的鱼水之情。

山不过来，我就过去

八月，还未摆脱祖父辞世悲伤的我，一下飞机又迎面撞上了深圳的倾盆大雨。看着白亮的雨滴狠狠地砸在地面上，大雨模糊了天和地的界限，心底的悲伤几乎又要奔溃而出。我自幼和姥爷在一起生活，六个孙女中，这慈祥的老人唯独对我给予了最多的疼爱。

雨后的都市一片清新亮丽，空气也是纤尘不染的透明。我止住悲伤，收拾心情，走向即将新旅程，秉着姥爷对我毕生学涯的支持，开始了为期半年多的深圳企业研修之旅。回想起登机前刘老师和崔老师发来的温馨短信，我觉得这城市并非彻底的陌生。而心底的渴望则开始萌芽，脑海中又想起菲斯杰拉德的名句："这是新世界清新碧绿的胸脯，迎接着人类最后也是最伟大的梦幻。"

看完车窗外的深圳我径直去到需要报到的企业，步入 YANG 杨邦胜酒店设计集团的大门，扑面而来的是熟悉的气息，因为 7 月的校外实践学习考察便于此有了初之体验。走进大门后有人安排我与第二任导师——杨邦胜老师见面。他个也不高，留有些小胡须，戴黑边框眼镜，笑起来一点也不留有余地地绽放嘴角弧度，陌生的距离感由此拉近。在工作一段时间后才得知，我们是同一县城的老乡，正所谓老乡见老乡，两眼泪汪汪，初识的亲切熟悉感大概也源于此罢。

随后，跟着比我早到一个月的杨门弟子梁轩同学熟悉了一下公司的环境。我们安排在不同的项目部门学习，我正好在主推精品酒店的项目二部。项目总监是公司传说级的一号暖男，见面之后内心不禁感叹：赖总能获得这样称号绝对是毫不夸张，相处后更是惊喜不断，他说过一句让我印象特别深刻的话："年轻就应该有一种超前的冲劲，消费也好，设计也罢。我很爱听音乐，为此我刚入社会那一年把自己的一个月的工资全部都投资在买音响上面，那个月都只能以泡面为生……"是的，我们还很年轻我们还可以任性，趁着年轻我们应该不顾一切的向前，即使头破血流那也是一种纯粹。

带着学生稚嫩的气息坐到了我的办公桌上，呆呆地坐了一个上午后，已浑然感受到自己的格格不入，因为抬头看到的都是一张张望着屏幕认真工作的脸，以及不间断的键盘和鼠标声敲打出的别样乐章。这种状态持续了一周多，企业与学校的异样日显突出，我不能随意跑出门去楼下吃个小吃，也不能玩就玩到疯睡就睡到自然醒的，深深发现我是被装进笼子的小鸟。我表面郁郁寡欢，内心狂躁不安，我不属于这里，想念和老赵以及工作室的兄弟姐妹欢天喜地的日子，特别的想逃离这个没有什么温度的场所… …

大概一个月的烦躁期过后，我稍微冷静了下来，周围的同事也开始有些话说了，偶尔吃饭唱歌也会拉上我，学习的强迫性 也开始向主动性转化。正所谓，纵使千山万水来阻隔我前进的路，即使翻山越岭也要向前行！

生如夏花

深圳对每一个来深圳的人说：来了就是深圳人。

和每一个来到深圳的深圳人一样，我飞快地爱上了这座城市。白天的时候抬头就看见湛蓝的天空，夜晚则随着海风的吹拂变得十分清澈凉爽。每天晚上下班后，穿过四条马路就会走到一条过街天桥，每次在天桥上静静地享受半空中清凉的风。我的心情都十分轻松愉悦。一天工作之余便有了浮想联翩的情节。大概业界内都有听闻杨老师是走出 20 世纪 60 年中学老师枷锁的成功转行人士，通过了解还发现，1995 年的一天，他拎着行李，在跨出中央工艺美院（今清华大学美术学院）大门后，径直来到了改革开放的最前沿这块风水宝地。因为那时候大家都知道深圳是当时国内设计的翘楚，得益于接壤香港的地缘优势，室内设计从萌芽到发展，颇为顺利而且快速，当时的一个真实写照就是："全国装饰看广东，广东装饰看深圳"。我想着大概也是自己选择深圳的情愫之一罢。

每天等车的公交站台旁边种着几颗高大的洋紫荆。有天，花突然开了。在清晨初升的阳光里，高大挺拔的枝干上仿佛笼罩着一片粉红色的云霞。"佛于是把我化做一棵树，长在你必经的路旁，阳光下慎重地开满花，朵朵都是我前世的盼望。"——席慕蓉的诗句瞬间就在我头脑中炸裂开来，这满树如火如荼的红花也似乎在向我轻声低语。恍惚之间，我看见了那穿越前世今生向我走来的步伐，我听见了眉目低垂的神祇面前静默的祈祷。我与这城今生的尘缘，想来也该是注定在五百年前吧？人与城的相遇，人与人的相得，有着天穹一般深邃悠远的意义。

又在忙碌中度过了几许时光。当我在一个清爽的早晨再一次来到公交站时，遍地缤纷的落英怔忡了我的脚步。石砌的路面完全被花瓣掩盖，在睡眼惺忪的城市中营造出一场静谧的浪漫。不知自何处吹来的风里带着淡淡的花香，我心中泛起淡淡的波澜。我缓步走过这落红织久的地毯，仔细看着花瓣上行人踩过的伤痕。

人生之路何尝不如是？不停地追逐着一树又一树灿若云霞的红花，远望总不真切，近观方知不同。只要稍微迟疑，就会有风吹吹落花瓣，只在眉头鬓上留下淡淡的幽香。然后我们就移步向前，去追求下一树的繁花。对艺术的追求探寻亦复如是。轻狂浮躁的心总在追求着创造下一处繁华，却不明白远望虽则一派热闹，近观总有参差不齐之处，对质朴纯真之美的敏感追求略有迟钝，则灵感已成明日黄花。无可奈何地散落风中。念及于此，杨老师关于做具有文化内涵的个性酒店的观点又在耳边响起：始终坚持创作有特色和有文化内涵的个性酒店，并置身于民族文化的沃土，探索中国地域文化的国际表达，将中国传统文化的精髓融入国际潮流视野中，以“德艺双馨”为人生准则，创新传承！

“花谢花飞花满天，红消香断有谁怜”。在这脚步急促的石砌路面上，可会有人手提缣囊，肩荷花锄，于红消香断之处往来徘徊？但是顺其自然即是圆满，又何必伤感于这满地的落花？邦师之言如金石，青春绚烂如夏花，且让我继续埋首，继续前行，继续沉醉于这一路上艺术的芬芳。

一个决定

一个好的领路人总是循循善诱，让人往正确的方向迅速前行；一个好的平台，可以教人感受更广阔的心境；一个正确的决定，亦改变对人生的规划和认知。

设计本该完全不带一丝一毫的枯燥而如同一场游戏般有趣，前提是你进入这场游戏之后有人每天带着你耐心打怪练级。我曾经在一家规模尚可的家装公司兼职了几个月，每天无间断地画各种户型图，做不同式样的电视墙、沙发背景墙。

我为了教我的师傅口中所谓的“市场需求”而无数次机械地重复，然后再把这些毫无新意的作品交给师傅去喷着唾沫星子忽悠客户：“您这么有品位一定明白，这就是市场上最流行的设计啊！”。经过这一段日子我几乎想要以后再也不做设计了，因为我知道这样永远拿不出真正意义上的“作品”。

而启发我对设计产生兴趣的，是很久以前读到的一篇关于土拨鼠的文章。圆滚滚的土拨鼠能在地下给自己造出极其精巧舒适的洞穴：主要洞穴是结构最为复杂的冬宫，它要在这里度过长达半年的冬眠，通常长度超过 6 米，深到 2 米，有铺草的卧室，有作为储藏室的盲洞，还会使用废弃的旧巢穴作为厕所，有至少两个多达 7 个洞口。其次是夏宫，是冬眠期间之外的活动场所。结构简单，通常只有一个洞口，少数有两个洞口，但是一个土拨鼠家族常常有 3 到 8 个这样的洞。最后是临宫，这是土拨鼠活动期间逃避敌害和临时休息之所，结构十分简单，洞道短浅，一般有三五个。这整套设计不仅功能齐全、舒适方便，而且深得“狡兔三窟”之要，堪称动物世界里的安居工程。

从文章中、从风景中、从我经历的一切时空当中，我极力想找到关于设计本质的答案。

走马古镇之后我又在老赵的指导下陆续参与了许多项目。在这一段时间，众多特点鲜明的地方景观不断丰富着我关于乡土景观元素的所知所感，那红色的泥土、常青的古树、那亘古奔流的长江和缄默无语的大山，连同着俯仰其间的砖石土木，终于在我脑海中凝成了一个词：“国风”。

在重庆北碚我游览了一个已彻底衰败没落的古镇——金刚碑，我看见破败的房屋在参天古树下倾颓成那般瘦骨嶙峋的无奈和绝望，我听见涓涓细流幽咽而过全无流光泻玉的神采。“美哉轮焉！美哉奂焉！歌于斯，哭于斯，聚国族于斯！”的颂祷之声蓦然响起，我们先民“成室”之处却早已湮没。如果不能留下泱泱华夏这红墙碧瓦的民族记忆，那我作为一个设计师而奋斗的意义到底在哪里？我并不是说要原封不动地留下哪一座古城甚或哪一座建筑，我想说的是，真正能启发我们灵感，给予我们力量的，最终仍然是我们脚下的这一片土地，我们终将低下头来，默念着她的名字如同呼唤着自己的母亲。

至此，许多概念和感想忽然之间有了具象重要的历史、文化、艺术价值，是中华民族总体文明最具有生命力的组成部分。但对于中国，我们的传统文化正在随着现代化的建设而逐渐消亡，现存的古迹也随着旅游业的过度开发而面目全非，这是一个非常严峻的问题。

因此，导师跟我提起深圳研修项目时我几乎没有任何的犹豫。年轻的深圳站在古老中国与世界相连的最前沿，已然成为了中国的“设计之都”，这一次的远行中我将会看到怎样的风景？飞机在跑道上还未腾空我的心就已在九霄之上。

任何一种形式的艺术都必须源于生活，都必须在广泛的体验当中寻找灵感，激发创意。而设计艺术由于其作品的社会性和高昂的成本，尤其需要设计师在具备坚实功底的同时积极贴近生活，广泛寻找灵感。公司有一位来自新加坡的女设计师—LULU 小姐，是配饰设计总监，也是公司董事会的重要成员，我一直对她十分喜欢。由于对自己的英语极端不自信，每次遇到她只会简单地打个招呼，但是她身上那种种热情娴雅的态度，总让人如沐春风。有次参加公司拓展活动的交流会，LULU 小姐都会在发言中提醒大家广泛的灵感来源对于设计工作有多么重要。她的办公室和我们工作的地方在同一楼层，每次我从她门前经过都看见她十分认真地在工作，无论是早晨刚刚开始工作还是加班到深夜乃至凌晨，莫不如此。我们在工作过程中常常会有交集，我深深地惊讶于她作为一个外国人，面对中国不同文化背景下、不同地域环境中的酒店设计工作，竟然可以如此的游刃有余、信手拈来，诚所谓“文章本天成，妙手偶得之”。她沉浸于酒店设计行业已有十多年，我觉得她对于每一个设计方案中的“文化”元素都有着精到的理解和别致的表现方式。说到这里，我又想起 LULU 小姐身上的一个小细节：LULU 小姐很喜欢花，每天都会在公司的茶水间和她自己的办公桌上精心搭配起一束花，每次无论是配色还是形态，都很有动人之处，是我们生活中的一抹亮色。我想，这就是举重若轻，“于无声处听惊雷”吧？

对我而言，旅游一直是我最大的爱好，每一次的外出游览也都激发我许多灵感，让我积累了不少工作素材。所以，当我的同事巧英美女问我有没有兴趣在秋高气爽的季节里找一天一起出游的时候，我爽快地答应了。我们选择了从化影古线作为出游的线路，导游小伙儿伶牙俐齿，一路上欢声笑语不断。

下得车来，小路两旁的橘子树立刻就抓住了我的目光。橘子树上挂着一个锈迹斑斑的牌子：“禁止采摘，违者罚款一百一个”。但是看着黄澄澄的小橘子沉甸甸地压弯了枝头，心中的激动和兴奋刺激着我的唾液腺，食指大动之下食欲顺利地接管了大脑，我迈着欢快的脚步一路小跑着去摘了几个。同行的人都在看着我，但我决定这样可爱又香甜的小橘子这次就不要分给他们了。一路上金果翠叶的橘子树让我着实地吃了个饱，巧英姑娘笑话我说今天吃的橘子估计要上万，够判了。我回说姑奶奶今儿个没带麻袋过来算是他们的造化，我还想带回重庆去给老赵呢。

钱钟书在《围城》里边儿有这么一句话："偷情就像烤白薯，偷得着不如偷不着"。我目前的生活经验还理解不了这句话，希望多情人士有以教我。不过这偷来的橘子确乎是比买来的橘子好吃倒是无可置疑之事。因为这过程当中的紧张实在是最好的调味剂，是世上随便什么其他的惊喜所不能比的。我之所以提起这个，是因为我忽然觉得做设计也跟偷橘子有点儿像，需要有一颗猎奇的心，要敢于打破既有的格局和框子，"走来名利无双地，打破樊笼第一关。"诚哉斯言！尤其是酒店设计，说起来其实铜臭味儿不小，怎么能不被这么大的一摞一摞的钱束缚自己的手脚，能够去另辟蹊径，别开生面，尽可能地实现艺术追求和价值实现之间的平衡，想成为成功的设计师就必须在这一紧要的关口实现突破。

饶是偷了别人的橘子吃不算，还讲了这么一大篇道理。我也真的是醉了。

溯源东方

冯骥才小说《神鞭》的结尾，兵痞玻璃花看见天津卫人称"神鞭"的傻二双枪连发，从十丈开外打中了挂在树上的铜钱，又见傻二竟剃了光头，惊得嗓音都变了调儿："你，你把祖宗留给你的神鞭剪了？"

傻二却说："你算说错了！你要知道我家祖宗怎么创出这辫子功，就知道我把祖宗的真能耐接过来了。祖宗的东西再好，该割的时候就得割。我把'鞭'剪了'神'却留着，这便是不论怎么办也难不死我们，不论嘛新玩意儿都能玩到家，决不尿给别人。"

长安，从此时开始，汇聚起华夏民族的涓滴意念，站立在历史长河的岸边，以一座城守望着一个族。

春秋时各诸侯国只在冬天修建城墙，其中的缘由不难想见：冬季农闲，不误生产。而到了战国时，一场大战动员十几万甚至几十万士兵已经十分常见。秦赵长平之战，秦王命令全国十五岁以上的男子书年，动员将近六十万大军，一举击溃赵军。坑杀赵卒四十万后进围邯郸，虽然兵败于邯郸城下，但“秦执敲扑，鞭笞天下”的局面已经奠定。秦王定鼎中原之后，改元称帝，遣将开疆，书同文，车同轨，废分封，置郡县。华夏民族的法统得到了空前的强化。长安，就这样眼看着我们这个民族走出襁褓，站起身来，第一次向世界伸展着自己的肢体。

公元前 202 年西汉建立，再次定都长安。汉朝是汉族之所得名的朝代，之前的“华夏”、“诸夏”等身份表述渐渐统一于“汉族”这一称谓。“天下大义，当混为一，昔有唐虞，今有强汉。”便如同一句宣言，宣告着汉民族的身份认知已经清晰，也宣告了华夏民族的法统已经得到继承。从这时开始，我们从何而来这个问题便有了毋庸置疑的答案。长安，亲耳听到了汉族向世界发出的第一声呐喊：“明犯强汉者，虽远必诛！”

将星璀璨的三国时代，清雅空谈的东西两晋，民族融合的五胡乱华，这一段干戈不休的历史，丰富了汉民族的血统，强健了汉民族的体魄，也提升了汉民族的器宇，开阔了汉民族的格局。长安的城墙几经残破，又几次从战火肆虐的大地上重新站起。这座城，浸满了黎民的血泪，也见证了帝王的荣耀。

然后便是唐。我国富兵强的唐，我百花齐放的唐，我万邦来朝的唐，我流芳千载的唐！自唐开始，到清末为止，世界上再无可与中华文明相提并论者。唐代的长安是当之无愧的世界中心，是丝绸之路的起点。它不仅仅向世界展示着中华的富足与强盛，更展现出强者所特有的包容和接纳。唐朝欢迎来自世界任何地方的人到大唐来发挥自己的才干。唐诗《哥舒歌》：“北斗七星高，哥舒夜带刀。”就描绘了这样一种雄浑的气势。鲁迅先生讲：“唐人大有胡气。”另一方面，唐朝的强大实力和宽阔胸襟也让整个世界拜倒在他的脚下，各国不但求通贸易，更努力汲取唐代的先进文明和制度。因此，时至今日，国人在海外尚被称为“唐人”。

这其中尤以日本为最。不得不承认的一个事实是，日本在那样蒙昧的年代就已经展现出自己十分善于学习的一面。在今天，我们仍然可以在日本文化中看到中华文明的浓烈印记，比如原封不动地保持着本来形态的汉字。长安，你可还记得那一段“煌煌大唐，光耀万邦”的辉煌？

进公司不久后，杨老师便与我们商讨该阶段的研究课题。杨老师的一直观点是：酒店设计对传统文化的继承、吸收、运用是必要的，也是必然的，面对西方设计观念的冲击，完全背离传统是不可取的，对西方设计形式的盲目接受、生搬硬套，简单的挪用复制或拼凑将会丧失本民族的文化底蕴。

我并没有到过西安，这一座贾平凹笔下的“废都”。我却无比熟识于西安，这中华文明永恒的见证的象征。这一个人对这一座城的顾盼，全以神遇，不以形求。

中国经济的快速发展给中国酒店业带来蓬勃生机，也使中国酒店设计快速成长起来，眼下中国的酒店设计开始有了真正的作品，设计师通过经验的积累，日渐成熟，开始了独创性思考，以及创新的实践，并取得显著成绩。中华文明是有七千年文化积淀的古老文明，中国酒店的设计方向应是站在民族、地方特色的本位，审视世界酒店的流行风向，这也是室内设计师的立足之本。作为设计师必须推陈出新，与时俱进，在符合现代人审美需求的基础上，将本土文化结合最新设计理念进行升华，历经时间的磨炼，形成我们这个时代真正需要的酒店文化。

什么是“祖宗的真能耐”，又怎样留下老祖宗的“神”？怎样把“无论嘛新玩意儿”都“玩儿到家”，体现我堂堂中华在这样一个新时代的器量？想要溯历史的长河而上，追寻那古老东方的神采。回首又在历史深处看见古城西安那浓黑的身影。我热泪盈眶。

根据当前国际环境下的设计发展趋势，以及中国设计所面临的挑战，所以我们确立了具有跨时代研究价值的选题——新东方文化在当代设计中的表达。反复考察推敲后，在研究内容方向下，我选定了自己的研究课题——新东方文化在酒店陈设中的艺术表现。因为自身所处公司的项目二部，其部门主要特色便是做文化型度假酒店，因此选定以西安凯悦酒店项目陈设设计为例。

整合思考

确立选题及研究对象后，得益于杨老师的指导和部门同事的帮助迅速的介入该项目进行学习。了解到西安金地凯悦酒店项目中建筑面积 6.4 万㎡，集 300 间豪华湖景客房、中西式餐厅和环球餐厅、宴会、会议、休闲 SPA、棋牌酒吧、游泳健身等多功能于一体。是一家具有鲜明的新东方意境和地域文化特色的豪华五星级度假酒店。并依据课题诉求，选取了项目中的总统套房为主要研究空间。

一直以来设计都应强调文化的重要性，因为文化就是一个生命力，是一种灵魂，没有文化，酒店就会变得很乏味。同样，文化是一种思想上的启发，精神上的感染，心灵上的愉悦，或者体验上的共鸣，并且希望客人入住酒店以后，有一种互相进行思想交流的感觉，而并非只是一个表面形式，这才是设计师真正应该追求的文化元素。因此，本次研究我首先从西安古城的文化开始探索。

酒店被建设在拥有如此文化瑰宝的土地上是一种远见，如何将这璀璨精彩文化演绎更是一种期待！

师者说过：合格的设计师是从最开始的原点到最后竣工完成的全程掌控。从一个小小的物件，例如杯子到一个空间到整个建筑，他们的都应该是有生命的，这种生命都应该是用自己理解文化将其串联起来，串联起来的关系可以是协调的、对比的、幽默的等等。同样，清初大诗人吴伟业曾为晚明时期重要的造园专家张涟作传记，称赞他：“经营粉本，高下浓淡，早有成法”，“即一花一木，疏密欹斜，妙得俯仰。山未成，先思著屋，屋未就，又思其中之所施舍。窗棂几榻，不事雕饰，雅合自然。”张涟的特殊之处就在于遵循一套严谨的设计程序，将设计中的每一个要素融入设计的整体体系中，在工程开工之时就有构思；思考具体的室内陈设时，家具要“合着地步”，根据室内的特点制作。虽然，目前无幸去遵循整个酒店设计的全过程，但依然坚信从现有的建筑形制、景观、所属空间以及光的关系也可以诠释具有生命力的新空间。

一方面，切合整体建筑风格性质，透析可能发生在室内物件的联系。另一方面，酒店造园艺术的景观搭配，以及空间周遭的“因景互借”也是影响研究的因素之一。第三，把握总统套房整体空间大小、进深、比例也是做好该空间陈设设计的必然要素。都说“光”赋予空间灵魂，那么开窗方式、太阳光线的照射也被予以了重任。洞悉以上几点要素，成为了项目研究的前提条件。

陈设物语

设计来自生活，设计反映生活，只有从具体的生活方式入手研究设计，才能发现设计的价值与意义。当今世界已进入一个多元文化并存的时代，多元是当代设计最本质的的特征。同样，对于酒店陈设文化性的需求也日益多元化。多元化的需求促使酒店设计呈现出千姿百态的形态和方法，也使得酒店陈设设计形成多样的表现手法。

依据文化诉求和空间的功能需求，在实践总统套房的每一处的陈设物件时，都将赋予了物件的新语意——物语，这是文与质的统一表达、形式与内容的完美结合的呈现。

具体设计中，在空间的通道和书房间采用“隔断”效果的木制屏风，其目的并不在于一个指示、提醒，而以一种“隔而不断”来分割空间，并在隔断的纹样中还原现代东方语境的装饰性表达。让走廊空间与书房空间获得有实有虚、虚实相间的分割形式，使温文尔雅的书斋既可以形成封闭的又具有开敞性的空间艺术性。

丝绸之路，让西方了解了中国，有着国际性意义，使得丝绸具有浓厚的中国气息。因此，总统套房的空间中会使用丝质软装饰材料，以形成浓烈的东方性情。在丝绸装饰的沙发布艺、抱枕、窗帘等物面料上，通过当代的视觉审美结合传统工艺印花、刺绣等精湛让他们呈现绚丽多变的形态。不仅具有让陈设品具有实用舒适性，亦可以透出浓浓的东方温情。

都说大自然是最原生态的艺术之美，每一种原创的高雅人文风格艺术设计，都在与大自然的灵感相遇中迸发出崭新的生命活力，由此展现的是：灵动、自然、精致、纯美。在总统套房空间陈设艺术品选样中，具备“大自然艺术之美”是其首要因素。让雅合自然的艺术品带给宾客“天然氧吧”般感受的自在，让人不由自主地景中生情，达到客人的思想能够与自然情景完美的交融。

唐三彩的盛行期，人物刻画各具性格特征，情态逼真、姿势优美。唐三彩仕女俑是其经典代表。套房空间内在具有艺术品的自然选样的同时也会有一些传统选择。《逢邻女》中“慢束裙腰半露胸”描绘了唐代时期裙装半露胸的款式，着这种服装者又必须是有身份的人，永泰公主便是可以。因此，象征高贵地位的艺术品也是切合雅致空间的不二选择。

一些餐桌上的由白瓷制成的日常之物，有着极强的装饰性，走进细看方能体会隋唐时期绽放东方文化的魅力。瓷物件更是有浑圆饱满的造型、简洁精练、富有变化，并运用印花、刻花、划花、堆贴捏塑等装饰手法。

一方面，室内陈设艺术不仅是整个园林艺术的重要组成部分，而且也是园林设计深入发展的结果。露天式的私人浴池设计，也让空间内外互为对话，因此合理植物的过度搭配也是此项工作的一种挑战。

研究行进之余察觉总统套房空间诠释的人与物的关系、物与物的关系开始变得幽默、互动、交融。想必，选题的价值也于此刻逐渐明晰。

流动的盛宴

《流动的盛宴》是海明威作品中我所最欣赏者。暮年的海明威在这本书中追忆了自己于 1921 年至 1926 年间在巴黎一段难忘的生活经历。母校于我，又何尝不如是！结束了本科期间的浑浑噩噩，走过刚入学时的懵懵懂懂，在最初的研修课题中经历了磨砺和探索。在美院学习和工作的日子里，是我对“设计者”这一身份产生最深切感知的时期。从重庆到深圳，这巨大的空间跨度本身就带给我对于“东方”一词更广阔的理解。我来自巴渝，我驻足海滨，我从山水相依之城出发，走来这海潮激荡之地。这一路上的遇见和发生，写满了关于青春的容颜、脚步和絮语。

历次校企合作会议的讨论总让我们重新鼓起勇气，带着一种初生之犊不惧虎的莽劲儿；YANG 为专业的学习创造了良好的氛围，助推了从态度到理念，从流程到空间全方位的跃升；积极乐观的同事带给我阳光灿烂的心情，能够尽情享受每一天的工作。变化永不停止，这就是我这段日子以来最深刻的感受，这一段学习、工作和生活永远值得回忆。

它不是落红的庭院，不是香雪的帘栊，不是明月清辉的海潮，也不是绵延万里的沃野。它是童年记忆里姥爷粗糙的手掌，是求学路上父亲踏实的胸膛，是游子远行母亲殷切的盼望，是除夕夜里一桌桌团圆的吉祥。我终于深深地明白，我的乡土是我的国，我的乡愁是我的族。如果说我确乎拥有某种创作的力量，那这力量也一定来自我脚下的大地，如果说我的作品真正体现了某种质朴的情感，那这情感也早已浸透了先贤的吟我。

现在是凌晨四点四十分，我已经十分疲惫。工作站里其他六人中的最后一位也已经在五分钟前睡下了。但一种柔和的情感仍然余音绕梁，我的身心似乎都沉浸在某种旋律当中不愿睡去。过去的一周里工作站完全沉浸在一种疯狂的工作节奏当中。完成本文的撰写即标志着一段旅程又将划下句点，也预告着下一段的风雨兼程又要起航。一种微妙的情绪在周遭的空间里徘徊萦绕，袅袅不绝。

窗外，朝阳正从大海中飞腾而起，一如心中的希望飞腾于那将到来的日子。

导师副线

杨邦胜
Yang Bangsheng

YANG 搬进新办公室已经一月有余，时间就像窗外郁郁葱葱的绿叶，四季不明，悄然生长，等到某天定睛一看，才察觉阳光已经无法穿透树叶，初夏已至。公司两位四川美术学院研究生马上就要返回校园，结束他们不到一年的实践之旅，这次不同寻常的教学实验，我和学生们身处其中，各有收获，飞机上提笔分享，总结回顾。

初见梁轩，看他戴着眼镜，文弱书生的样子，与他交谈，他也总是聆听，甚少插话或发表自己的意见，我们简短的谈话，总是以他坚定的眼神，以及掷地有声的“学生明白”作为结尾。这学生有点内向、太过书生气，成为我对他的第一印象。

而另一位学生李岱则比梁轩晚进公司一个月，见面看到这张因赶飞机，奔波疲惫的脸才想起，几个月前我们在赵宇老师的引见下，其实已经打过照面。既然相熟，便少了客套，因工作繁忙，我当时匆匆交代几句便把她交给已经熟悉公司的梁轩。

根据他们俩选择的研究议题，我把他们分别安排在了项目二部和项目三部。梁轩因为来时 7 月份，公司刚刚承接三亚石梅湾威斯汀酒店项目，一与他选择的地域性文化研究方向比较契合，二又可以让他从一个项目之初参与进来，完整了解一个项目设计的流程。

而李岱因选择新东方文化在酒店陈设中的艺术表现这个议题，与公司承接的西安凯悦酒店项目非常吻合。其实关于新东方文化迄今还没有专业权威的学术体系，这是一个未知之境，也是我和公司团队一直在探索与挖掘的方向，李岱若能参与进来，哪怕只能触碰皮毛，我想也会对她受用终身。

我自认将学生们做了最妥善的安排，不想看了学生们的文章，才知他们已经习惯按课程表上课，完成老师布置作业……那种被动式的学习方式，所以前期迷茫没有方向的他们，我并不知晓。在我的计划里，他们不到一年的实践时间，除了做专题研究，更要学会适应职场，了解成为一名职业设计师需要具备什么素养，如何从一名学生向设计师身份转换。

而幸好所有的问题在第一次汇报会议上暴露无遗，工作站内的7位同学性格不一，专业不一，条件相异，但相同的却是所有导师都太忙。所以学生进入状态的情况，全凭他们自己摸索，这是我始料不及的，也让我意识到教学还是应该有章法。所以回去之后，我与两位学生理顺了学习思路与方向，要求他们每天拿60%的时间工作，40%的时间学习，让二者兼顾均衡。

我也很庆幸在及时沟通调整之后，学生们渐入佳境，已经可以参与到项目的前期概念和方案的研讨中来，并有不俗的表现。虽然平日忙碌的设计及管理工作，让我与学生们只能通过微信保持互动交流，但幸好学生们会很主动分享。记得梁轩经常会在我们组建的学习小组，发一些学习心得，或学习成果与大家交流，我虽然没有回复，但都会抽空将之逐一阅读，他看起来有些许木讷，但内心世界丰富，而且观察细致。

李岱则性格外向活泼一些，在与我熟络之后，已不像第一次见面时腼腆害羞，在我们交流讨论时会积极发表自己的意见，坚持自己的主张，当然有时会有些固执，爱钻牛角尖，但是没关系，我喜欢学生们自由的发表观点，我们一起碰撞，头脑风暴，这比我单方面的说教，会有效无数倍。

改变我对梁轩的看法是在第二次的汇报会上，学校领导、校外导师台下坐成一圈，他作为研究生站的唯一男生，当仁不让的第一个进行汇报，因之前准备汇报PPT，我觉得内容上不够详尽，还有许多不足之处，加之平日少言，我在台下为其捏把汗。不想鞠躬开篇，不仅礼数周全，而且一气呵成。我在台下为其鼓掌，也真心感到欣慰，这个学生平日低调谦虚，谨言慎行，但把我说的话，都放在心上。

他会保留自己的想法，也听得进老师及周边同学的意见，这是一名设计师所需要具备的很重要的一项素质。我们的团队中有很多优秀设计师都毕业于川美，所以梁轩、李岱的到来，得到很多师兄师姐的照顾，他们很快就融入了团队，尤其年会上梁轩吉他弹唱，李岱话剧表演，让我看到他们多才多艺的另一面，令人惊喜。

“开朗、好学”是身边同事对他们的评价，设计相关的一些软件应用，他们领悟力比常人强，上手也快，尤其他们扎实的专业理论，让他们在团队进行前期概念创意时，总能脱颖而出。他们能很快地抓住文化表达的核心，并且通过文字表达出来。但毕竟没有实操经验，他们对于空间结构、材料肌理等不熟悉，所以很多时候在图纸上不知如何去表现，这或许是每一个学生所存在的问题，这也是这一次教学改革的意义所在。

把他们放到一个真实存在的案例当中去，感受一个项目因为有不同的地域文化，不同的管理公司要求，不同意见主张的甲方……感受到设计不仅是天马行空的创意，还需要与各个环节的沟通与妥协。如果时间允许，我想把他们丢到一个项目的工地去，用他们的眼睛和手去捕捉，去记录一个设计实现的过程，这样或许他们会成长得更快。

这一次李岱的《自在·辨清》，就像在总结他们这一次的学习，我希望他们能够快速的完成职场生活的转换，并享受设计所带来的创意畅想，游走在设计之间，感受设计的无穷魅力。同时也希望他们能够在残酷的设计实践中，认清设计的本质，了解自己的优势与劣势，找到自己的定位。

有一次和他们路上聊天，问到以后的职业规划，梁轩说他的理想是当一名大学教授，这和我对他最初的判断，以及经过近一年的接触是相吻合的，他的性格沉得下来，爱钻研，适合学术研究，也适合教书育人。而李岱则很坚定的说她要做一名设计师，这也是令我欣喜的，因为设计这个职业，只有你真正热爱，才能坚持下来。

作为他们的实践导师，虽然不到一年的时间，但希望日后不管他们将要走上哪条道路，都希望这一段旅程中，一起经历的人和事，能够为他带来一些启发。就像梁轩文章的主题一样——白地，他们现在就犹如一片白地，而未来，能衍生无限可能！

以梦为马

◎宿影

Initiated by Dreams / Su Ying

「以梦为马，指把自己的梦想作为自己前进的方向和动力」

姓名：宿影
所在院校：四川美术学院
学位类别：学术硕士
学科：设计学
研究方向：环境设计
年级：2012 级
学号：2012110085
校外导师：孙乐刚
校内导师：潘召南
进站时间 :2014 年 10 月
研究课题：主题酒店客房的发展与设计演变

我要做远方的忠诚的儿子

和物质的短暂情人

和所有以梦为马的诗人一样

我不得不和烈士和小丑走在同一道路上。

—— 海子《以梦为马》

以梦为马，指把自己的梦想作为自己前进的方向和动力。

问道

每个人都有自己的梦想和愿景，小的时候总是天马行空，任意驰骋。上大学后，把设计自己的道路作为今后的职业规划。作学生的时候总是对以后所要从事的工作有着不切实际的想法，有些眼高手低。总是觉得去一流的大学，跟最优秀的教授，学专业的知识，毕业了就可以顺理成章的去最好的公司，如同从小到大上学一般顺利的走下去，一切似乎会越来越好，但是如何提高，依靠经验或是顿悟，却浑然不知。

现在参与到校企联合的培养计划中，真正去到一个公司实习，才发现做好设计真是太难了。以前做的很多设计，现在想来离了老师都是不行的。独立控制或者合作设计都是挺不一样的方式，全都需要再去学习，而在考虑甲方的需求之后，把想法准确的实现成设计只是最基本的要求，还要懂得抛弃，不要固执到“着相”，不要把事物的逻辑当成线性的逻辑，要能在矛盾和悖论中，看到差异的生命力。设计师如果只是听从甲方的指挥，完全依照任务书的要求来做设计，就会沦落为一只仅仅会画图的笔而已。在实际的工作中，把调查得来的信息，甲方的要求以及自己对于整体设计理念的判断整合起来，最终靠着某种抽象或贴切的意像，方能将所设计的东西组织成为一个具体而感人的整体。如此看来，从学做设计到学做设计师，似乎还有很长的一段路要走。

趁年轻的时候能够积累丰富直接的体验是非常重要的。做设计时要时常扪心自问，究竟自己想要做哪种设计师，因为设计师会有很多不同的种类，每个种类之下也会有不同的方向。最终，我们会走向一条独一无二的、跟我们少年梦想有关的、也跟我们身处的时代和境遇相关的道路，是我们一生经验的积累和整合。当然，我希望自己成为一个特立独行、有自己风格、有自己思想、有自己成就的设计师。我认为做一个好的设计师重要的不是每一步走的有多么高品质，而在于脚踏实地的走下去。学习，实习，从业，再学习，以此反复循环不止。只是我想，人生的各个阶段总有先后顺序，这就要求我们合理根据自己的能力和精力去依序安排时间。年轻的时候姑且不论，到一定的年龄之时，如果不在心中制订好这样的规划，人生就会失去焦点，变得张弛失当。不断的根据自身需求来修正学习的状态，这将是比较理想的情况。鲁迅先生曾经说过，其实这世上本没有路只是人走的多了便成了路，成功之路亦是如此。重要的是根据自身的情况，设计自己的培养计划。如果没有经历过、没有磨砺过、没有亲身体验过，人生就会变的苍白而一文不值。

传承

日本建筑师之间的传承关系一直让我觉得很有趣。冢本由晴的博士论文研究的是城市，他的老师坂本一成研究的是聚落，冢本用坂本研究聚落的方法研究了当代城市。坂本的老师筱原一男研究的是民居，筱原的老师清家清研究的是数寄屋，更早的崛口舍己研究的则是千利休的茶室。从这些研究内容和建筑家们所处的时代，我看到一种非常明显的代际传承与进步，以及我们常常称之为“本”却未必知道其为何物的一种力量。由此也可以看出时代洪流中建筑师们设计理念的变革，对未来的期待以及其中让人感动的一脉相承的精神。

研究生期间我的导师是川美的潘召南教授，在与潘老师认识之前曾拜读过他所著的《生态水景观设计》一书。作为一个本科专业是平面设计，研究生转学室内设计的学生来说，从阅读这本景观类教材中看到更多的是老师他治学严谨的态度。但在成为潘老师的学生之后，才渐渐了解了潘老师对于传统村落保护规划与技术传承、关键技术研究，以及他想要将中国传统的民族的民间的文化基因融入当代设计中，并通过空间环境和生活在其中的人的行为为载体表达出来的想法。传统文化与当代生活之间的差异与冲突也是我自己很感兴趣的方面。在最初开始学设计的时候，越多的接触西方设计文化，才越是深刻得感受到我那种深入骨髓的东方文化，才越想追问自己是谁。然而这个定位成为了我每次试图从自己文化中找灵感时遇到的痛处，就连现成点的台阶都很难找，每一次设计都要回到源头自己挖掘灵感，每次设计都要附带一个同样精力的研究。所以当看到日本建筑师之间的传承，了解到潘老师所研究的方向后，我就有了想为自己文化做点什么的强烈意愿。但是人在确立目标而后追逐目标的过程中，总是容易迷失、颠覆甚至纯粹忘记自己的初衷，最初的坚持。幸而潘老师一直在做的就是本着尊重历史、挖掘历史、演绎历史和发展历史的立场开展的工作，他用结合当代生活的方式使历史产生新的价值，使历史文化焕发出新的生机与活力。来深圳之前，我也一直在参与潘老师关于古城改造的项目。传承的力量并不仅限于对传统的延续，而是要更好地保护传统，使其文脉延续，让历史环境影响今天的人，从而让人们去感知真实的历史，让传统文化借助古城的街、巷、民居等载体继续延伸。筱原一男曾经说过“传统是出发点而非回归点”，筱原先生用一生实践着这句名言，他最终都没有回到出发的地方，但却如明灯般指引着后人，照亮了他们前行的道路。相较于那些横空出世的设计师，这样源远流长的脉络传承更能令人认识到演绎发展的本质，从这些设计理念的发展过程，介于经济发展和理念达成之间我们能看到历史的影子，即使是非常小的变革，对某个整体性而言同样具有深刻的影响。我认为传承不是简单的继承，更不是简单的复制，如果没有了传承，便意味作对自己民族历史、民族精神的遗忘和背叛，简单继承和复制也不行，我们所需要的是发扬光大，提升荟萃，需要的是兼收并蓄、与时俱进的传承。

在中国的谱系学研究中想要试图探根溯源理清自己的脉络，想要从历史里找寻解决今天问题的办法是一个课题，但怎么能把这事儿做好又是另外一个重大攻关课题。设计作为社会生活的衍生品，必定反映了当时社会的方方面面，是对当地人生活状态的展现，就像是一枚树叶，在笔直通往末端的直径边布满着其他细小的分支，那些分明的脉络最终会构成一整个世界。读设计史如同读社会发展史，设计的人文之美往往来自于对人文历史的理解和对待社会的人文关怀，如何用设计师的眼光看待历史、如何传承发展、如何作用于今天的生活，在不了解历史的状态下是无法作出一个符合当代审美的好设计的。潘老师曾说过："我们虽不能设计历史，但设计的空间却能承载历史，要以发展的眼光看待历史与人文。环境因人而生，和人一样都有生命。从儿童、青年、中年到老人，呈现出不同的生长特征，这是自然现象。我们不可能以某个时期的生长形象定论一个人永远如此。城市也是这样，可以肯定五百年前的城市、乡村并非如今天所见。我们不能以此片段概括其过去、今天和未来，更不能用'刻舟求剑'的方式来认识历史、理解传统。"这是一个由自发性的室内布置演化到自主性的室内设计的过程，是一个由无意识向有意识转化的过程。以史为鉴是中国传统史学的核心目标之一，它提醒着我关注逝去生活对于今天的影响，从中吸取历史经验与教训，感受场所与生活之间所存在的相互渗透，相互共生，彼此交感的结构秩序。

在西方的整个设计史中，表达方式看似一脉相承，高迪的圣家族大教堂建了130多年还未完工，其实在时代的变迁中设计师对功能与形式的重视程度，却是以波形来回摇摆：水晶宫的机器世界最后引发了工艺美术运动，形式被推崇到及至之后又是反对多余形式，认为装饰是罪恶的现代主义设计。流线型设计开始把功能和形式做了某种程度的统一：为了功能的实现，形式上必须有所改变。而形式上的改变，恰恰不是为了装饰，而是为了更好地实现功能。充满未来感的流线主义设计是革命中的一个极致，一场功能与形式的革命，到了一个程度之后，又开始慢慢地走向折中和后现代主义。而这些设计的演变与技术的发展总是息息相关，在对于主题酒店客房的设计与发展演变的研究中，可以明显看到生产力的发展促进了酒店行业的发展。首先是货币的产生，商品交易及商人的商业活动随之产生，这种活动的产生是酒店开端的必备条件，后来随着商品活动使人类的活动范围扩大，从而产生比居住等更多的需求，也就使酒店的基本功能日益增加，西方酒店形式的三次大变革都与工业革命有着直接或者间接的关系。

因此，回望功能与形式在历史上发展的趋势，我们可以对我们的时代作出一些关于功能与形式关系的预测。我们所处在的时代，是转折性的时代，是人类的第二个千年，如果按照环境承受的角度来说，人类将会在第三个千年，用尽世界上所有的资源，并且按照正常繁殖的速度，使得自身的质量超过地球质量。也就是说，我们所处在的是一个理论上的转折点。新材料必须不断地被开发出来，新材料的开发，必定带来更多的形式上的可能性。而原先存在的可能性，尚未退出历史的舞台。功能与形式的概念和重要程度，是在这时候不断模糊，不断清除彼此的界限的。没有纯形式的工艺品，也不存在仅仅具有功能的产品。信息、观念、材料，化作最小的元素，被有序无序地挑选组合，进入日常生活的每一个部分。在这个时候，无法单独地把某个设计品的功能和形式做出剥离。而我想要研究的就是站在历史的角度，看现在，想未来，研究工业 4.0 时代对于主题酒店客房的设计会有何影响以及历史文化传承下的美学与科技经过现代社会的涤练究竟会呈现出一种怎样的形态，在结合工作中的具体项目之后，最终将我的课题论文定为《主题酒店客房的发展与设计演变》。

介入

海德格尔曾经用了一个例子解释什么叫作乏味，大约是讲一次偶然的停留，在一个小镇的小站，你知道人家是个熟人社会，你也不会在那里待多久，下一次车，几小时后，你就会离开那里，你在镇子的街道上走了一圈，没人搭理你，就当你是空气，这时，你就会觉得，人家活在一个满的实在的几乎是自在状态的世界里，而你根本插入不进去。

若不是因为这次校企联合的培养计划，我绝对想不到现在会进入到深圳广田装饰设计院实习。初到广田设计院时，对专业软件运用不熟练及实践能力不足所造成的不自信，加之认生阶段的性格使然，与周围的同事极少有交流。每天早晨到达公司后就只能坐在自己位子上翻阅同事们已经完成的项目文件，看书，看方案，看施工图，看制图规范，遇到看不明白的地方却又不太敢问，怕打扰到他们的正常工作，不知道该做什么也不知道自己能做什么。那段时间里每天都是满满的格格不入与无所适从，时常自我安慰只是半年而已很快就能过去了，真正感觉自己只是一个过客，他们的世界是满的，我将会在这密实的满之中穿过。

幸运的是，进站两周后就刚好遇上公司为了让大家放松减压，增强同事间的沟通交流，增进彼此友谊而组织的集体旅行。在这四天三夜的三亚之行中，我才渐渐融入了公司的生活。年轻而朝气蓬勃的同事们来自天南地北不同的大学，接受过不同城市氛围的熏陶，互相交流得顺畅而投缘，甚至会碰撞出思想的火花，而他们在工作中不断学习充实自我的状态同样鼓舞着我，对我自己也有很大的提升。无论在个人言个人、在个人言群体、在群体言群体还是在群体言个人，人总要成长。

仍然记得到公司之后第一次被分派去画施工图，满怀着第一次被分配任务我要认真地好好做的热情，花费了很多的时间来做，但还是有一些不符合公司规范的错误需要返工，最终没能按时完成我应该完成的工作量。面对这样的局面，别说尝试创作，连开口问同事自己该怎么做之类的问题都需要一种莫大的勇气，可周围的同事在此时展现出极大的热情与耐心，开始主动教给我画图的技巧，帮助我去完成学习和工作的过渡。这次经历让我非常的难忘，同事们的热情与关怀让我又一次在深圳这个陌生的城市有了归属感和亲切感。

第二次印象深刻的事情是有同事让我用草图大师试着做几个商业街中商铺的外立面。刚开始很兴奋，想法也很多，毕竟是到公司后第一次我真正能够自己找案例，提出方案，慢慢讨论，并且画出细部的机会。在确定基本风格后就先从做喜欢的形态入手开始画图，遇到难以取舍的就再多画一张等到最后让同事来选，还花了大量的时间去调色调，最终做了三种不同形式的设计。同事看完却告诉我，我画的这些都不合格，并提出了我设计中的弊病。这时候才发现我对于一个外立面的愿望过于简单，而且我的设计只有像平面设计图一样的立面，完全没有考虑过所做的弧形的顶从侧面看会是怎样的形态。至于墙面的材质，开窗的方式的选择都过于随心所欲，也没有考虑其中防水，遮阳之类的问题。在同样的时间里有的同事建了四个完整的模型，其中有根据设计师的建议符合设计师要求的，也有依照自己的一些想法完成的。我那几个半成品根本不好意思拿出手，但在之后的讲解中我也渐渐懂得我的问题出在哪了，因为立面有自己的逻辑，阳台，窗子，结构，防水，遮阳，开窗等等，构成了立面上的基本线条和体量，窗子的比例都是有说法的，不完全是美学问题，窗户的功能与形态，哪里是什么空间大概是看得出来的，不必要的细部再做就是做作了。以前在学校学到的知识想要做到学以致用，还是得放到实践中去体验、感受，学校里做设计的我对于功能性与实用性并不太关注，主要做的是设计的感觉，但真实项目里功能限制很大，可设计的部分很少，合理性与可落地性对于一个项目的影响这在之前学校作业中是很难感受到的。这次宝贵的经历让我受益匪浅，我第一次感觉到了工作与在学校象牙塔里学习的知识的不同之处。学校的生活更像是一种浪漫的纸上谈兵，一切都是简单而美好的，然后进入社会的工作后，我意识到，要想把知识和实践很好的结合在一起我还需要很长的路要走，还要进行多次诸如这种经历的磨炼，才能真正的适应社会的节奏，才能够真正的做到学以致用。

第三次让我有所记忆有所学的事情是与同事一起绘制一套办公空间彩平，为了保证工作效率就将平面图分为左右两个半区，大家分别进行绘制。由于我本科时候学习的专业是平面设计，所以在跨专业读研的过程中，更喜欢的还是能够与平面设计相结合的工作。而在这次的工作中，感受最多的正是任务的划分。统筹这项工作的同事将一块一块平面图分割地异常清楚，然后分配给每一个人，而我需要做的就是在完成颜色材质填充的同时，保持与其他同事作品的一致性，以求最终这套彩平看起来是完整的。在这当中并不需要我展现过多的个性，更多的是相互间的配合，是在完成一项共同的工作时的自我控制，合作程度也会影响任务的最终完成度。与在学校时一个人统揽全局式的完成一整套方案不同，在这次工作中我能够更加清晰地感受到设计存在着一个将概念与认识具体化、物质化、技术化、工程化的过程，而这条工作链是需要大家相互配合完成的。同样在这条长长的工作链中，在周围人的帮助下，我也似乎能够找到自己所擅长的位置。这次经历让我找到了一些自信，同我认识到在真正的工作中团结合作是多么的重要。学校里的“单打独斗”在工作中似乎变得有些空洞，有些不切实际。让我开心的是，我很享受与大家一同完成一项任务的这个过程，它让我觉得我不再是一个人，它让我体会到一个团队所应该具有的精神，让我能够感受到集体的温暖。

在这种氛围中几乎是被众人推着前行，让我不再在纷繁的事务和现象里无序沉浮。我开始为自己在时空中定位，找到自己的立足点，堆累的知识、前人的一切材料都可以不是“依附”，可以关注，可以不关注，可以选取后为自己所用，按需取舍，顺其自然地凝练只属于自己的内核。但学得越多，越觉得自己无知，越觉得自己需要学习需要了解的，感觉自己此刻所掌握所经历的，简直悬殊的不成比例。只恨自己在学校没有多读些书，然而哪怕是浩大和渺小的差距甚大，我依然相信渺小与不作为是有本质的区别的。英语中有一句谚语，叫作迟做总比不做好。我认识到了自己的不足，了解到了自己的问题，知道了前方还有很多很多的知识需要我去学习。我觉得我认识到这个问题并不迟，我会朝着前进的方向继续努力，多补充自己的专业知识，同时在实践过程中弥补自己的不足。

我的校外导师是孙乐刚老师，同别人提起孙老师时总会是说我的校外导师，一位来自东北的绅士，他的身上巧妙得糅合了温文有礼的儒雅与热情直爽这两个属性的特质。他担心我认生，于是就在我去公司的第一天带我逐个办公室去串门，带我认识其他同事；他平时很忙经常出差，就将我交托给值得信任的人，方便我随时能获得问题的解答；我的手绘技能不行，为了鼓励我练习手绘还同我约好，每次我画好了就拿来只要悄悄给他看就行，绝对不给别人看，这对自己手绘作品超级不自信的我来说的确是极大的安慰；对于我生活中的问题，他也注意观察，必要的时候给出自己的建议和意见。其实很庆幸能遇到孙老师，他总是以怀有期望的耐心对我做的不好的地方包容和谅解，孜孜不倦的对我进行指导和帮助，让我能够顺利完成这次实习。对于孙老师还有这次宝贵的实习机会，我满怀感激之情。

曾在何时，与谁同坐

离你近的人是一把天然的尺子，可以测量出你的努力程度和深浅；离你远的人，即那些大师，太远了就成为风景。你也许一直努力在向离你远的人学习，但缺乏把尺子测量你鞭策你给你力量，你永远也就不知道你究竟付出了多少，得到了多少，进步了多少。

这届校企联合的培养计划加上我一共七个人参加，六女一男，在公司的安排下我们六个女生就开始了在深圳的集体宿舍生活。来之前总觉得，六个人住在一起，私人空间太小，公用事物又太多，大家之间的矛盾与相处的苦恼大概会成为极大的困扰。到达深圳后才发现大家的生活习惯与性格上的差异分歧在和周围人的互相砥砺所塑造出的一种共同体的感觉面前都显得微不足道。大家都很珍惜这次校企联合培养计划，在一起的时间里，更多的是相互之间的鼓励与督促，更多关于设计的概念、案例、手法的聊天讨论，有思维的激烈碰撞也有想法的多向展开，集体展现出一种比之前在学校时更为认真努力的姿态去工作学习。

我是第六个到达深圳进入工作站学习的，由于之前留在学校跟着潘老师做项目，所以较之先到的五人组晚了约一两个月。而我到了一个星期之后，就召开了校企联合计划的第一阶段教学工作会，五人组就在广田设计院的会议室，面对潘老师，王天祥老师以及工作站的各位导师和同事进行了进站后的第一次汇报。这是我第一次了解到大家来到深圳后的工作学习的进展，而大家都展现出了在学校时我所没有见到过那一面，汇报时的或是沉着冷静，或是慷慨激昂。学习成果展示虽然着力点不同，有的还处在项目前期调研，有的是论文的提纲汇报，有的是自己参与的公司项目，但是都能看到大家在进站后的这段时间里所付出的努力。我暗暗下了决心，等到下一次汇报也要拿出跟她们一样好的成果进行展示。

三个月后，就迎来了第二阶段教学工作会，大家都进入了密集的准备过程中，虽然之后延期了一周，但是大家为了能够做出更完整的内容，依然每天加班，在完成公司日常工作后，继续完善自己的汇报内容。开会时，大家也都很好地对于上一次的汇报内容进行深化与扩展，只是很可惜的是我太过紧张有很多内容都忘了说，明明之前多了一周的时间来准备和预习但最后表现却不太好。孙老师还一直安慰我比之前有了进步。不过，我相信熟能生巧是放之四海皆准的信条，下一次一定能比这一次做的更好。

虽然大家住在一起，但是上班时间与单双休的不同，致使大家很少能够聚在一起。每个人的喜好习惯也总有差异，我不喜欢逛街，所以我跟小伙伴们一起做的最多的事就是去看展览和听讲座。以我不爱出门的程度，深圳地铁线能够熟悉起来全靠那些美术馆，为此甚至从蛇口线的最东段跑到了最西端，去看深圳蛇口原广东浮法玻璃厂如今改造为“价值工厂”的展览。但是正是这样才看到了浮法玻璃厂墙上的斑驳，屋顶的漏洞，金属框架的腐蚀，这些由于时光飞逝而留下的烙印，对于深圳这座城市来说，浮法玻璃厂本身代表的正是一个大时代的开始，由蛇口开始的改革，正是属于这个城市的独特烙印。这些隐藏于建筑背后的意义使其价值早已超出了一座普通的工厂。阿尔多·罗西将这种蕴涵着集体记忆的建筑称作“纪念碑”，并认为这种已经与原有功能脱离的人造物才正是“城市精神”之所在。这也印证了劳伦斯·哈普林提出的建筑再循环理论，他曾经因地制宜对旧金山一座旧厂区进行改造，通过功能的变动，重新调整原有建筑内部空间格局，使之再生。这些对于历史建筑的保护和重新利用也是一种传承，在强调人与环境的共生型以及对人的尊重和对历史文化的尊重下，由把历史建筑作为一件文化艺术品来保护，转向作为整个社会经济系统的产品来改造。

中国有句古话，“功夫在诗外”，做诗的人若只专注于诗，终会落于窠臼，卡在瓶颈下没有突破。引入并发展一个新的维度，哪怕它暂时和你的世界没有交集，那么当视野拓展之后，才会由线及面，由面成体，最终形成自己的思维体系，不然很难从自己的层次上超拔出来。这都是这一次次看展经历所带来的对于这座城市的感受，而同行的人也因此有了共同的经历与回忆，用时间与空间堆积出了大家相互间深厚的感情。虽然不能大家都聚在一起去做同一件事情，但是共同的爱好把我们聚在了一起。爱逛街的小伙伴们用逛街这种形式体验着深圳这座繁华的都市带给他们生活物质上的快感，而我和其他喜欢逛展览的同学也用这种方式体验着这座年轻的城市的活力四射还有它简短历史下所留下依旧斑驳的痕迹。大家各取所需，各有收获。除了上班的生活，日子总是多姿多彩，意义非凡的。

我相信每个人都是独特的，从出生环境、家庭背景、学习阅历、时间点、时代背景等等许多角度看都是这样，成长的过程没有哪两个人是一模一样的。差异纵使细微，却始终存在，而当与他人交流探讨问题时，这些差异也会渐渐显露。这时候每个人的人生都有表达可能性的权力，“同一个世界，同一个梦想”只不过是我们认知的维度所造成的单一表现而已。了解他人的观点，关注自己的小想法，通过分析并凝练才能最终建立属于自己的思维体系，不断坚持，终有一天，这些小的琐碎会凝练出只属于自己的内核。

自我试炼

在这次校企联合的培养计划中，我们七个人被分派到了三个不同的公司，每个公司自身的企业文化与各自的校外导师都存在一些差异，使我有机会了解到不同的设计实践环境，感受到设计实践的现实环境对设计师的个人实现产生的影响。通过比较，我试图寻找不同的环境制度对设计师创作的影响，思考在不同的环境制度下设计师的自我实现方式。

在这五个月的工作过程中我体会最深的就是角色的转变，从“唯一”到“之一”，从学生时期“主宰一切的设计师” 到作为团队一员与他人合作的实践者。在实践工作中的分工是必须的，并且设计师只是整个生产链中的一个“环节”。通过在项目协调工作中所碰到的问题的反省，从而反思自己作为一名设计实践者该具备的素质和态度。

孙老师说过在设计客房之前要去研究在当代社会场景中，去研究来住酒店的人群构成及他们的心理状态、去观察生活在周边人群的生活方式、去想象那些入住酒店的人一般会抱有怎样的心态。设计中除了考虑这些人与客房产生的关系究竟会是怎样，也要考虑甲方的需求。这样，我能看到的就不仅仅只是那些宏观的形态及抽象空间秩序，还有对生活进行的观察、细微的心动都可能以某种方式与随后的设计联系起来。当然把感知落实到设计之中需要一些技巧，需要一些必要的筛选及抽象，但是这样做出的设计才会将实用性与艺术性更好地结合，并形成更高的可实施度。

老师曾提到过一个关于浴室玻璃的事例：在现代化酒店客房中经常使用磨砂或透明玻璃作为卫生间与卧室或是走廊的隔断墙，其中的原因除了利用材料所形成的透光界面在视觉上认为卫生间与卧室是一个连续的、不间断且无遮挡的空间，暗示一种完全客观化的视觉穿透，造成空间从属体系的再定义，更重要的是站在甲方的立场，透明或半透明的隔断墙其透视效果能促使住客在睡前自觉关闭卫生间的照明设施，在酒店管理的成本控制方面很有帮助。这是在实际工作中才能接触到的双赢局面，是设计概念与现实生活最真实的连接。

设计概念大体上像作文的立意与构思。写作的过程是要时不时地回到立意上去反思的，有可能写着写着构思也就改了。不过，这种改动应该更具深度，更加精妙，更加具有针对性。在这个意义上，概念图也是设计过程的一种参照，一种路标，或者是出发时的远处的山头。当室内设计不再只是停留在美丽表象而是追求某种思想深度时，人们就会发现，缺少哲学知识、缺少反思精神的人，就会掉队；还有，那些只有理性思维，没有自由想象的人，也容易掉队。这就回到了自身，我们太需要好好学习哲学史和思想史，需要锻炼实践，扩充对现实的理解能力，当然也需要诗意和打造诗意的技能磨炼。

最初开始做厦门马戏城酒店客房的设计概念时，我放弃了黑白、虚实、明暗这种看上去和太多东西可以联系的过于空渺的概念，想做由于原本已完成效果图部分的大堂设计风格相符合的非洲民俗文化和自然风貌的设计，但又想做以马戏城为基础而衍生出的马戏元素，还在其中选取了油画这个表现形式，并试图将两个概念进行揉合，将其中所包含具体的外延信息进行整合。在物化设计概念的过程中，才发现想要表达的事物过多，我无法将这两个概念做到平衡，即使分开展现也很难把握其中的尺度，这当然也与我个人的控制力有很大关系。但我也发现其实设计概念不可能包含方案的一切信息，需要引入新东西，并与之建立联系。太拘泥于概念，不肯引入新元素，设计容易钻牛角尖；太不拘泥于概念，引入太多新东西，容易架空概念。

我国现代酒店业起步虽然相对较晚，但随着 20 世纪 80 年代的改革开放，国内经济的迅猛发展，酒店设计界像孩童学步般从模仿借鉴中蹒跚起步，用短短 20 多年的时间走过西方酒店设计一个世纪的发展道路。西方有句谚语说，“太阳底下无新事”。常常有设计师挖空心思出一个绝妙的点子，并通过各种附加实践，不久之后却会在别的地方看到类似的设计。有的设计师索性表示不再去看别人的设计获取灵感了，因为怕那些残影挥之不去。酒店设计经历了一次次的颠覆与革新，这次校企联合培养计划的另一位导师——杨邦胜老师，他的公司就是 YANG 酒店设计集团，这是一个经过时间的淘洗、千锤百炼而成的成熟设计群，这是一个短时间内无法超越其成果的设计团队。我想要在自己的设计中有一个明确的设计理念，在想法上与过往的设计有着相当明显的差异，想要像哆啦 A 梦一样，随时掏出新发明，但是现在我所能够做到的更多的是对旧设计的改良、对传统的传承与革新，以及对新理念的推敲和打磨，也就是原研哉所说的再设计。就拿他所著的《设计中的设计》这本书中提到的那个方形的卷纸来说，在抽取卷在四角形纸管的卫生纸时，一定会因为产生阻力而发出“嗒哒 – 嗒哒 – 嗒哒”的声音。若是平常的圆筒纸，主要轻轻一拉就可以很顺滑的抽下纸张来。这个设计的用心之处在于它造成的不便：因为四角形的卫生纸卷筒会产生阻力，这种阻力发出的信息和实现的功能便是节约的能源。另外，由于圆形的卫生纸在排列时，彼此间会产生很大的间隙，但是四角形的卷筒卫生纸就不会产生这一问题，这就使得人们在搬运或收藏卫生纸时也可以节省空间。作者并不是想把世界上的卷筒卫生纸都改变成四角形的，而是让大家注意到“四角形卷筒卫生纸”所代表的一种可能性。“从无到有，当然是创造；但将已知的事物陌生化，更是一种创造。将其内在追求在于回到原点，重新审视我们周围的设计，以最为平易近人的方式，来探索设计的本质。”原研哉的设计不仅仅以其风格上的微弱特征区别于其他产品，还以其对人和产品真正的思考，把设计推崇到了更高的程度。设计师不是艺术家，艺术家仅仅要求呈现自我精神，而设计师要解决的是大众的问题，设计品就是大众在某个层面的问题集合，被设计师用大众所能够接受的一种语言来阐述，并且给出多种多样的答案。在这次的厦门马戏城酒店的客房设计中孙老师让我从多方面去剖析客房的设计，在将日常生活中已知的事物陌生化的前提下灌注属于我自己的痕迹，还尝试在设计中融入各种跨界媒体，让人们获得多重感官享受的设计新体验，这既是时下设计的流行趋势，更是在大困局下积极寻求的出路。如今我觉得对已知事物的再设计，才是最考验设计功力之处。恰如《犬与鬼》的“鬼魅易画，犬马难描”。在我的客房设计中，功能和形式的天平依然，但是对于我而言，在设计的过程中，能够把握天平的平衡固好，但是更重要的不是天平的平衡，而是整个设计是否是向人的，是否是真正解决问题的东西。

毕业设计

石上纯也，是我最喜欢的日本建筑师之一。虽然到目前为止他的建筑作品并不多，但是其跨界与艺术与建筑之间的创作手法的背后，是对当前或者未来建筑可能性的一次实验，或者是成功的，也可能是失败的，但是我们应该正视的是这种摆脱简单方法和形式拼凑后衍生的思考方式。他曾尝试着在单纯的玻璃盒中寻找空间更多的可能性，曾在建筑消去的这个模式中走到近乎极限的地步，他研究植物的生长衰败与建筑之间的微妙共鸣，发掘潜藏于原本日常中所难以察觉的空间与建筑景致，他想要创造出一种介于零和一之间，迄今为止没有人见识过的独特的空间，即“一种作为自然现象的建筑”。

石上纯也的研究引导我去思考不同的鸟类所飞行的高度，树和林的关系，恐龙的足迹，蝴蝶飞行的路线，以及人在特定空间里的流线等等。他从一张类似宇宙星图一样的平面草图开始设计之旅，而他在地上寻找与这些繁星的对位，那就是像星星一样在大地上闪烁的植木，从完全新的角度，拓宽了我对设计的认知。

石上纯也最初吸引我的地方不是他那些追求极端抽象世界的作品，以及让建筑消失在周围环境中的理念，不是所创造出的建筑，也不是用来探究极日常性的物件的非日常性表现手法所创造的空间张力的薄桌子，而是他的毕业设计。他的毕业设计想要探究的真正明亮可视的东西，想要证明“在光向一个方向流动的隧道形空间里，朝着与光相同方向行走的人，眼球就会出现黑色的量化空间”，并最终做了一个榻榻米大小的模型进行演示。这个研究课题是建立当时人们对建筑表层的研究关注的情况下，他把目光放在了区分普通或不普通的界线上。为了不使光漏掉，说是建筑设计，却做得好像精密仪器一样。在他的毕业设计中，能够看到他之后的设计中所蕴含的本源，一种细腻中隐藏着坚韧的追求极致化的精神。我的毕业设计也许做不出这么概念性理想化的作品，但是也想在其中留下属于我自己的精神烙印。毕竟二三十岁的时候受到的教育和养成的意识，与信仰的建立都是以后设计之路上必不可缺的。

想起很久以前看到过一个网站，整个背景都是黑暗的宇宙，漫天的星星，上面一小段一小段的贴着各种陌生人所述的梦境，成千上万，这些梦的集合好像和宇宙一样无穷大似的。曾经因为感觉设计一间客房的要求和愿望过于复杂而抱怨过，但越深入越会发现，人的琐碎愿望之间，大概该有一条诗意的链条。在我看来，设计的实质是理解和想象，对生命的，人性的，物质的，理念的，对已在的理解，和对未见的想象。它试图将我们的某一些重要的经验和觉悟以物质形式锚固下来，想要在这个过程中接近我们自认为是的那个人。然而当它仅仅停留在纸上，而不被物质化时，就永远无法经受经验世界的检验，不会被时间冲刷，也不会被尘污侵染，不会跟世界发生关系，也不会确实的帮助我们接近自己想要成为的那个人。那么它就仅仅是停留在纸上就完成了一次精妙的叙事，此时的设计要极力挣脱物质对自身的束缚，要运用二维或三维的再现手段极力的接近理念的自由世界。就像过去我们用口述书写，现在更多了摄影映像，来讲故事一样，室内设计也是一种讲故事的方式，有其独特的法则要素结构而已。这次校企联合的培养计划给了我们一个让自己的设计提前落地的可能性，无论之后的路应该如何去走，这都是我们从做设计到做设计师的一个转身，一次飞跃。

一个人在追求某个目标的时候，其意识和动机是清晰明了的，就会怀有某种爱，或者使命感，往往是非常崇高的那种。但是当他在实现某个目标的时候，回过头去审视一下自己经过的路途时，却会发现从起点过来的路径是可以有很多种的。而人一生真正走过的这条路，实际上是因为很多具体的原因造成的。在他达到目标的过程中，有的尽是意想不到的曲折。那种旁人眼里看见的辉煌后也许包含着失落，但是没有最好的工作，只有最好的心态，再喜欢的工作，有了生存的压力，都渐渐会露出他丑陋的一面。一切的阳春白雪，总归是要安息于柴米油盐之中。

导师副线

孙乐刚
Sun Legang

同行

2014 年 8 月份是个跟往年不大一样的月份，二十几年一条线的设计师身份会在此间发生微妙变化，一人分饰两角，非演绎，而是真实经历，共同发现、见证另一个不同的我们。当然这个“我们”还包括那个不知道姓名的某代培研究生。和一个群体，一个学生一起经历一段新鲜又有挑战性的时光，或许这段小的可能多少年后被淡忘的时光对于一个学生或一个新的教学模式来说，是蝴蝶扇动翅膀？！

带着期待、诚惶诚恐，终于在一个阳光不错的午后见到了这个虽半职业装打扮，却难掩学生气的女孩子，确切说是女研究生，怀揣对川美的美好印象和对那里学生专业水平的好奇，第一次把宿影请到我办公桌对面的座位上。略显生疏的互相介绍，时冷场的交流，一次师生间的近距离接触就这么开始了，我的另一角色也就此铺开……

老师的称谓让我不敢懈怠，工作之余的碎片时间里一直在设法理清思路，怎么让十个月的时间对一个环艺设计的研究生未来职业生涯产生实际意义，让校企联合培养研究生这种新教学尝试通过一己努力有哪怕一点点的启发，倘若如此，便不汗颜！

思考 1：宿影的专业过往是怎样的？适合怎样的方式开始我们的学习和实践？

思考 2：学校和设计公司的最大差异在哪？各自能给予研究生的部分在哪里？

思考 3：通过一段时间的校外实习后，能给予宿影的最大启发在哪里？对其未来的最大意义是什么？

思考 4：作为即将结束研究生身份，开始行将奇妙或枯燥的设计之旅时，宿影是否可以发现自身独特的东西，借以激发它，放大它？

思考 5：我和我的团队特点是什么？我和其他导师不同在哪里？能否发挥

一己之长影响学生，在可能的情况下，将我之所长变成学生之所长？

共同学习工作的时光点滴……

10 月 8 日，第一次对话，宿影的聚精会神和不时低头速记的影像画面至今仍留在脑海里。当时小欢喜了下，庆幸遇到了一个用功的孩子！但私下了解宿影原来本科读的是平面设计，读研才改成环艺，心里还是有点担心，尽力吧，希望别误人子弟，心里默默生出这样念头。基于此，我也加强了辅导力量，安排了另一位经验老到的设计界高手孟松涛老师，作为她的第二辅导老师，负责在我出差或抽不开身时，按照我们既定的培养学习计划安排辅导宿影。对于我们为她制定的学习计划宿影听得认真，眼里有光……偶尔也低声和我商量。我们初步商定，这十个月里，完成校方论文、展览是第一要务，但只是基本任务，完成此任务同时必须提高其他基本职业技能，如施工图技能（了解方案落地过程中，施工图在中间的意义和重要性）通过这样有时或许感觉枯燥的环节训练，知道装饰完成面以内的部分是如何做出来的，空间的尺度感是怎么回事，如何提高设计师的眼睛准确判断力，如何收口，材料是如何结合使用等。这些一般是校园里所不能训练到的。还有手绘能力，这是一个合格设计师必须要有的基本技能，主要表达自己的设计思路和构想，有时亦可直接作为阶段正式成果文件交付业主。在我们聊到手绘这话题时，宿影有点欲言又止。接着，谈到团队和项目的关系，我希望宿影最短时间融入一个团队，了解团队的分工、架构，熟悉一个项目完整的设计流程和每个不同专业的设计师在此项目实施期间所承担的不同作用，个体对于一个项目的重要性。进而慢慢知道自己在整个团队中的位置、作用，并理解什么是团队精神。团队合作而非个人英雄主义带给我们的是什么？这些或许是学校里所不能给予的。

10 月底，按学校要求的进度，学生们需要提交和导师确定的论文选题，这天我们在办公室商量如何选题。我给出的意见是题目不一定高大上，但求思路清晰，有一定的深度和学术性，要对未来研究的部分有前瞻性，最好根据自身实际情况和喜好，选择一个或许对未来从业方向也有持续意义的题目。最终我们确定以《主题酒店客房的发展与设计演变》作为选题。挖掘酒店客房历史演变过程的基因，并对此基因随社会经济、文化变化而发生的进化有预见性思考。

11 月初，在这一天之前和孟松涛老师也专门讨论过，选择什么项目作为宿影论文研究选题的实践性切入，通过了解、聊天发现她是个捕捉新鲜事物能力比较强的学生，有很好的想像力，对感兴趣的东西会有更多的发挥潜力，也更适合她。

这天，在征求宿影的意见后，最终确定她参与我们一个非洲主题文化为背景的马戏城主题酒店项目，负责酒店客房部分的设计，并安排两个主要任务：一是在规定的时间周期内交付包括平面、概念、效果图及手图方案、主要材料、灯光构想、智能化思路在内的全部方案（需要时，可以安排相关专业的设计师参与讨论，给予技术支持）；二是将此方案同时并入论文内容中的社会实践部分，借以充实丰满论文主题。如果说论文更多的是学术研究，是理论层面，那么具体参与的设计项目就是最好的实践，可以相互支撑验证。客户是真实的，项目是真实的，用真实的东西检验理论，印象深刻，深入浅出。

11 月中旬，任务下达后，我们担心她还找不到感觉，专门找她来沟通这个项目如何开始设计，从哪里入手，自己最大优势在这个项目里怎么放大至最大？按照设计程序，首先要拿出几个户型的平面设计方案，在之后的持续几天里，也没有什么动静，我知道，可能她有点怯手，几次我到她办公区查问工作进度，也验证了这点。宿影在收集相关资料，但却迟迟不肯落笔。在办公室我们敞开聊了一次，我告诉她，作为与时代最为同步的新生代设计师，最不缺少的就是灵感和想象力。具体操作时，可以视其为真实又虚无的项目，不过多的考虑落地性，如项目成本、工艺的可行性等因素。还有不要担心自己的平面方案会显得幼稚，也不必考虑手图的表现不够精准专业……重要的是有个开始！宿影的顾虑在低头不语良久和一声“行！”之后打破了，她的坚定这瞬间写在脸上！

11 月末的某天，宿影主动敲响了办公室的门，此时分明不是上次的那个小女生，有种力量在慢慢散出。这回她拿出了七八个方案，有几个方案做了不同视角的空间分析。在这几个方案中起码有一种东西是我最感兴趣的———那就是敢想！并且有自己比较清晰的思路。虽然这些还都不够细，但已经有了开端。

11 月中下旬，主题酒店客房的历史演变课题已经进入到实质性阶段，相关资料正在整理，成果开始呈现，客房的实际成果，如平面和概念也有了进展。宿影在此期间私下翻阅了大量的书籍，在主题酒店客房前世今生的探究上做了认真梳理，逐渐形成了自己的理论观点。

12 月的某一次，我们团队接到集团要求，需要提供项目作品的申报录入，作品中要有申报项目的设计说明和重要空间的设计构思，而此时我们其他项目忙着交图，人手不足，团队负责人就找到了宿影，把整个项目的设计过程构思等简单沟通后就交给了她。一天之后的下午，就看到了她独立撰写的一套完整设计说明和空间设计介绍，说心里话，当这篇文字打印后放在我桌面上的时候，还是有点意外！因为之前是其他负责人安排的，我并不知情。很短时间，能拿出文笔优美、行云流水、专业高度和审美高度都可圈可点的文字，这在团队里的优秀老设计师也不是都能做到的。必须刮目相看！

12 月下旬，这是按照川美要求，学生进行阶段性成果汇报的日子，主要需要展示入团队以来的几个月成果，包括学习体会，各自选题论文的进展和参与实际项目的阶段性成果，当然也有每个学员导师的指导意见。

我在公司的这段时间里，宿影像个嗅觉灵敏的猫咪，总能在我偶尔的空余时间滋溜一下钻进我屋里，貌似战战兢兢又无比坚定地坐在我桌子对面的椅子上，开始她的问题……每每此时我总找不到任何理由回绝这女生，话到嘴边又咽下————但这也正是我希望看到的学生！

我们也仔细商量了此次汇报的版式，希望传达什么？是否需要和我们的论文主题有暗合等。

2015 年元月初，记不太清楚好像 6 号，川美的老师和校外导师非常重视，那天齐聚广田，可以说是一丝不苟的听取每位同学的汇报，时而倾听时而笔记，并在汇报后详细研究关于出版和作品展的系列工作，真切希望能拿出最好的，有行业借鉴价值的书籍和一次拿得出手的学生展。

没有比较就没有发现，同学们在此次的汇报中都拿出了在我看来不错的阶段性成果，起码走心！个别同学参与项目之深度和付出工作之大让我心生敬意。相比而言，宿影所做的工作，尤其参与实际项目时呈现出的东西在量上和深度上还有发挥的空间。在汇报的环节，有的同学们看起来很稳定，时间控制得也不错，虽略显稚嫩，但不失专业的气场和亲和力。相对而言，宿影单纯从汇报上看还有点怯场，开头和收尾如能控制好就会加分不少，这也给我了信息，希望在表述能力上也多锻炼她。

2015 年元月中旬，距离春节只有一个多月的时间，工作很多，很杂，我们代培研究生的相关工作也到了一个关键阶段，一是 4 月份出版，二是 6 月份布展。仔细盘算时间后，学校和导师商定3月末之前必须完成全部出版所需的资料，包括文字和学生参与的设计项目实案，并同步准备布展的相关工作，在时间上还要除去春节假期的近半个月。

知道时间只有这么多了，虽未催，宿影也在加快进度，有一天主动到我办公室，手里捏着U盘，要给我看她的布展概念方案，说心里话，对于布展我并没有太多经验，只是看过些展览，具体到指导，心里有些忐忑，但对于展成的目的性还是清楚的，我的理解是，不求最好，但求新（心）意！

当她鼠标一屏屏给我翻看的时候，未太多表述，但眼球告诉我，这概念是有动过脑子，思路清晰，有主观表达和驾驭的意愿，且有学生展成的朴素和创意在，如在实施中考虑场地等不可控因素来具体设计布展会更妥帖。

2015年2月初，还有十几天就放假了，知道往年此时，想到即将的春节大假，想到大假关联的各种遐想和美妙事物，怕是设计师的心都散掉了，但在宿影那里却未有痕迹。假期前我们最后围绕多次调整过的平面和概念做节前最后一次调动，如果放假回来没有更新鲜的想法，就开始做效果图方案、材料样板、软装、灯光概念，智能化概念以及着手细化展成实施方案。但平面和概念里的三个特质一定在节后不管如何调整都不能减弱，只能加强。一个是鲜明的非洲背景文化独特味道不能削弱，一个是马戏文化非常规表达处理后，与非洲文化矛盾冲突中的协调美感和商业价值，还有一个是包含平面在内的鲜明整体主题体验。

2015年农历初八，美妙的假期总要结束，新的一年，新的学习辅导工作随之开始，新的希望、新的可能性也在慢慢滋生……一群怀揣研究生教育改革的可敬老师们也开始了下一个学习辅导工作筹划，未来等待我们的虽可能是N种并不确定的结果：老师和学生悉心编排的书是否能真实的展现过往的专业成长和水平？我们筹划的作品展是否可以达到预期？我们辅导过的这届研究生作为这次革新的受益者，在面向未来漫长的职业生涯中时，是否有更突出的明显强于传统研究生的实力展现？是否更受设计公司和业主的欢迎和认可？在未来的某一年能否成为中国室内设计的中坚力量？是否可以更远的未来在国际设计舞台独领风骚？

7个月不长，弹指挥间，老师学生一起经历的所有点滴，所有尝试都希望是有意义的，倘若如此，倘若真的是蝴蝶效应——足矣！

悸舞

◎易亚运

Pulsate to Dance / Yi Yayun

「人生下来不是为了抱着锁链，而是为了解开双翼」

姓名：易亚运
所在院校：四川美术学院
学位类别：艺术硕士专业学位
领域：艺术设计
年级：2013级
学号：2013120176
校外导师：严肃
校内导师：赵宇
进站时间：2014年8月
研究课题：可持续思想在商业环境景观设计中的应用

人生下来不是为了抱着锁链，而是为了解开双翼；不要再有爬行的人类。我要幼虫化成蝴蝶，我要蚯蚓变成活的花朵，而且飞舞起来。

——法国作家雨果

或许因为我们正值年轻，内心便时常会心慌意乱，行为也涉有乳臭未干之嫌；也许因为我们正值年轻，显然具有脆弱的一面，却还是会勇往直前。在一些人的眼里，“悸动”可能仅仅因为胆怯而生。在我看来，它远不止于此。它是一种灵魂触动的具象化，是一个人对于某事物发自内心的颤动与思考，有时它还是一个人前进的动力。

假使说悸动是事物本真的状态，是自我思考决策的一个过程。那在它的基础之上加入点什么，也许是人，或许是事，抑或者是物，使两者之间产生一定的化学反应，这其中便会滋生出置换成舞动的可能性。

“作茧自缚者，毛虫也；破茧而出者，玉蝶也。”

若想在花花世界自由欢乐的飞舞，则该冲破眼前纷繁芜杂的藩篱，冲破藩篱的过程可能与痛苦相伴，正如凤蝶与蛹决裂时那样。可一旦挣脱蛹壳，便可化蝶于百花园自在飞舞起来。

迟疑的决定

当校企联合培养研究生工作站的事情于 2014 年 5 月 14 日一锤定音后，内心便一直处于万分迟疑的状态。首先，在学校已将近一年，习惯了川美的人和事物，对熟悉的温床自然不舍。其次，唯恐自己不能适应又一次陌生的新环境，尤其害怕自己的专业能力有限而跟不上企业的快节奏致使新老师新同事嘲笑或者失望。但是，深圳作为联合国教科文组织认定的设计之都，在创意设计领域显然拥有得天独厚的优势，与川美联合的校外企业又是中国建筑装饰设计行业的佼佼企业，这兼具优越大小环境的极品实战机会对于在校学生来说确实具有极大的诱惑力。再者，能将所学的书本知识转化为实际项目的运用，尤其在此过程中通过与同事的合作，让自己的实践能力大大提高，得到自我的快速提升，也是非常期待之事。可是，既然好不容易考上了研究生，是不是还是应该在学校多读几本书？毕竟自认为研究生应该更有深度与广度，况且毕业后有更多时间与机会去公司实践，在学校只剩下短短的两年……前思后虑，终究还是需要校内导师来抉择。

我的校内导师赵宇先生，在众学生与老师的口碑中皆享有平易近人的美称。但我却找不到与他的相处之道，面对他会莫名的紧张，连与他说话都会不知所措。也许这得源于研一时让自己难以满意的表现。我们这届，他意外拥有 5 个研究生，在这 5 个当中，暂不说我表现如何，就我去工作室与参加工作室聚会的次数来说，是最不理想的一个。倒不是我不愿意去，我只是不清楚该如何选择。研究生的课程、学校各种活动讲座已经占据了我的大部分时间，还时而去蹭自己未选之课，导致去工作室基本没有时间，想在工作室做方案变为天方夜谭。当我的同学与老师的关系日渐加深时，我却感觉，与老师的距离渐行渐远。我的导师是对工作相当较真的人，以致想要找到他十分简单，基本不在教学楼上课就在工作室工作。他的这种做事态度一直影响着进入工作室的每一位学生。我的同学们也如此，他们甚至会翘课去工作室做方案，很羡慕他们明白自己内心真正想要什么。而我不行，我从外校考进川美，一直都觉得这是梦。当梦想成真后，却失去了方向。研一就这样悄无声息的渡过，研二伴着校企联合工作站的事宜迎面扑来。记得很清楚，校内导师赵宇先生不止一次问过我对此的想法，刚开始的回答很含糊，直到有一次，与他外出汇报方案时，他似随意似认真的对我说，“应该把你弄出去好好锻炼一下。”也许是他不满意于我现在的表现，也许是他希望我有更快的成长，也许……不去揣测他的原本意义，我原本也不是一个能听出话中之话的人，但我知道他出自于对我好。正是这句话让我有所顿悟，我确有上进之心，可在没有方向情况之下显得那般不堪一击。就似没有方向的船，即使再锲而不舍夜以继日的航行，可它始终无法着岸，更何况人天生本有惰性相随，是应该做出改变了。后来，主动给老师提出，“老师，我想出去！”

与“课题”之间

还记得与它邂逅时的回眸初遇，一切因缘而始，虽有不解却又充满期待；在与它相识的过程中，它如初生的婴儿般脆弱且无力，的确对它是又彷徨又徘徊，满是游离的状态；慢慢的相知，怦然心动之感也不是从未曾出现过，可现实总有太多无法把握的无奈。终究，仍然一路相随，不离不弃，无论会有怎样的结局，至少一直相伴……这便是我与“课题”之间的故事梗概。

第一天与校外导师严肃先生经过讨论后就将《可持续设计在商业环境中的应用——以清镇东门河岸商业景观为例》作为我的研究课题，由于我未曾做过任何的准备工作，就导致没有任何的自主思想，一无所知的后果就是被动的接受了这一切。

根据导师的安排，开始围绕此课题做一些较基础的工作，如，熟悉贵州省清镇东门河岸商业项目的背景资料；了解项目所在地的自然地理条件，包括气温气候、光热风向、地形地貌等；通过查阅大量资料文献，总结出在景观设计中具体体现可持续思想的设计手法；在做上述事情的过程中，对研究的课题渐渐有了认知之感。

下一步的主要任务是将查阅的各种信息进行内化整理，提炼出适用于景观设计的可持续手法，并推敲如何将它运用到实际项目中。以为充足的准备理应让下一步的工作得心应手，可就在对项目的某部分进行深化设计时，有了无从下手之感。但还是不服输不放弃，试着向它走近一点。

面对无能为力的局面，正在一筹莫展的时候，我开始薄志弱行、东摇西摆起来，开始对课题提出各种质疑。

梳理出来的应用于景观设计中具体的可持续设计手法不可能在实际项目中一一用到，况且我也只是在组织整理各种对我有用的资料，并没有提出创新的观念，这样研究出的课题成果会有深度吗？“可持续设计”本就更加偏向于技术层面，“商业环境”又充斥着消费的味道、商业的气息，这样会不会导致没有深厚的文化内涵？何况“可持续”已经成为社会各层面老生常谈的话题，会不会因为没有新意而黯然失色没有光彩？最重要的是，可持续设计很大程度上具有反对消费的意义，而商业景观又有提倡消费的概念，两者之间存在的矛盾是否影响课题……

各种各样的疑问在脑中周旋，就在此时，公司的其他事情打破了这一僵局。还是暂且与课题分开一阵吧！

短暂的离别，是为了更长久的相聚。在接到学校老师要来检查工作的消息后开始重新筹备课题的事情。

通过查阅各种资料，发现这个课题还是有些价值，只是若要与它相爱，它还需要有些变化才行。不用大变，但需小改。如，若题中“可持续”不变，那“商业环境”的所指范围是不是过于广泛，是否可以考虑缩小范围？改为商业景观环境、商业街景观、商业广场景观或是商业综合体步行空间？

说到这次与它的破镜重圆，其实离不开几位“和事佬”。

就与它的问题与校外导师严肃先生又进行了一次讨论。先生说，知道乔布斯吗？苹果的创新在很大程度上就是整合已有的资源灵活运用而得到的结果。你的课题也有异曲同工之妙，把一些专家学者已有的研究成果消化吸收，整合起来内化为自己的东西然后恰到好处且落到实处的运用到具体实践中……

在一次偶然的机会，碰到了一本书，名为《绿色律令——设计与建筑中的生态学和伦理学》，这是维克多·帕帕拉克有关设计与环保关系的理论著作。书中就提出了一个非常核心的问题，我们能否在消费的快乐与环保之间找到平衡？是的，此课题不就是在尝试用实际行动来探索这一问题的答案吗？何况这还是政府支持、社会关心的话题。

时间紧迫，不再犹豫，便与它开始相爱相许。

通过总结前期的所有工作，拟出了一份比较满意的论文提纲，发给了校内导师赵宇先生。先生尽职尽责的对此进行了认真批阅，在他的帮助下课题最终确定为《可持续思想在商业环境景观设计中的应用》。那时认为这个课题正处于最美的状态，无论是字词的斟酌上还是语句的含义上都十分的精准恰当。

就是如此，我与“课题”历经相遇、相识、相知、相爱、相许，准备去路过一段旅程的美丽风景……

耳熟能详的“可持续”

“可持续”是绿色、低碳、生态的代名词。

还记得当年考研备考时，在设计理论这一科目中最重要的考点非“可持续”莫属；在政治与英语考试科目中，“环境问题”一直都是热点话题。时光荏苒，它并没有渐渐淡出人们的视野，反而经时间的雕琢，愈发铿锵有力、掷地有声。

就在 2015 年 2 月的最后一天，一部时长达 103 分钟 55 秒的视频在微信、微博等社交网络上引发了“刷屏”效应。这是一名女记者自费百万元拍的雾霾纪录片《穹顶之下》，这部片子将环境污染这个全民休戚与共的问题又一次爆炸在公众的议题中，并引发了不少人的共鸣。

的确，在人居环境极度恶劣的今天，需寻求一种生存之道。

回溯世界现代设计史似乎可以寻出些许端倪。于 20 世纪三四十年代最流行的产品风格便是流线形风格。流线形诞生于超级消费大国美国。它实质是一种外在的“样式设计”风格。在此背景之下，于 20 世纪五六十年代，通用汽车公司总裁斯隆和设计师哈利·厄尔创造了一种名为“有计划废止制”的制度，即通过不断改变设计式样防止消费者心理老化的过程，其目的是促进消费者为追逐新的式样潮流，而放弃旧式样，改换新式样的积极市场促销方式。这种制度的确刺激和满足消费者求新求异的消费心理，并带来巨大的商业价值。但是，它也导致了一种极其有害的用毕即弃的消费主义浪潮，造成了自然资源和社会财富的巨大浪费，从而使地球生态严重失衡。

美国设计理论家维克多·巴巴纳克最先看到这一事情的严重后果，并发出呐喊。

他于 20 世纪 60 年代末出版了一部引起极大争议的著作《为真实世界而设计》。书中指出，设计应认真考虑有限地球资源的使用问题，并为保护地球的环境服务。他还提出了“3R”原则，即 Reduce，Reuse，Recycle，中文含义是减少环境污染、减小能源消耗，产品和零部件的回收再生循环或者重新利用。他的观念曾使美国的设计界惊慌失措，以致受到了美国设计界主流的排挤。至 70 年代“能源危机”的爆发，他的“有限资源论”才得到了普遍的认同。

暂且将维克多・巴巴纳克提出的设计伦理观当成“可持续”思想在现代设计浪潮的溯源，其实我们东方先哲也早有所言告。在中国的先秦时期，就由道家学派的代表人物庄子阐述了“天人合一”的思想概念。季羡林先生这样理解：“天，就是大自然；人，就是人类；合，就是互相理解，结成友谊。”具体而言，就是人要在认识和了解自然和社会的客观规律之上，在保证人与自然、社会和谐的前提下来实现自己的人生价值。简言之，人应顺应“天地之道”，从而再利用“天地之道”来实现“人之道”，进而寻求与自然和社会的和谐相处之道。是的，“可持续”正是“天人合一”思想观在现代社会的延续。

全球的环境污染、生态破坏、资源浪费、温室效应和资源殆尽，在现代社会的今天显得愈发紧迫与急切。地球上的每个人都应感到生存的危机。毋庸置疑，“可持续”作为一种节制、朴实、内敛的思想，是解决生态失衡问题的有力思想武器，它必然会在重建人类良性生态家园的过程中发挥关键性的作用。

现阶段，“可持续”的内涵与外延变得更加丰富。它不仅是一种方法论，更是一种世界观；不仅是一种技术层面的考量，更是一种观念上的变革。它的概念不仅包括环境与资源的可持续，也包括社会、文化的可持续。设计师应该力图通过设计活动，将可持续的思想在设计与生活领域层层传播，为人、社会、环境带来积极的影响与效应。

“可持续”显然已经成为当今设计发展的主流趋势之一。

消费社会是现代城市的主要特征

“消费社会是现代城市的主要特征”这句话出自被誉为“后现代主义的教父”的让·波德里亚。我想在他这句话基础之上更近一步，一个城市的繁荣程度从这个城市商业中心以及商业中心中奢侈品牌的多少就可查出高下。

何谓“城市”？据汉语词典解释：“城”指围绕城市的高墙，“市”指做买卖或做买卖的地方。过去商业的产生大大促进了城市的发展，现在商业的发展既有赖于城市的发展，也会迅速推动城市的发展。由此可见，城市与商业之间存在着紧密相连的关系。

场所因行为而生。正是有了商品交换的行为才有了进行商业活动的场所。从最初的原始露天交易到现在商业综合体的一站式购物体验。在这漫长的演进中，商业环境正在不断发生着变化。可以说，商业环境既是城市环境的重要组成部分，也是人们生活起居不可或缺的活动场所。在一定程度上，它能直接影响到社会环境、城市环境乃至生态环境的发展。

节假日的时候，闲来没事之时，便只身走寻深圳各大商业场所。深圳是中国改革开放以来的首批经济特区，近年来的快速发展，使它从昔日的边陲渔村摇身变为今日的繁华大都市。走在街上不仅能感受到前沿潮流的时代脉搏，也能领略到与众不同的都市风情。不知不觉就来到了深圳的海岸城。海岸城位于南山商业文化中心区，是目前深圳西部规模最大的综合型商务、商业项目，集室内购物、休闲、娱乐、餐饮为一体。从地铁口出来，直接就到了海岸城的南广场，映入眼帘的是简单的线条、朴素的材质、交织相融的水景与建筑，展现出了时尚、现代、动感的休闲理念。在去往北广场的路上，眼前出现了选择题，应不应该上楼梯？后来才知道，这里采用了“双首层”的消费聚集模式，怎么选择都能到达目的地。这种模式的好处是，传统的“基础首层”可聚集繁华的商业人流，增加的二层北面与高架步行街相连的“增值首层”，可让南来北往的人群如织交汇，将空间原本单一的交通功能扩展为既有交通又能休闲的双重功能。到达北广场时，刚巧碰到了一场表演，使得商业氛围中又平添了艺术文化的韵味。北广场正是为各类演出、聚会、商业活动和市民公共休闲娱乐活动所留出的广阔空间，伫立其间的白色景观构筑物为其增添了几份趣味与灵气。我穿梭其间，隐约感受着滨海风情。后来还去了深圳的 COCO Park。它与海岸城既有相似也有相异之处。同样是集文化、艺术、餐饮、购物、娱乐、休闲观光等多功能于一体，但它更加倾向于公园化。其中有 1/4 的面积被设计为休闲空间，大型的下沉式露天广场在可供消费者休闲娱乐的同时更是一道亮丽的景观，还有不少绿色植物点缀其中。另外，它更倾注于室内外空间的融会贯通，设置的大量空中天桥与退台，可让消费者轻松选择路线到达目标区域的同时也能提供给消费者愉悦的休闲体验。在这里购物，时而被琳琅满目的商品所吸引，时而享受户外的温暖阳光与新鲜空气，实在是心旷神怡、乐在其中！

当下来说，人们的消费购物早已不满足于逛街本身，商业环境也因此不再是简单买卖东西的场所，而是集各种功能为一体的能够让人们在此享受更多互动体验的多功能场所。尤其是，越来越多的商业环境选择与景观相结合，如上所述的深圳 COCO Park 就是典型的案例，这种选择不仅提升了商业环境的品质，在为业主带来经济收益的同时还能让市民享受不同公共空间带来的乐趣，最重要的是能整合城市的格局，为城市的可持续发展尽微薄之力。

但，就在我国的商业环境景观正在飞速发展之时，大部分商业环境景观并没有走可持续发展之路。有如下问题，施工时对生态环境严重破坏致使环境恶化；景观生命周期过短，频繁重建，这种缺少规划的设计导致铺张浪费严重；文化气质皆大同小异，缺乏异质性与内在发展动力；人性化设施还不够，难以充分满足人们的生理与心理感受；后期维护管理欠缺，景观破旧不堪等。

黏合过程

可持续思想能运用于商业环境景观设计之中吗？

很幸运，来到工作站接触的第一个项目《贵州省清镇东门河岸商业项目景观设计方案》就可做此实验。一边从项目的背景资料着手，弄清楚项目区位、设计范围、自然地理条件；一边尽力搜寻景观生态设计手法。

此项目基地位于清镇市中心区，处于百花生态新城的云岭东路大道，连接上游黔城天街，下游梯青塔景区，毗邻东门桥河湿地公园，区域位置优势明显，交通十分便利。经过分析将项目定位于能满足市民和游客休闲娱乐的花园式商旅景观带，以“公园式、低密度，重景观、轻建筑”为目标，致力打造集休闲娱乐、旅游纪念，文化教育于一体的新型城市景观。

将可持续思想运用于此项目的思考。

（1）占总面积 1/5 的河道底部存有许多化学残留物，污染严重，而业主方希望在这里打造最长的音乐喷泉带。另外河岸线条太过僵硬，让人有难以亲近之感。

考虑到业主的需求与实际情况，万不可将喷泉设至河道底部。另外，如果要净化水质，最生态的办法就是运用人工湿地水净化系统。这一系统不仅能净化水质还能增加动植物多样性，优化小区域内的生态系统。但是，这一系统需分槽处理，按照蓄水—沉沙—厌氧、兼氧—植物过滤—鱼塘检测—亲水科教的程序有序进行，通过与业主方沟通得知此项目中的河堤不能做任何改动，那就只能利用水生植物进行生态净化。于是便在植物选择与植物的搭配种植形式上着手设计。通过采用净水植物与普通水生植物搭配，水生、沼生、湿生、中生植物结合，以乡土植物为主的植物配置原则，以净化水质及软化僵硬的河岸边际线为目标，最后将可供选择的植物确定为荷花、茭白、菖蒲、旱伞草、慈姑、芦苇、象草、白茅和其他茅草等。

（2）场地内的人文元素有旧厂房、烟囱及渡水槽。那在多大程度上和用什么方式保留和利用场地的这些旧有景观及构筑物？又如何引入新的设计形式，来显现场地的精神，同时又使其具有功能和审美价值？

我知道需采用“保留、再生、利用”的设计手段，但具体怎么操作直到现在都还没有更好的方案措施。

（3）如何灵活运用场地内的自然资源与自然条件？场地内的自然元素有水体、许多发育良好的地带性植物群落以及与之互相适应的土壤条件。场地地处亚热带湿润季风气候区，气候温暖湿润，且阴天多，日照少。冬半年盛行东北风，夏半年盛行偏南风，年主导风向东北风。在设计时充分考虑阳光、风与植物、建筑、景观之间的关系，多利用自然光、自然通风，以降低能源的消耗，并将日照分析推算出的数据加以充分利用于设计中。同时，贵州降水较多，雨季明显。则可采用雨水收集再利用的办法，一来解决地表径流水量过多的问题，二来缓解市政用水，节约水资源。可具体怎么操作呢？

（4）当地有哪些材料可以运用？据了解贵州石材产量丰富，项目中可多用石材。当地材料的选用，可减少由于运输带来的二氧化碳的排放量本就是环保之举。

正如上述所说，当具体将这些思考落实到方案深化阶段时便身陷于不知该如何下手的苦闷与无奈之中。于是，静下心来看与之相关的实际优秀案例，并实地考察香港湿地公园景观设计、广州中山岐江公园景观设计、深圳华侨城生态广场景观设计。这些案例中均运用了可持续思想，现场的观摩与感悟对于我进一步认识可持续思想如何落地于景观设计起了很大帮助。

在不得不给校外导师严肃先生汇报方案时，他看到我深化阶段做的工作，指出，你更多的是在探索可持续设计手段，还没有进入做方案设计的状态。这一句使我如梦初醒。现在有太多的信息环绕，我花尽所有的精力在捕捉，想象却早已被这些信息左右。这些条条框框禁锢了我做方案设计的思想，并且观摩的优秀案例又让我有了迟迟不敢下手的胆怯。的确，是“知道”的越来越多，可“理解”的并没有增多，而真正属于自己的东西还正在减少。

导师给予我鼓励，命我撒开手去做。他说，现阶段不用太过计较所做方案的好与坏，但必须做出来，在做的过程中寻找体会科学的方法才是重要的。

后来，贵州的项目由于没得到甲方的通知而停滞下来，可课题研究不能停滞。幸而公司又接到了一个新项目《广州中山百汇时代广场景观设计项目》，与导师商讨，改它为我课题的实际操作项目。

此项目位于广东省中山市小榄镇北区北秀路43号南路侧，主要是一个融生活、消费、商务、休闲、文化、教育、咨询各种要素于一体的现代化高品质商业综合体的景观设计项目。由百汇时代广场的区位和建筑特色可看出项目现代性、时尚性、艺术性和人文性的特点。而我的主要工作是延续项目的特性并使之增加持续性的内容，需将项目设计成可持续的商业环境景观设计。

公司的实际项目因有时间的限定容不得我慢条斯理的去研究论证设计。而且，这类商业项目基本是以甲方诉求和市场导向为主，业主方一般热衷于降低工程造价的设计，对什么是可持续设计根本零关心。导师也带我汇报了几次方案，见了几次甲方，明白了实际中的很多项目最终的决定权掌握在甲方手中，设计师只有建议权。要是想用这个实际项目来做真实试验，怕是不合实际。

那么，目前情况来看，只能转而求其次，完成一套甲方需要的方案和一套课题需要的方案。

针对甲方需要的方案，我全程参与其中，从前期的概念设计、初步方案设计、深化方案设计到最终施工图设计，做一些力所能及的工作。还记得，在与同事不断的讨论修改、不断的加班加点后在得知方案通过的那一刹那，所有的疲倦消失殆尽，换而得到喜悦、充实与自足的感受，这种感受是历久弥新的。我喜欢与同事一起合作，除了那段时间得源于同事的帮助让我每天都有看得见的收获外，更重要的是这种合作会让我有种存在感，这种存在感不仅是因为自己在工作中所做的每一件能产生价值的事情，更是因为在与同事合作过程中磨合出的那份唇齿相依之情。毋庸置疑，短短的合作，也产生了微妙的默契，还有友谊。但是，就在此时，我正在默默的思索着“两万”的文字，他们讨论项目的声音在我耳畔想起，让我百感交集、思绪万千。会有愧疚之感，明明还是坐在原来的位置，却已情随事迁……

插播一段：

“工作”的踌躇

我所在的设计九所是广田设计院唯一一个既有景观也有室内的部门，统一在导师严肃先生的领导之下（现已上升为两个分院），刚来到此，正碰上景观部门的淡季，除了本身的课题外便处于无事可做的状态。原本十分好奇全新的环境，自然不满足于自我学习为主的工作方式，热切希望与同事合作让自己快速成长。尤其，我的其他同学都在积极地参与公司的项目，每天能按时下班的唯有我一人，心中略有感受。大概他们现在进步的很快吧！此时在我脑中诞生了一个想法，要不我转而从事室内工作可能会更有收获。室内与景观本就相通，室内单位设计费远远高于景观单位设计费，广田设计院又是室内装饰行业的龙头企业，既然来到这样的企业，那学习它的强项才是明智之举。况且无论做什么，只要每天自己都有进步心中便不会存在不安之感。将此想法在一次合适的机会告诉了导师，导师特别惊讶地说了一句“你想要干嘛？”一直以来我把自己最终的就业方向定为的是景观方向，在选择导师的时候也正是因为他的课题与景观相关才最终加以选择。而就在那段时间，当初的决心有所动摇。记得那时导师告诉我，心中一定要有所坚定，如果此时更改课题，前段时间所做的所有准备工作前功尽弃不说，就对于从未正式接触过室内而言的你来说，半路出家会不会……导师的担心言之有理，也明白导师是想以课题为导向使我循序渐进的良苦用心，可我担心的是，现在进步的缓慢会导致我与同学们的差距越来越大。我得寻找解决这个问题的方法。在别人眼中，这是急于求成的表现。

正在景观与室内之间左顾右望时，有一次会议上，我又向导师提到了这个问题。导师的观念有所变化，要不你试试呗！不过还是以景观为主，室内为辅。听到这样的消息，心中充满了愉悦，想必我不用一个人苦思冥想做方案了，可以在与同事合作的过程中学习了。如此渴望与同事合作的理由很简单，带着来自工作的实际疑问在他们正忙于工作的时候去请教于他们，就不会有难为情之感，仿佛都是那样的理所当然。

后来如我所愿，时而参与室内的项目，时而做着景观的方案。沉浸在与同事合作的忙碌世界中，沉浸在忙碌带给我的充实与满足中，的确很享受这样的工作状态……

再来看看针对课题需要的方案，深知不是短时间能做出来的。首先，这是我个人的事情，便得不到同事的友情赞助。其次，这个方案必须要带有一定的学术意义，拥有一定的深度，还要有设计的逻辑性，绝非是拍脑袋的热情就能想出来，而需仔细分析，去证明为什么这样设计。然后，此项目意义重大，不仅是研究课题本身，更要达到解决社会问题的高度。最后，商业环境景观设计与可持续思想相结合的实际项目案例目前来说还非常之少，几乎没有可供借鉴的直接经验。

有很长一段时间，我都在纠结于在这短短的实习过程中应该侧重于实际项目的工作还是课题研究的工作？到现在还没有答案，仅是有所感受。若是侧重于前者，我甚至能清晰地看到就在不久的将来，我的工作速度会加快，工作效率会提高，工作能力会更强。若是侧重于后者，除了有不入流与进步遥遥无期的感觉外，还有一种感觉时隐时现，未来的我们或许不会平凡！

希望会有不平凡的未来，可未来的事情，终将只能停留在脑袋的想象里，关键还是要看现在怎么做，现在决定着未来。

强力黏合剂

可持续思想真能运用于商业环境景观设计之中吗？

我的答案是肯定的。

那怎么来运用？换言之，可持续思想在商业环境景观设计中运用的设计策略是什么？这一问题是我研究课题的主要内容。

前面论述了一些我对此问题的认识，但还过于片面。有一次，导师严肃先生给我推荐了一本书，克莱尔·库珀·马库斯与卡罗琳·弗朗西斯所著的《人性场所——城市开放空间设计导则（第二版）》，当我阅读这本书后，才恍然大悟导师曾给我说“千万别做花了钱还让人难受的设计”的真正内涵，原来，考虑人的舒适性也是可持续很重要的一方面。

说到设计策略，我总结出四个方面，这四方面是一个有机组成的整体，它们之间相辅相成、不可分割。四方面以四环境为依托，每一方面下都包含详尽的具体策略，其每一具体策略都可作为单独的课题独立出来进行详致研究，在此只是点到为止。值得说明的是，这里的设计策略是一种以解决实际问题为目标的体系或系统；是对一系列具体的方法进行分析研究，最终总结出的较为一般性的原则；是普遍适用于各具体实际项目并起指导作用的范畴、原则、方法和手段的总和；是关于目标及其实现途径的一般方法，作为方法论而存在。通过研究，有如下总结：

第一，基于商业环境层面的设计策略。主要讲求“基地调查是基础，协同管理是关键”的原则。设计之初应该分析场地四周的建筑功能、场地附近公共开放空间的性质、周边的商业业态组织。具体而言，要了解商业与周边居住、文娱、办公、展示、车站等组织的关系。还要调查此商业环境的目标消费群以及他们的消费水平与消费行为。进而，进行混合功能的总体规划，从零售、休闲、文娱和餐饮等功能着手。最后，设计师应与业主共同讨论来确立商业定位，随之因地制宜的开展设计下一步工作。设计之后，商业环境还需对促销、维护和活动组织进行协同管理方可永续发展。

第二，基于人性化环境层面的设计策略。商业环境是为了满足人们的日常生活需要而产生，同时，商业环境的持续性又依赖于人的不断参与而延续。因此设计时要以人为本，以人的心理、生理需求为导向，结合人的行为活动特征以及生理、心理尺度，创造出健康、生机勃勃的人性商业场所。综上所述，应注意四方面的内容。

（一）功能布局要合理。通过不同人群的活动与心理分析出所需功能，再根据功能进行空间的划分。空间划分时可先确定静态与动态空间的区域，再根据区域的不同性质进行细致设计。如，若服务于周边的工作者，他们会希望有更多的露天餐馆、咖啡店、饮料摊、露天剧场、音乐会以及更多的座位。他们的这种需求偏向于在静态空间完成。服务于静态用途（站，坐）的场所应该尽可能的位于舒适地带，即有适宜微气候的区域（气温、阳光、湿度和风是影响户外舒适性的主要因素）。这个区域就应提供多种形式的歇坐、倚靠和休息的设施。若服务于购物者，他们会有购物的方便、短暂的休息、同朋友碰面的需要。这些需求偏向于在动态空间完成。服务于动态用途的场所，则更加注意视觉与交通的无障碍性。

这些区域就必须有明确的视觉指示标志及系统等公共设施。商业环境中建筑内部已确定的功能用途也会影响户外区域更加细致的功能用途。如，靠近餐饮区域要考虑预留放置活动桌椅的场地，靠近儿童用品的零售商铺应该考虑儿童活动的场地。那如何进行空间划分呢？可借助于地面高程、植物、构筑物、座椅设施等的变化来设计。若在没有高差变化以硬质铺装为主的商业空间，可根据地面铺装变化，配合竖向上景观构筑物、灯柱、花坛、树池等来进行空间划分。

（二）交通动线要恰当。首先，需注意人车分流。商业环境以步行系统为主，可通过竖向的变化，使行车道路与人行处于不同高差，人在购物时才会有安全之感。同时还要设计充足的停车位以满足当地车行交通需求。其次，设计要充分考虑人的运动心理，把紧张的运动与放松的运动有机结合，进而区分出主次交通路线。主要交通路线必须尽可能以“由 A 点到 B 点之间的最短直线路径”为原则。因为，人在步行时通常会有抄近道、走捷径的愿望。另外，主次交通路线以“不受干扰”为宜。最好使闲逛着和穿行者位于不同的分区以避免冲突。再次，交通路线中要确定适当的距离。不仅是实际的自然距离，更重要的是感觉距离。单调平直呆板的街道虽然很短，人的心理感受距离却很长。需通过景观节点的设置、景观设施来丰富人们的视觉感受。还有，关于步行交通流的引导。需具有良好的方向感和识别性。行人不会注意到步行道上的任何色彩规律，会注意到空间上的阻碍物和质地的强烈变化。如果有意引导行人走向一特定方向，这些信息必须清楚地在空间形式上表达出来，可利用墙、种植台、广告牌等的布置或质地、高差的变化来实现。最后，合适的地方需采用平缓坡道设计，使设计更加人性化。如，靠近超市的区域应该注意进出手推车的需求，设置道牙坡。

（三）公共设施要舒适。尤其体现在公共座椅的设计上面。在座椅的设置方面要注意座位的朝向、材质、高度、多样性和多功能性的问题。座椅是给人们驻足，停留的设施，设计时要充分考虑人的心理。人们喜欢有阳光的位置，从 11:30am 到 2:30pm 有阳光的地点应重点考虑，同时在阳光很强的情况下也应考虑遮荫的问题。人们还普遍喜欢坐在空间的边缘而不是中间，可在场所的边缘或边界的适当位置来设计休息座椅。另外，设计时要照顾到不同人群的使用。尽量创造多层的边缘与凹凸变化的边界，这样便可以更好的满足独坐或群坐人群的需要。还有，可以设置一些辅助座位，可以是长满草的小丘、可观景的踏板、矮墙以及允许坐在上面的石材护墙，这些设施可以在人多的时候充当座椅来服务于人，在没人的时候也会使场所气氛显得没那样荒凉。最后，景观座椅可以多功能化，满足人们多样化的使用需求，如，既可以躺，也可以坐，还可以放置物品或遮荫。

（四）环境氛围要怡人。靠近零售和食品商店的区域使用率较高。使用率高的场所更要注意环境氛围的营造，一般用多样化的颜色、形式、质地、休息空间、景观要素等来重点打造。

第三，基于文化环境层面的设计策略。大多数认为，商业是俗的，文化是雅的，两者是相互矛盾，不可共生的事物。其实不然，商业环境也可以做得“很有文化”。具体可从以下四方面来考究。

（一）可与场地文脉与企业精神相结合。要想创造特色鲜明的商业景观，其创作灵感无疑来源于地域传统、历史文脉和企业文化的保留延续与发展。只有在真正了解当地的文脉特色的基础上，用专业手法进行设计，才能创造性的打造出符合当地消费需求及城市特色的商业环境。

（二）可与公共艺术相结合。公共艺术能促进人们的接触与交流，也能彰显时尚、潮流的气息，迅速聚集商业环境的人气，更能塑造商业空间的形象，提高商业环境的品位，是商业场所的点睛之笔。

（三）可与先进科技相结合。在商业环境中运用具有光影、电控等高科技的互动装置，能让人们感受科技神奇魅力的同时为人们带来全方位的感受体验，这是商业环境吸引消费者的一个重要方面。如，在重庆时代广场内就有一段 16 阶的“钢琴阶梯”，这段阶梯的台阶按照钢琴键盘的次序排列，当有行人在这里踏过时，就会发出悦耳的钢琴声，让经过的行人感受别样的乐趣。

（四）可与节庆活动相结合。手工艺展示、各种比赛、展销会、艺术交易会、跳蚤市场、民族节日、时尚表演都可以在商业环境中进行，但应注意开展活动时以不干扰正常的人流交通为宜。各种活动的加入，可大大提升商业环境的利用率，也是提升商业环境品质的重要手段之一。

第四，基于景观与生态环境层面的设计策略。这里所说的景观环境，特指由花卉、花坛、绿草、雕塑小品、灯具、喷泉等景观要素共同组成的人造景观环境。简言之，是各种人为景观要素空间关系的总和。景观设计时要以尊重自然的观念作为指导思想，在设计过程的每一个决策中都应充分考虑到环境效益，充分利用自然的力量实现生态系统的恢复和再生，正如俞孔坚强调的“让自然做功！”一样。另外，设计时应多运用营造技术简单、低能耗与低成本的景观要素，例如林荫路、喷泉、树池坐凳、廊道、树丛等，这样不仅能取得良好的效果，而且能降低建设成本、减少建设经费。最后，景观设施的维护应简单、经济，控制在各空间类型的一般限度之内。具体策略如下：

（一）以场地的自然地理条件为设计导向并加以充分利用。尊重场地现状，充分利用场地自然特质（气温气候、光热风向、地形地貌）进行场地的设计，这样可大大节约资源。如，根据当地的光照条件进行日照分析，推算出每个区域的日照时长，通过此信息帮助设计师确定适合该区域的功能布置。同时，在设计时高效利用当地自然资源如太阳能、风能、水能，或生物能，营造生态型商业环境。

（二）对场地原有资源进行整合再利用。尽最大努力利用现场条件，保留场地原有元素，通过艺术加工做到物尽其用，这样可减少废弃物的产生。

（三）地面铺装设计。由于商业景观一般以硬质铺装为主，就会面临透水性的问题，这便与铺装材料、铺装方式、硬质与软质铺装的关系等问题相关。在利用大面积花岗岩不透水材料的前提下，可运用四种透水模式。即通行空间内的沟缝式、平面组合式和边界空间内的明沟式以及绿地休憩空间的雨水花池式。这四种透水模式组合应用于各个硬质铺装面积过大的场所，以解决硬质铺装的透水问题。

（四）水体及喷泉设计。水景是景观中非常重要的一个要素，能带给人们听觉及视觉的感受，在商业环境中局部设置水景能创造生动活泼的景观效果。但水体喷泉设计一定要讲求节能环保的理念。在水景的营造中要避免产生太大的土方，水体的规模要合宜，并在方案的初期就设计完整的水循环利用系统，在降雨量大的地区，还应进行雨水的收集与利用。针对有污染的水体，可利用人工湿地系统处理污水，同时充分利用水生植物对水体的净化作用，来降低后期水体管理的费用。

（五）夜景灯光设计。白天尽量采用自然光照明系统，地下负一层可通过导光设施把自然光引到地下商场或地下停车场，以节约能源的消耗。在景观灯饰的选择上可采用有太阳能装置的景观灯饰，白天灯饰顶上利用光伏材料进行太阳能采集，夜晚用于照明，既美观又生态。

（六）景观材料的选用。首先，尽可能将场地上的废弃材料进行循环再生利用，这样可减少生产、加工、运输材料而消耗的能源，也减少了施工中的废弃物。其次，就地取材，提高当地材料的使用量。这样不但能够有效的降低成本，而且能够体现地方特色。然后，充分利用高新技术环保材料。这类材料的广泛使用不但能够很好的保护大自然的生态系统平衡，而且在实际使用中的效果也比天然材料的性能更好，还能提高可再生资源的使用空间。最后，采用可再生、无污染的天然原料制成的材料以及对传统材料进行创新运用，最大限度地发挥材料的潜力。

（七）植物与垂直绿化的使用。优先选用乡土树种，并尽可能的增加绿化面积。在有地库顶板的区域，需根据地库顶板的覆土深度进行相对应的种植选择，覆土深的种乔木，覆土一般种灌木，覆土浅的铺草坪。鉴于商业区人群稠密，植物的种类选择更应符合商业条件，一般来讲，体态优美，造型规则的宽叶植物利于点缀商业建筑；成荫效果好，枝下树干笔直的植物宜于提供商业活动的休息空间；无毒性、低污染、低伤害度、非过敏源的植物适合与人群接近。同时，特别推行“垂直绿化”。垂直绿化是相对于平地绿化而言，属于立体绿化的范畴。主要利用攀缘性、蔓性及藤本植物对各类建筑及构筑物的立面、篱、垣、棚架、柱、树干或其他设施进行绿化装饰，形成垂直面的绿化。垂直绿化是城市绿化向空间的延伸，也是改善城市生态环境，丰富城市绿化景观重要而有效的方式。最后，在植物设计的前期就应考虑要减少后期的管理维护费用，并最大限度发挥绿地的生态效益。

以上所述，便是我对于可持续思想运用于商业环境景观设计方面的认识，这些认识来源于资料的查询，来源于校内外导师的指导，还来源于许工丰富的工作经验，特别要感谢许工给我提的诸多建议。可能现在的所知还不够完善，但从不懂到略有了解，我认为可理解为人生起点上的一次很大的事件，而且是一生中重要的阶段性事件。现在不应局限于自己的已知，需迈出一步，将这些策略与实际项目结合，在理论与实践之间来回走动，才是最大的乐趣之所在。不过，这方面的具体讨论就允许我直接通过方案来陈述。

杂游

我们正值尴尬之年龄。纵使着手于眼前的路，可未来的远方仍然忽隐忽现、忽明忽暗，不确定与不稳定感包裹全身。明确的是，内心深处藏匿着一种对社会的好奇心，一种对知识的贪婪欲。所以选择，来到深圳，来到广田，来到工作站。把这次经历作为我人生重要的一次游历。对，“游历”这个词很合适。它指从一个地方到另一个遥远的地方，更侧重于在行走过程中对知识的学习与心灵的感悟，更注重过程而非享受。

想 · 身份

2014 年 8 月 25 日，在这一天，我从一名全日制学生有机会成为了一名不太职业的职业人。

起初，认为自己应以正式职业人的身份快速的融进新环境，且尽量不要让同事察觉出我是学生而非员工。思考的第一件事便是，对导师以何种称谓。大概应该和同事一样，称导师“严总”吧！第一天就见到了导师，他很亲切的与我沟通，这不自觉中就驱散了我那陌生紧张害怕之感，心中暗喜，看来导师并不如他名字那样是个特别严肃之人，随后，我们愉快的明确了一些相关事宜。就这样，我正式在企业开始工作，谨小慎微的扮演起正式职员的角色。根据导师的安排，前一阶段多以自我学习偏多，实际工作偏少。在过程中发现，我并不是一名单纯的员工，我做的事情并不和其他同事完全一样，我是在工作环境中“学习”。心理盘算着，或许下一次再见到导师的时候还是称“严老师”更为合适。在这期间，有同事在时会称严总，仅与他单独交流学习时，会称老师。一会老师、一会严总，把自己都弄糊涂了。偶然的机会，我问导师“我是应该称您严总还是严老师？”导师笑着说“严老师吧！可以随时提醒我这样的身份”。此后，便一直称老师了。突然明白，无论是哪个称谓，对他而言仅是一个代号，选择哪个代号应依据彼此之间的关系，他和我的关系本就是师生关系，当然还是称他为老师更好。意识到我虽然身在企业，可还是名学生。

当太把自己作为学生看待时，对自己的要求似乎就有所下降。很多情况下做事情都是以自己能从中学到什么为目的，而不是像职员一样的严格要求自己——必须有效率有速度的漂亮完成任务。惰性悄然滋生，开始享受这种比学校还要轻松自由的学习环境。

在参与公司的实际项目中，同事给我分派的任务大都不难也不重，只要是用心便可以顺利完成。有了第一次做一张鸟瞰图无法做下去时，我的直属上司许工帮我完成的经历后。在后面的工作中只要遇到麻烦，便有依赖与求助心理。“做不下去找许工”这成为我工作时的“锦囊妙计”。后来想想其实许工是为了不影响整个项目的进度与质量才被迫出手相助，而我却以此作为不思进取的拙劣借口。

正怡然自得的沉浸在属于自己的学习环境中时，导师似乎寻出了什么端倪，对我提出了严格要求。必须端正心态，要有工作面貌，同时提高工作速度与工作效率。他说“你做的东西让别人修改的越多，自己的价值就越低，同时还浪费他人的时间……”正是太过强调自己学生的身份，几乎都快忘记自己还是一名职业人。

是的，来这里不完全是学习专业方面的知识，还应该调整出能快速融入社会的心态。这不正是在校期间提前进入企业的优势之所在吗？于是，我明白，既然正处在公司这样的环境，应尽可能的让自己去适应，去融入，在存异中来求同，工作的时候就该与其他同事一样要求，用职业人的精气神去做好工作。

很长时间都在考虑，我应该更加职业还是更加学生？在这两种身份中我该如何平衡？或许原本两者并没有矛盾，只是自己的矛盾心理在偷偷作祟。作为进站研究生，便兼具了两种身份，应尽可能让自己在学生与员工之间游离。既要有职业人的责任与担当，更要有学生应有的主见与思想。在适应环境的时候保持适当的自我，便是在此环境中我们的身份。

惊 · 汇报

每隔一段时间，学校老师就会来深圳对我们的学习与工作进行定期检查。具体而言，是召集所有的校外导师以及全部进站研究生进行一整天的会议。会议主要针对上一阶段的教学成果进行汇报总结，同时会就第二阶段的培养机制优化及学生出站成果展示等议题进行再商讨。学生的主要任务通常是将这段时间的学习进展与心得制作成汇报文本后于会议当天在主席台上进行简短的总结汇报。

通常情况，我会在即将汇报之前，尽可能准备好自己的发言稿，组织好自己的语言，心想着破釜沉舟，只为一战；在走上演讲台后，怀揣着希望做得更好的信念，一战到底的勇气却消失不见，害怕与恐惧悄然而来；汇报结束后，十分在意老师们的看法与评价，心情会随此而波动，他们的认可才是此番之举最大的目标与追求。

而我有一次感觉自己的心像要跳出来一般，徘徊、流浪找不到出口，嘴巴绵延不断地做着匀速运动，声音都在颤动，四周的寂静凸显出急促的呼吸声，哆里哆嗦的双手已经无所适从，莫名的紧张使得平白的语言显得越发冗杂，回荡在耳边，如此这般模糊且软弱。心中默念，必须佯装镇定，脑子不准空白。急匆匆的表达着每一个观点，希望把自己所有知道的知识全部抖擞出来，终于，听不下去的赵老师给我提出了时间要求，我更加慌张的赶紧结束了这一切。后来才发现，陪伴我直到汇报最后的是：绵羊音。

那一次，他们说声音颤抖是珍贵的，因为这是真实的。得益于他们的说法，藏于我内心的尴尬之感才稍微有些平复。可爱的严老师还把这真实的一刻用手机记录了下来。是的，面对台下的领导、老师，让学生的我站在台上汇报时不禁心惊胆战。有人会想，不就是一次 10 分钟的汇报吗，如此简单之事何以如此严重？

大家有所不知，为了这次汇报，我们 7 个学生已有鞠躬尽瘁、死而后已之心。自得知学校老师要来检查工作之日起，为了尽可能的让自己在短短的十分钟向各位老师清晰完美的表达出自己的努力与成果，每位学生都在竭尽全力的准备着。在愈发接近汇报的日子，在公司熬夜、通宵便成家常便饭。晚一点的时候，广田的帅哥保安会来检查用电情况，每每看到我们都会亲切的问上一句，你们又加班啊？连续几天后，保安同志实在忍不住了，多问了我们一句，你们一个月有多少工资啊，能够这么卖命？告诉他我们的实习工资后，他十分不解。我们心里清楚，这是我们自发愿意的事情！我们不是想证明自己很年轻能够熬得起。我们只是单纯的想把这件事情做得更好。也就是那几日，才知道，夜深了，我们并不孤单，还有几只调皮的老鼠在我们身侧为伴。

实话说，很久没有如此努力过了，得过且过的心态已经占据了我们很长一段时间。想想这样的精神应该只是曾在筹备考研的时候出现过。是什么原因让我们如此义无反顾？或许是学校领导老师对我们的足够重视，或许是想为自己的导师争一份光彩，或许是同学之间不愿服输的心态，或许只是想证明一下自己的能耐与极限……

这就是真实的我们，这也是真实的我，在胆战心惊的过程中，有惊无险的渡过此劫。

思 · 所学

承上所说，我们拥有了身份的特殊性，这种特殊性决定了学习内容与方法的多样性与复杂性。那么，来到这里，我们应该学习什么呢？面对眼前的饕餮大餐，让对知识如此饥渴的我，竟不知该从何下手。

众所周知，在日趋市场化的今天，设计更加依赖于团队的力量。为了提高工作效率，设计内部的分工越来越明细。面对这一现实，是否更应该去发现自己的能力，练就出自身所长而成为一名专才呢？好似这样就能在此行业中拥有立足之地！

起初认为学习 cad 的施工图是此次之行的重中之重。由于它是自身最薄弱的一环，又是设计最基础的一部分，只要脚踏实把这个难关攻克，应能让自己的设计能力显著提高。但，据有经验同事透漏，想学好施工图设计，必须沉下心来画 1 至 2 年后才算真正入门。我来到这里只不过短短的几个月。后来想，那就专心做方案设计吧！由于在学校多从事方案设计的内容，若是现在继续在方案上下功夫，把它做到出神入化、炉火纯青的地步，以后便可在设计行业寻上一优质饭碗。

有一次，导师严肃先生就让我在室内方案设计师明工的带领下完成他们正在做的一个售楼部项目其中的会议室和卫生间的方案设计。开始着手做方案时，总倾慕于高大上的设计。每次将已有想法告诉明工，都会被他否定，说“不要用异样的形式，常规布置就行”。刚开始不信，建模论证才发现确实不配。还发现，在校做方案的方法似乎在此也不再合适。曾经在校做景观方案时，只要有了大概的想法，然后便用三维软件 sketchup 进一步推敲空间关系以及细部设计，最终还能勉强挤出一个颇有完成度的方案出来。可将此法继续延续到这一次的实际项目上，便出现了各种问题。其一，时间原本紧迫，建模不仅增加了工作量，还严重占据了设计思考的时间。其二，室内小空间的建模，除了勉强帮助设计师把控空间的尺度外，其他无任何用处。在公司，室内设计师只需用手绘表达出自己的设计想法后，再用手绘图与专门负责做效果图的同事沟通，随后效果图同事会快速精准的用 3DMAX 软件建出室内模型并制作成直观效果图，最后，设计师再将此图拿去给甲方汇报方案即可。设计手法的变化让原本简单之事也令我觉得异常艰难。由于在甲方确定的时间内必须要交出相应的内容，在与明工的数次交流中，在他的指导下，勉强完成了会议室方案的草图。已经等不及我做完，明工就约我一起去与做效果图的同事沟通。在那里，他一边手上画着草图，一边进行口头解说，两三下就把我考虑很久都没有想出来的卫生间设计方案做了出来，并及时传达给了做效果图的同事。

要想做好方案设计原没有想象的那么简单，这些设计师们长年累月积累的经验岂是我们短短几月便能渗透出的道理？纵使短时间在繁多的项目中能总结出某些套路，但那也只是没有灵魂的只取悦于甲方的普通方案。学习没有捷径，设计更不可急于求成。

什么都想学的心态不一定就会是好事。琚宾老师说过，把有效的时间放在最重要的位置才是明智之举，应将关注点停留在设计上，在设计本身的逻辑上。或许技能的学习并不是最重要的，它只是设计的一个工具。正如老师所说，弄清设计本身才是首当其冲的任务。

说 · 所感

一盏台灯将暖橘光投射在书本上，看书的人一边品着摩卡，一边闲适的阅着书，耳边还有曼妙的音乐相随。深圳人闲暇日大多会选择在书吧消磨时间，连老人小孩也不例外。这种自主学习的精神让来自外地的我心生钦佩。这段时间与深圳的朝夕相处，渐渐的发现了它身上诸多的优点。它青春有活力，它开放不排外，它上进不松懈，它是资源信息爆炸的地方，它是优秀设计汇聚的场所，它的水平与国际最为接轨，它的天气称最为适人宜居。在工作中，认识了丁丁姐这样的朋友，她会带着我去她经常去的一些地方，试着让我更了解深圳人不一样的生活方式，更了解深圳。丁丁姐不是深圳人，只身一人从外地来深圳已快四年，这几年时间的磨炼已让她从一个懵懂无知的女孩变成自主独立的女性。她常与我交流她的当下，还有她眼中的未来。她告诉我，她不想再回老家不仅因为这个城市与她的价值观相当，重要的是，这里是一个只要你敢想肯努力就能实现梦想的地方。也有人打趣到，他表妹在深圳生活后，都不愿找老家人相亲了。

来到深圳，受周边的熏陶也有了一股独立的劲。时常会随着性子一个人外出到自己想去且陌生的地方，手机上的百度地图会是我最依赖的朋友。

不知不觉这半年多就成为我观摩东西最广，走的路线最长，经历事件最多的半年，眼界思想在拔高的同时收获了许多志同道合的朋友。这些朋友大多是因工作结下的缘，有的已经先于我离开公司，平时没事还会约出去小絮一番，谈谈各自的近况，各自的人生、理想甚至是感情。每每聊完，似乎全身都塞满了正能量，这能量也许来自对方，也许就来自自己，有时候告诉对方的话也正是需告诉自己的话，通常我们很少与自己对话。

还有的朋友现在正坐在我身边认真的工作。他们有的已可以轻松驾驭来自甲方、乙方与材料方的各种需求，将纸上的设计转化为现实的存在；有的也已经练就了过硬的专项本领，能熟练迅速且漂亮的完成自己手头的工作，他们，着实让我心生钦羡之意。

他们都属于经得起风吹日晒的人类，或许能在这个行业坚持到底的都是非一般的人类，只要工作一旦忙起来，经常加班到很晚，通宵也属于常态。刚来这里时，自然会忍不住想表现。有一次，见导师与他们还留在这里加夜班，便去邀功，有没有我能做的事？导师估计觉得我精神可嘉，便给我分派了一点任务，我还夸下海口，在学校常熬夜，放心，我能做好。结果老师的事忙完走后，我便开始呈现瞌睡的状态，于是草草了之，随便做做就回家睡觉。当然，那次的工作老师很不满意。

现在我们大可举着“学生”的幌子，到处招摇撞骗，大家对我们也都格外的法外开恩。听讲座、看展览与工作时间冲突，没关系，只需给导师请假，他们都会支持同意，还会说上一句“学习的事情都 OK！”……但，社会似乎不像我感受的那般简单友好，这两天有人来公司面试，看着平时和我随意玩笑的许工、粟工在面式新人时的认真或者说“挑剔”，就让我感到后怕。事后我还调侃他们，你们这样，我表示压力很大。许工说，你都和我们这么熟了，等你毕业回来，我们会罩着你。话虽如此，但我很清楚真正工作后，就是能力当道的时代，老板给你发多少工资，你就得为老板创造相应的价值，做的不好随时都有被顶替的危险。自我来这，经历了太多来来往往、去去留留的同事，有因为能力不够被解雇的，有自己承受不了工作压力而辞职的……刚开始会因为同事的离开感叹几天，次数多了也就习惯。这就是真实的社会！

社会是残酷又任性，可总有人还是活得很精彩。我们的几位校外导师正是如此。他们在设计行业摸爬滚打的数十载，显然已形成了属于自己的处事风格。他们虽各有不同，却也有相似之处。譬如，他们已经拥有了一定的知识储备，他们已经积累了相当的实战经验，他们不缺少财富，他们需要的是品质。当然他们也会有压力，但至少相比于其他人而言，他们在享有更好的物质基础的同时正经营着自己喜欢的事业，另外又有更多的自由去选择自己喜闻乐见的事物，这何尝不是莘莘学子想要达到的至高状态？

我的导师严肃先生经常会谦虚的说，没有教我什么东西。的确，由于他繁忙的原因，与他的照面不及普通同事的多，同事也确实教了我很多技术上、专业上的具体知识，而他，却肯定是对我影响最大的那个人。这种影响是潜移默化的，来自他事业上的那份成功、对待生活的那份态度，他的举手投足间，他的一言一语间。有一次，在独自去往深圳多媒体艺术展的途中，不小心在门口摔了一跤，心中十分不悦，便在微信上发了腿受伤的心情，老师居然在微信上给我送来了慰问，原本拔凉的心一下鲜活起来，既然来了，当然要忍着疼看完展览才不负老师的慰问。说到展览，那次展览的地点就在深圳南山区蛇口海湾路 8 号价值工厂。空间经由原广东浮法玻璃厂改造而成。整个设计尊重并充分利用原场地的特质，采取“保留”、“再利用”、“再生”的方式方法，这正是与我课题内容相关的典型实例。穿梭其间，导师曾经说过的专业知识不时会冒出来，使我更有感受。

除了自己的导师，其他的校外导师或多或少都对我有些影响。站长肖平先生，给我们开会时，嘴中常会不自觉的吐出几位杰出艺术大家的名字，最近的一次会上，就有马塞尔·杜尚、方力钧、塔皮埃斯、毕加索、巴斯奎特、塞·托姆布雷、杨飞云、塞缪尔·贝克特……有的大师我根本不知道是谁，是干什么的，完会后总会根据他发出的读音同我记录的文字，用搜索引擎进行人肉搜索，幸而网络功能强大，即便我记录的文字漏洞百出，通常最后还是能查到此人，可惜有一次他说的行为艺术先驱“张环”我是怎么也查不到。你说，这一不小心，不又是丰富了我们的知识面吗？

宿影的导师孙乐刚先生，是广田最大分院一分院的院长，道听途说一分院是整个设计院年营业额最高的分院，可想而知，他必然很忙，每天都有开不完的会，做不完的事，可导师的5000字总结他又是第一位完成并上交的，不过听他说似乎是宿同学错说了上交时间导致的。尽管如此，我们还是认为，他是相当负责的老师。

YOUNG 酒店设计集团的杨邦胜先生也是我们校外导师之一，听他说过最多的一次话，是在2014年11月22日的广州温泉酒店。那一次他邀请我们参加了他们公司一年一次的出游活动，一行4辆大巴，200多号人，公司的清洁阿姨都有参加，足以见得他对员工一视同仁的关爱。那次我们经历厨神争霸赛、创意运动会、设计分享会、游览流溪河国家森林公园。给我留下深刻印象的是他在设计分享会上为我们平易的讲述他过去的那段，也许正如他所说，他现有的成就应该归结于“真诚、单纯、与人为善、天道酬勤”这几个词，我想，他确实是这几个词的身体力行者。

还得聊聊 HSD 水平线室内设计有限公司的琚宾老师，我们去他公司听方案汇报有过几次，过程中他还会问我们的近况，并针对我们的困惑给我们些具体建议。会议解散后，我们几个同学内心都会小纠结一番，都会再一次审视自己的知识量，找找同他交流完全不在一个层面上的原因。我们甚至会评出他是几位校外导师中对我们要求与期望最高的老师，也是我们最怕又最想与之交流的老师。他说“应让你的语言结构更专业，更当下，更有开阔性。要与现在的身份相匹配”。他说，“说话一定要用非解释性的描述语句，比如阳光洒在……而不是说我感觉了什么。多描述，少解释，解释的言下之意是让听者必须接受，而描述更能让听者感同身受。”他还说“现在要开始关照自己，懂得爱自己的人才美丽，洁身自爱，每天都要勤快的收拾自己，给别人留个好印象，也是对别人的一种尊重，这个很关键。”他的每句话对于我来说都像是奇苦无比的良药，不仅在当时，也在此时。回想着他曾经说过的话，当时的场面又浮现在眼前，说话的声音也回荡在耳边，他就是这样一位对我们颇有影响的温文儒雅又言必有中的施教者。

琚老师的最后这句话我想我们几个学生中实践的最好的当属王秋莎同学。这次我与她同住一个房间，她每天都会把自己收拾得很舒服。她当化妆是她生活的乐趣，化妆品就是博得她开心的玩具。当然，学习工作上她也从不懈怠，考勤记录应该是我们几位同学中最好的一位。与她时常会长夜漫谈最近的困惑、各自的老师、遇到的趣事……无论多小的事情，可能都会成为我们长聊几小时的材料。要是碰上星期天，我们还会一起外出听讲座、观展览、看电影、逛街……

我们 7 个研究生，自学校来到深圳，自然而生了一种共患难的情愫，老师们形象的把我们称为“七小白鼠”，我们挺享用这个称号。我们不在同一企业，尤其唯一的“班草”梁同学又没与我们住在同一屋檐下，忙起来很少照面，但我们之间总有一种莫名的亲切感能让我们越走越近。还记得我们推心置腹的聊天；还记得为汇报共同奋战的日子；还记得我们的每一次聚餐，每一次外出……

还需提一下为我们付出了辛苦劳动的管理者们，没有他们，我们的生活起居就不可能如此舒适。来之前广田管理中心的欧阳姐不仅为我们找房子，还为我们购了爱心床垫，我哥来看望我时说，你们现在比我们当时出来的条件好太多了！

这么好的条件自然离不开广田与川美对我们的关爱，有时会感叹，广田不仅为我们提供好的生活条件还每月按时为我们发工资，我们并没有创造相应的价值，他们值吗？有同学会说，每位老师投入的时间与精力才是最宝贵的，钱对广田来说不算什么！的确，我们几位校外导师每个都是业务繁忙的主，但他们对我们以及工作站的每一件事情都在尽职尽责的付出，我们很幸福，在前行的路上有这些无私又优秀的老师陪伴！

来到这边，喜欢上了一个人的旅行，喜欢上了与不同的朋友谈天说地，这大概也是另一种形式的旅行。我发现每一样在生活中发生的事情都可能是灵感的来源，是思考的力量，譬如读书，旅行，学习，摄影，美食，交流甚至睡觉。也许我还是初来时那样似一张裸露在外的白纸，眼前的社会还来不及用各式异样的涂料让单薄的我变得丰富与立体，但这些新事物、新思想的碰撞，已然使我的每一根神经都有所触动，这就是一种理想的状态！

梦 · 成果

“成果”，似乎离我们很近，又离我们很远，似乎就在我们伸手可得之处，似乎又挂在天边而遥不可及。它着一项艰巨却又不得不为的重担。纵使也许一跃而试会摔得粉身碎骨，我们也会拿出赌一把的勇气；纵使本知能力有限而一直体恤力不从心之感，我们也要有绝不当逃兵的决心。它是我们的目标，更是我们奋起直追的动力。

一次次开会讨论它的模样，画册、书籍、展览、研讨、答辩……

它一直贯穿于我们实践过程的始终。

可它只能在一步步的摸索中才可能逐渐显露出实型。

从课题、论文、方案开始，当确定它将以书籍的形式出现时，我们面临的第一个任务便是 12 关键词。关键词必须是有感而发，再将其筛选后作为每个人的文章题目而存在。随后每个人就以此为基础编写“长篇故事会”。它的另一个重要形式是展览。我们结合自己的方案，来想象属于自己的展览形态。我们其实不知道怎么去做它，我们有将它做好的信念作支撑。我们在浩瀚的万卷书籍文献资料海洋中翱翔，我们在一步步的实际操作中完善，愿它如镜中水月般能早日浮出水面。

它是那些我们一件件未曾想过与做过的事情孵化出来的结果，在这件事还没有结束之前，我们永远不知道它的最终模样。对它，的确十分好奇并有所企望。

它会是怎样？

在深圳某个场地正在展示着我们的作品，各种宣传画册弥漫在我们周遭；一本记载着我们故事的书籍悄然声息的出现在我们手边，看着曾经自己编辑过的文字如此亲切又陌生，不禁露出一抹微笑；自己研究的课题与所做的方案居然也能达到如此之高的水准，令自己不自觉的惊叹……

尾序

理查·施特劳斯说过，从人类学的角度说，你去旅行的时候，旅行目的地的环境永远不会把你放在你平时同等高度的阶级里。它对你来说，不是低一点就是高一点。这种脱离你原来社会关系的状态让你对新的社会的状态更加敏感。回过头来也让你重新思考你在原来社会关系中的状态。

来到深圳十个多月，正是一次长时间的旅行，的确如斯特劳斯所说，深圳这新的社会关系与状态让我更加敏感。比如说，在这期间，我在悸动中不断更新自己，鞭策自己，战胜自己；在这期间，我明白必须构筑自己，要努力发掘、磨炼自己核心的东西，去寻找属于自己的路；在这期间，我试着思考日后自己在社会中将以什么样的姿态出现；在这期间……

最后，这里给我们的仅仅是一个平台，一个方向，最终能否舞动、如何舞动还是看我们自己！

导师副线

严　肃
Yan Su

谈到教学，已是很久以前的事了，离自己好远。等到与川美老师座谈，教学任务的落实，才渐行渐近地感受到肩上压力的加重。此时，“教书育人”不单单只是停留在书面的口号，而是实实在在地成为自己承担的一项任务，欣喜中难免有些许慌张，慌张中又有一份激情涌动。

在设计行业已做了整整 20 年，由于性格使然，对感兴趣的事物有着强烈的好奇心，以至于由室内设计慢慢移情景观，而后，慢慢再从景观又回归到室内，这样往来穿越在不同的思维空间，状态游离于墙里墙外，渐渐迷恋其间……

空间不同，表达方式不同，但创作自由相同，承载的情感是相同的。

教育虽然有多种形式、多种方法、多种学派，可是万宗归一，目的均是把学生培养为有独立人格的有用之才，社会架构的各种组成因子因为不同原因，有着参差不齐的发展，形成教育界特有的中国模式，高校被称为象牙塔，不知塔里的学子与塔外的社会如何更好、更快地互为补充。这已是社会上一直在热议，一直在实践，却又一直没有更好解决方案的话题，川美的老师即是其中热情澎湃的一分子。在传统教育体制下，怎样突破教育课题局限的围墙藩篱，似乎所有人都在寻、寻找答案……

如果我们的“塔”在某种程度上理解为一大型建筑综合体的话，她能否向大型“Shopping Mall”的形态靠拢？在这里，可以有公交站，花园平台，四通八达，有多层次多角度的出入口。在原有垂直教学体系的基础上，开孔、打劫、透气，多一些内外通畅的交汇点，让各种有益的声音在这样的平台上发声，多形式地梳理，整合丰富的教育资源，让学生走出去，让社会走进来……

环境

村上春树说，“尽管世界上有那般广阔的空间，而容纳你的空间——只需一点点——却无处可找”。我们面对的这个星球环境，战争事件一直此起彼伏，虽然我们处于幸运的和平环境中，但比常规战争更为广泛、更具深度的环境战争却日益地硝烟弥漫，逼仄着我们生存的空间

就目前我们所处的城市环境而言，填湖建屋、私毁山林，环境急剧恶化。见微知著，由表及里，环境都打理不好，精神层面的缺陷可想而知，地沟油、黑心棉的充斥，城市更像狼性丛林，确切的说是精神的雾霾导致了环境的雾霾！

各方有识之士也在各抒己见、群策群力，尽力减少发展对环境带来的破坏。对于我们做景观专业的设计师而言，更是责无旁贷。因此，选择了“以可持续设计在商业环境中的应用”为主题的教学命题。

设·戒

见到易亚运同学时应是 2014 年的盛夏，深圳的勒杜鹃怒放飘香，在阳光灿烂的季节，见到阳光灿烂的同学。同事和同学虽然一字之差，却是两个截然不同的概念。

对于一个刚到新环境的学生而言，兴奋可能大于对后期困难的估计，看着她那求知欲极强的眼神，我也被其求学的热切所感染，仿佛又回到自己大一时废寝忘食学习的情景。不过就设计本身而言，切记矫枉过正，应在合适的时机，提供恰当的设计方案与思考。

今天，全球各类型设计师聚齐中国，到处都是大师巨献，到处都是有影响力的设计机构在华洽谈商业业务，设计行业面临巨大挑战，东方传统与西方价值的碰撞，给我们带来新颖的空间环境思维方式，同时，大规模的外来思想也局限了我们对自身发展的思考。

因所学专业的原因，我与瑞士伯尔尼科技大学的同学一起组建了广东省环艺协会可持续发展设计专业委员会，提出了对可持续设计的比较实际的实施理念，符合今天的中国，也符合目前教学的命题～

比较之比较

我们处于一个大变革的信息时代，知识更新速度加快，学习方式也正在急剧改变，从学校到企业，应该采用什么形式更适合教学，更能让学生接受？也是我忐忑地在思索的问题……

企业应该以“授”为辅，与学校“授”为主产生一定的差异，以交流互动讨论实践为主，着力培养学生自主学习能力为主，提高主动的创造性，对项目的设计分析能力，这也是学生自身及社会对人才的需求观。

为削弱学生个体学习较孤立状态，让易亚运同学了解团队工作流程、制图规范、岗位人员等，她也很迅速进入角色，很快地熟悉了这个工作学习的环境。我以为既然到了企业，就应该与学校教学有所区别，学问与工作结合起来，大至分为以下模块：

第一模块：了解团队工作规范、流程、梳理学校所学知识并比较之不同

第一模块易亚运同学很积极地投入工作中，原来学校不会的软件，不主动安排学习的情况下，她都主动地去自学，在我见到的青年学生中，她求知欲真的很强。同时，易同学发挥自己情商高的“特长”，把理解软件原理、理解工作理念作为成长的方向，加快了其融入团队的步伐。在设计院，学生也是员工，但是转化要面对现实、脚踏实地，因为涉及她身份转化、职业转化、责任转化。因此，要求易亚运同学，须认识到这个截然不同的学习环境。我们都必须像影片中主演一样，扮演好自己的角色，无论学生还是老师，都必须直面对手，用心演好这场“对手戏”，从而完成自己剧目作品的艺术表现。实际上，国内外许多著名的实验室，就是公司化运作的，学生在着手工作的同时，也完成了自己研究生的学习课题，教授在实践中带研究生。对于这次的与川美的校企尝试，对于我们是一件新生的事物，但对于许多教学领域，特别是自然科学研究领域不是什么新鲜事。因此，

我们必须回到事件的本身，用真挚而平静的心，理性地完成我们共同制定的课题。在易同学的周围环境里，有不少资深的设计师，有多年的项目经理，对于景观环境设计这项工作有着深入的理解，因此他们本身也是易同学的老师，当然也是搭档。这样，在工作和学习中可以得到不少有益的帮助，但是学生还可能由于此，对这样便利的环境产生依赖，多借辅助，而减少自己独立的思考与行动，这也是要预防的。因为，无论学习还是工作，深入下去如果想取得好成绩，都是来之不易的。因此，一旦发现同学有这样的苗头，便及时提出自己的正式意见，严格地划定学习需要的界限与要求，用严谨的态度去熟悉属于自己的环境，在合理的范围内促进学业长足进步。

第二模块：参与实际的项目实战中，比较与作业之不同

现在，设计软件替代手工，成为完成方案的主要方式，但是学生必须知道，这只是一种替代，每一款设计软件依然是自己的一只手，每一处效果都要心领神会。我认为真正的手绘是设计师必不可少的精神伙伴，没有它，你的精神将不再精神。所以，我会要求。

在取得自己分工的任务后，我要求同学要着精力研究自己的任务，因为她一定要知道，自己面对的不仅是甲方托付一个项目，一个方案中的一项环节，同时自己面对的也是一项责任，一项业主对自己的殷切期待，也有景观设计方案实施，直至建成后接受徜徉其间的、真正的工程客户——民众对设计作品的真实感受。所以，易亚运同学的学习工作中，在有限的时间内，打造自己扎实的应用基本功以外；对待项目和方案，最最核心的，是要培养和强调学生自己独立思考能力，创意；是设计的灵魂！设计；应是自由心灵的创造！

这些是我们需要去拥有却还远远不够的，这时候同学以往的经验欠缺，很多深入的新问题，对于周围有经验的同事来说也要颇费思量。学生要有自己的思考，自己面对课题的认识就尤为重要。中山小榄镇商业广场一部分中心活动景观由易同学负责提方案。因是商业空间，除了创意设计以外，还需了解人在商业环境中的心理及消费动线，为后续设计找到依据，至此，易同学做了很多前期工作收集

并分析了项目地的各种自然条件，对材料特性及造价的了解也在这里加强。由于电商的兴起，环境怎样打造能更好的唤回人们对实体商业的体验兴趣，综合分析后是否所有的可持续设计条件都能融入项目，答案是否定的。

对于已建好的商业室外中庭单从景观层面是很难解决自然资源的再利用问题的，在广东炎热的夏天通过怎样的方式提高人们在小范围室外活动的舒适度？

通过分析季风对建筑的影响，建筑本身的体量能否产生负压，利用低技术的手段改善空间宜居环境。 除了植物的利用以外，其他资源的动态特性又怎样以人的活动产生愉悦的互动。 地面铺装及小品的设计和建筑语言、室内风格、文化提炼是统一的表达还是有区别的对待。怎样把过多的平面景观打造成我一直所提倡的立体景观。

通过对各种因素性质的分析，以此加强学生对待项目的设计分析能力，加强解决问题的能力。经过对设计条件的分析筛选，项目设计本身已融入我们选择的部分可持续设计理念，幸喜之中提交方案能通过吗？答案同样是否定的！

社会要达成一个共识，必然要有先驱者，我们当仁不让！

这就是我们的市场，这就是我们的现状，造成此的因素很多，有意识层面、技术层面、时间层面、资金层面。

但我们的意识、我们的技术则不能懈怠，社会进步、环境改善，离不开我们每个人坚持不懈的努力。

第三模块：对已建成的项目，比较以初始方案之不同。

商业设计是有严格的任务书和尽可能详尽的合同条款，过程中设计自由度的发挥与条款的制约，妙手偶得或千锤百炼的创意与工程造价的矛盾，都让设计师去寻找这样那样的可能性。商业设计与纯艺术不同，她是戴着镣铐美丽的舞者，舞出凤凰涅槃般的绚烂。

模块三因时间问题而暂时未能实施，设计行业从图纸到施工是需要一段时间的。建成后同学以顾客的身份游历其中，再比较……

学校和公司所交付学生专业成果有不同的时间要求，不同的成果展示方式，对于易同学而言，花费了很大精力调和这两个标准。在学习的模块一中，易同学进入了角色，努力地为自己填充海量的专业工作信息，因为她深深知道，这是优秀公司重要的人才培养和储备阶段，也是研究生学习研究，而非本科生的校外实践。

模块二中，易同学要完成一次跳跃，就是从模拟演练、从准备阶段，来到实践操作阶段，在"清河镇东门河岸商业景观方案设计"这一案例中，易同学做了相应的铺垫工作，熟悉项目背景，实地考察广州、中山、香港、深圳等相关项目，在真正认识景观设计中，有了自己的体会，提高了自己面对公司赋予项目的慎重性。培养她独立思考，全面地看待项目。在"广州中山百汇时代广场景观设计项目"这一课题方案中，有意识地让她直面一些问题，如提炼设计思想，细化操作程序，落实工作量和完成时间，落实工作方法与新问题应对，让课题与甲方汇报结合起来，给予学生书面和实际的强烈冲击，从而让她深层了解专业，了解市场严峻，直面前方困难。在她全面参与的概念、初始方案、成型方案的过程中，让她感受到设计师要有的专业水准与行业的态度。使其认识到自己的工作既是那样渺小，却又是那样伟岸与扎实，挫败与成功的自豪感，都充分吸取，成为进步的养分。

高等教育是中国释放了巨大能量的产业，几乎每一所大学都在开办艺术设计学院，来容纳足够多的考取了这一志愿的学生，这就是我们教育的土壤。

在其中，承担了教育责任的人，广大的老师们，哪怕如我只是仅有一名学生的导师，能为学生提供什么样的教育产品？

学生掌握软件，看懂了设计图纸，逐渐有了自己的职业观点，以后就要迅速地进入到商业谈判与设计任务中，在中国数不清的项目中发挥自己所学的专业。

设计师是职业，老师也是职业，应该考虑到更长远，要为学生带来这样强烈的观点：要带着使命，像追求信仰一样，去追求可持续的设计理想，应该为人们内心的舒适度与自由度去思考，放弃一味追求外在的炫幻感观、夸张设计的语言噱头，以此视为我们生命与职业的价值。

这段任务中，我尝试地了解学生，尝试的用自己所学的方式来授课，也担心因自己琐事缠身而耽误了教学。与学生见面沟通的机会不是太多，团队的设计总监与其他同事都成了我很好的助教。

在这骄傲的不可一世的青春面前，我想说，学习是一场修行，修正自己的不正确的思想和行为，修正中国教育下学生惯有的功利学习目的，修正意识形态的教化下人文精神教育的匮乏。

应该是追求研究精神的精益求精，才是作为合格的社会人设计人的捷径，这样才能面对漫长的职业生涯，确保自己在繁重的工作学习中，在密集的日复一日的商业设计绘图中、反复的设计修改讨论中，不被不堪的重负所压倒。不论是大师智慧，还是巨匠思维，我们面对的是生生不息的环境。

在这美丽的愿景下，我们又何尝不是都在路上呢……

管理之于设计，即设计

◎唐旗

The Management is the Design / Tang Qi

「大学的结束是"逗号"，所以并不叫结束，你可以延续，也可以放弃」

姓名：唐旗
所在院校：四川美术学院（本科），新加坡莱弗士设计学院（硕士在读）
专业方向：环境艺术设计室内方向（本科），设计管理（硕士）
年级：硕 2014 级
学号：No.0001PDF010
进站时间:2014 年 9 月
研究课题：设计转型

我并不觉得设计管理是脱离艺术的一门学问，管理设计，亦可以说成是设计管理，一种对设计过程的把控，好的过程前提必然是产生一个好的设计，当过程控制达到了“美妙”的境界，设计管理也就成了艺术：管理之于设计，即设计。

A “comma” / 大学的结束是“，”

和大家一样，四年一晃，该走了。四川美术学院这座“城”，我就在里面转来转去——环境艺术设计。当然了，室内设计方向，做考生的时候就直盯着的目标。

大一是热火朝天的庆祝考进了梦想中的学校，理想中的专业，兴致勃勃：素描色彩、平构立构、古镇写生、手绘速写、施工图、材料，初尝设计的味道。到了大二，更加热情似火：设计学、人体工程学、材料与构成、3D MAX、居住空间等等等等，开始触碰到室内设计这项专业极强的应用性和专业性，特别是居住空间这门，那是兴奋加兴奋，自豪加自豪，迫不及待把自家当靶子，管它瞄准没瞄准，先打一枪再说。得益于美院的审美熏陶和专业学习，这枪，当时还算打得自认为不差。

大三了，一个应该是专业学习最紧张、专业信息量最大的年头，我辞掉了所有在学校的职务，丢掉了所有校外手头的勤工俭学，就画画，就看书，就做作业。这一年对所有人来说应该都是过得飞快的，我也一样——“忙完这一段就可以忙下一段了”，就这样和时间并肩驰骋。因为工作量大，同时涉及的学过的和没学过的专业知识也特别多，所以忙碌也都伴随着各种焦虑，但想法只有一个，就是把方案做好。

我们都知道，设计创作和艺术创作的出发点有着根本的不同。艺术创作更多的是充满个人情感的自我表现，是一种可以不考虑受众的自我表达，是孤傲的；

而设计的出发点是需求，是为别人表达并解决问题，是体贴的，一个向内表达艺术家本身，一个向外满足他人需求，如果我们定位错了自己的创作职能，做出来的设计虽说无明确的评判标准，但作品一定能说明一切。基于这样，一个班的学生在潜移默化中发生了质的分区。有的人开始把重点放到了材料市场，有的人开始死皮赖脸的跟着施工队东瞧西望，还有的人干脆直接驻扎在了图书馆，当然还隐有一小部分人依旧沉浸在二维空间中任由思绪乱飞梦想着三维空间会就这样一瞬间完美无瑕，最后到时间交不出方案的理由，三个字："没灵感"。

大四，说是大学的尾声，可我们那时候还是没什么感觉的，抱着十分的激情去做方案，极度渴求着对设计知识的吸收，大刀阔斧的表达着自己对各种空间设计的独到见解，很投入。家具设计、餐饮空间设计、商业空间设计、办公空间设计、娱乐空间设计、小区景观设计等等，无一不刺激着我们的神经，环艺这一门边缘性、综合性极强的学科就是这样，跨越着艺术和科学技术，干货不够的话，那真是会举笔维艰的。

直到有一天辅导员在学生群里突然告知："XX 同学 X 科没过的，最后一次补考该报名了"，"XX 班 XX 时间到小剧院门口集合拍一下毕业登记照"，毕业？登记照？侥幸，才大四上学期，还剩一学期喘气儿，于是松了口气。突然想到那岂不是要开始做毕业设计了，于是这一口气又倒吸了回去。

这一年，更多的学生是慌了神，开始辩证的看待这个专业，周围的人见解各不同，还没筛选出意见，你就会发现校招的人一拨又一拨的搭桌子搞板凳占领了半个美院，像是在宣誓主权一样吓人，毕竟他们下面蜂拥着的绝不只是十几二十个学生。我们还没有出学校，就有人告诉我们："在学校做做概念方案就知足了，出去后不要想着天马行空，什么想法都是用来被扼杀的"、"设计，出去你就是个制图员，枯燥得你根本不知道激情是什么"、"天天熬夜，设计公司很恐怖，要有心理准备"、"甲方是什么？折磨是什么？这就是设计市场"。

对我来说，这只是一条我要经过的路。

大学的结束是"逗号"，所以并不叫结束，你可以延续，也可以放弃。

Open a door then selected it/ 毕设，打开转型的门

我还是没有选择直接工作，尽管脚步有点仓促，也尽管我知道环艺设计是一门多么典型的实践型学科。我在新加坡选择读硕的学校开学时间是我们毕业展撤展当天，毫无疑问我没遵守规定，提前撤展一天。

毕业设计是我终生难忘的一次创作，兴奋的是我选上了一位我个人十分尊敬和喜爱的导师潘召南老师，这便在一定程度上决定了我的创作状态和我的未来导向，毕竟毕设组开会的第一天他就对我说“跟着我做设计，那就是要 High 起来，不顾一切的 High”，我就喜欢这样豁出一切去做事。

整个创作过程中，除了必要的为出国做准备的时间，我毫无保留的用掉所有的白昼在方案上，我毕设定的主题是《衍生·草木之间》——一个茶文化的商业空间。

我开始查资料、做调研、走访民间茶手工艺人、与茶人共品共谈，还有更重要的一点是调查茶的商业要素，包括选址、测绘和交通。这是这个空间必要的社会意义所在。在我的设计意识中，文化是精神层面的，商业是物质层面的，这两者须得兼、综合。

最初，我本是一个人和我的导师共同选择、磨合、生成了这个方案，后来由于种种，一位好友加入到设计中，成为了“我们”，变成了“团队”，和以往作业的设计组不一样，这次毕设创作充斥着认真，严肃，竞争，所以整个过程并不都那么平静。

因为是好友，所以她的加入最初也让我欣喜了好一阵，她也是个对设计十分执着的人，在决定合作之前我较为慎重的跟她谈了想法，确认相互间的设计理念和设计方向是否能达成一致，最后我接受了她一起合作，这样我们可以将能力最大化。我希望整个过程是轻松愉快的，事实证明最初的确是，充满激情，坚定的相信我们可以取长补短，相互谦让，包容性的去接受一切的好和不好。看着我们的行动力，这次的跨组合作让很多同学都羡慕和焦急，我们也越做越起劲。

我是一个顾虑比较多的人，我明白合作就一定有摩擦，也就是意味着矛盾，各持己见是好事，因为争执的过程可以迸发出很多灵感的火花，是欣喜，是鼓励。除此，我也没忘除了设计合作还有一层情感的关系，所以我不自觉的就产生了一种协调的意识，在团队合作过程中，也可以说是滋生的一种潜意识调控，为了设计也为了个人。

团队共同的设计过程是件充满趣味的事，例如发现新鲜的设计元素，找到了让某个空间灵动的点，也或者是共同解决了一个设计上的问题，无论大小。所以两个人的相互交流，触动，引导十分重要，特别是遇到瓶颈的时候。

只有两个人，所以总得有一个人来牵头做整体的思路把控，我提出了这个意见，所以我也唱了这出黑脸。两个人按空间划分设计量，在整体设计概念既定的基础上，自由发挥，充分尊重各自的设计手法，然后统筹意见，进行一定程度上的相互妥协，形成整体，只“放”不“收”肯定是会适得其反。但，最终还是出现了分歧。我们设计思路上都任性的强调各自的长处，相互执拗，互不妥协，甚至失去了应有的克制。直到最后我们在无法接受对方的设计概念的情况下，只能划地为界，各自按照自己的主张完成最终的设计。对于热爱设计的人来说，每一滴灵感，每一个想法都尤为珍惜。因为珍惜所以执着，自我意识充满了整个头脑，陶醉在幻想完美的灵感发散之中，而合作的空间越加狭小，对于我们这两个初试的学生，没有更多的能力化解相互间的固执，只好顺其自然的发展下去。

作品比较成功，毕业设计展上拿了高分，我们也在 2014 年“为中国而设计”的专业比赛中拿下了很好的奖项，结果很好。总结过程，碰撞比协调多，出发点从来没变——为了方案本身，所以都没有错，虽然最后我们用了两种不同方式去呈现同一个设计空间，毕竟这是在校的最后一次创作，想法取得相互尊重还是最重要的。

我们仍然是朋友，只是在专业成长的道路上给了我一个深刻的教训。

我始终认为团队合作是会激发创造力的，不同的人互相摩擦碰撞才会激发更多地创造力，提高工作效率，这种合作方式可能会削弱每一个人个性的表述，但是它不会削弱整体设计的个性表达。

我也始终认为有这种意识是正确的，一个设计团队，即便里面都是专业精英，缺乏一种整体的计划、规划、组织、决策，那这个团队一定是散乱的，或者说是在效率上大打折扣的，协作起来参差不齐，各自为战的去解决设计问题，这时候“1+1=？”，再则之，一个管理设计团队的人如果没有足够的专业基底和设计储备，只是单方面懂得策略的管理者，让这样的人去管理设计团队，去引导设计的展开，对设计师的设计方案反而容易造成伤害。

专业型的管理者不一样，他懂设计，他热爱设计。设计是一个有灵性的东西，让这样的人去处理团队关系，去调控设计方案，确立设计战略，是完整的，因为并不是每一个具有设计能力的人都同时具备管理意识，特别是协作的过程中，他们更容易全身心投入到具体的设计中去而无暇更好的顾及整体抑或是设计之外的事，也就是说不一定能“跳出来”看到问题，所以设计管理是充分必要的事。

在这样的大前提下，设计师各司其职，大胆创造，专心设计，由同是设计师的管理者去保证他们在合作的基础上竞争，这样，设计师的创作灵感才能得到充分的发挥。

一个懂得尊重设计的管理者，更容易成就好的设计。

Go ahead, do it/ 留学，再出发

毕业，解散。

考研的、工作的，还有我这个留学的。我想，我是一个有忧患意识的人。毕业发展这件事，其实在 2012 年大二的时候就开始在规划了，到底是考研还是工作还是深造。所以当其他留学同学大三大四还在忙着考语言的时候，我大二已经拿到了可以申请全球 90% 院校的语言级别证书。为了让作品集更加完善一些，我用了两年时间边学习边做作品集，做毕业设计的时候左右两手并用，有些疲惫，不过值得。

至于选择，我曾犹豫过：第一，设计这种实践性学科，早些历练是否比继续在校求学更容易进步？第二，国内考研的学习模式能否达到我所期待的学习目标；第三，留学，价值，利弊在哪里？

“海外深造”，近几年这个名词被塑造得并不那么好听，但是国内有国内学习的优势，国外有国外值得学习的地方。最终我选择了留学，而异国求学也并不是件轻松的事。

得益于我的成长经历，我喜欢组织性的工作，也擅长一点。毕设创作的事加深加速了我对管理学习的认识和渴求，但我依然热爱和渴望设计这份事业——Design Management（设计管理）。为什么要解释一遍“依然热爱和渴望设计这份事业”？不难猜到，大部分的人看到这里肯定会想：“转行＝转专业”？是的，但是它的逆命题却是不成立，转专业并不一定等于转行。

“管理”对学艺术的人来说，字眼是有一点过于生硬和理性，至少我自己最初有这样的偏见，好像这样一来，我就被排斥在外了，我引以为豪的美院，也是情结。

留学，又是一笔很大的开支，父亲为了支持我的学业，努力工作，煎熬着，承受着一个人在国外的身心之苦，我和家人都很想念他，而今我也要走上同样的道路，异国他乡。

我无比珍惜这次机会，我一定要做到最好。

毕设展结束的前一天，我提早撤了展，匆忙告别母校，告别导师，告别我大学最亲爱的朋友和同学。第二天清晨，一张国际机票，一箱破纪录的超大号行李，还有一个未从毕设中抽离出的疲惫身躯。

离开，然后到达，然后再“出发”。

新加坡，全球最国际化的国家之一。现代、多元文化充斥着我的每一根视觉神经。

城市、景观、建筑、室内设计，分明就是设计图册案例的真实所在：海滨艺术中心、滨海湾金沙、艺术科学博物馆、各种娱乐综合体、办公空间，大规模的抽象曲线和不规则设计，以及绿植生态建筑，这些很多都曾是在学校做方案时“想到”却总觉得“做不到”的概念方案就这样呈现在我眼前了。

之所以选择到新加坡求学设计，正是因为这个国度的包容性，即便它并不拥有太长远的历史沉淀，也不是特别在行于某一艺术流派，但是它能汇聚全球的优秀设计，他能站在设计的某一高点去纵览，他有汇聚力。比如GARDEN BY THE BAY，这片由贝聿铭设计总蓝图、人工填海而成的超过300hm² 的土地上，由建筑大师Moshe Safdie设计的金沙综合体，三座塔楼呈倾斜姿态（据查斜角达26°），笔直塔身相交于第23层楼，形成单体建筑的造型，据说是有史以来拥有最复杂设计的酒店，其室内设计同是由各著名设计师竞相打造出来的，建筑顶端的帆船结构景观、无边界高空泳池想必大家都听说过这一代表性的设计。诸如此类的设计比比皆是。

在现代的基础上，其实新加坡也有着地域种族文化艺术，东南亚宗教、古老的寺庙美学，例如维拉玛卡里亚曼兴都庙，甚至是中国曾遗留在“南洋”的文化种子，也在悄然生根发芽、开花结果。

印象最深的是学校对面的那座建筑，并不是什么地标设计，但是却让我眼睛发光。建筑是架空结构，下面三层都是独立出来的立柱，开放式的玻璃幕墙，曲线流转，外延是绿植环绕，有节奏的纵向分布在建筑外围和中空的平台中，我惊喜的是这些绿植中除了常见的蕨类、灌木类还有大小型树木，以前我们做生态主题设计时也喜欢运用绿植的概念，可总害怕无法实现，想法也经常被一些老师驳回，所以当我看到这里，我便激动万分：这不就是吗！除了欣喜更多的是好奇，建筑边缘是怎样大胆实现凌空的生态系统的？随着我靠近建筑，不自觉的移步到大厅，到室内空间去，俨然一片室内外概念的设计，不做作，自然。因为不确定这座建筑的性质和用途，我没继续往里走，出于尊重和礼节，我想回头做好准备工作一定要进去访问考察一番。

都说新加坡是一座代表着世界的小综合体，移民国家。的确是的，我在设计学院的各科导师除了少有的一两个新加坡人，都是来自法国、西班牙、英国、韩国、日本的设计师和设计管理者。说到这里，乐趣就来了，各种语言口音混杂真是让人有点头痛又好笑，这真不是英文好就能克服的，就像 Chinglish 一样，得适应。

很快，完成报到流程后便直接进入了学习状态，因为这半年的疲劳，有些力不从心，但还是在咬牙坚持。

第一天上课稍微轻松，也很人性化，但第二天，各科老师就开始正式授课，布置了整个学期的 Assignment1 和 Assignment2，确实是和国内学习大相径庭的，例如你必须要穿着正装去站在台上做 presentation，要构成小组（至多 2 人）去采访某一设计品牌类跨国公司的管理层人员，提问 – 采访 – 记录 – 影像编辑 –

总结 – 汇报 – 论文，类似于这样的小作业很多，而且跨国公司的选择须得由自己完成，自己预约，学校不给予任何协助，也无条件可讲。

通过自己的课程，看到校内其他设计专业的作品、教学展览，我很快感受到国外教育的不同，国外艺术学院，更着重概念传授，从而启发学生的自主创造能力和行动力，上课和老师的互动比较灵活，他们会给我们他们的邮箱、电话、住址，让我们周末想要补课的同学预约，可以“公开开小灶”，鼓励比较多。所以你也会发现同班的其他国家的学生他们都很有自信。学习，还有一个全世界都相通的地方，那就是一长串的阅读名目，必要的知识储备。

“设计与管理，这是现代经济生活中使用频率很高的两个词，都是企业经营战略的重要组成部分之一。所谓设计，指的是一种把计划、规划、设想、问题解决的办法，通过视觉的方式传达出来的活动过程。”换言之就是，将构思出的设计计划通过视觉传达之后落实到具体应用，期间通过计划、组织、协调和指挥来进行调控，而管理在其中的基本职能就是在团队中的决策、领导和把控。只要是团队合作，这样的管理就必不可少，大团队小团队皆是。

在我的理解中，若将设计与管理这两组概念分别结合，构成的“设计管理”，解剖两点，可以是对设计进行管理，也可以是对管理进行设计。追溯到第一个提出设计管理定义的英国设计师 Michael Farry：“设计管理是在界定设计问题，寻找合适的设计师，且尽可能地使设计师在既定的预算内及时解决设计问题。”他把设计管理视为解决设计问题的一项功能，侧重于设计管理的导向，而非管理的导向，很明显这是站在设计师的角度提出的定义，这也正是我选择从设计中转型的目标。

设计管理本身也是一种设计行为，只是设计的对象又再扩大了些，除了方案本身，还有设计团队。除此，设计管理若是站在企业层面来作用，职能又是不一样的，在后文中我会陆续提到。

追求目标的路径有很多，我只是换了种方式，但捷径只有一个，努力。

我一直在告诫自己，丢掉大学毕业的傲娇，再从 0 开始。

What should I do?/ 是什么唤醒了思考和行动

学习如期一天天进行，我不断吸收着老师传递出来的信息，他们举了很多当今案例，基本上都是全球化的战略和比较成功的设计品牌管理，Global strategic management、sociology of design、psychology of design、professional leadership in design，这是我课程设置的一部分，正是我所想要的。

理论输入得越多，引发的疑问就越多。要知道并不是每一个问题都可以让老师来回答的，因为这不是理论专业，不是学术专业，即或是同一个问题，在不同的阶段、不同的条件下，答案都是全然不同的。越来越多，我开始发现自己的储备有点脱水，但还是能支撑前行，毕竟他们和我一样，大部分都是刚出校门又进校门的学生，更何况大学期间我就在或多或少的接触社会和市场了。

自我见地很重要。

又是这样的问题。大学毕业，我可以顺利毕业然后工作；留学读硕，我也可以认真学习，然后毕业。我就是一个爱折腾的人，连我的房东也这么说。

我开始琢磨着要不要实习，毕竟现在和本科的学习层面不一样了，自主是最重要的。这边的课程很紧张，加上我又是个跨专业学生，动不动就来个几万字论文，对于一个本科画图成癫的设计科学生来说，文笔并不是那么擅长的事，所以曾经想象着边工作边留学的念头早已幻灭，折腾开始。

休学这个字眼对我来说，就像汶川地震前“地震”这个词的概念一样遥远，我有一个视“请病假”都是学生天大失职的严苛父亲。所以休学想都不敢想，那段时间把我纠结得也是痛不欲生，毕竟才来又回去，毛病不是？

没办法，我还是斗不过自己。我找到 Student Service 的老师，交谈。起初他认为我是适应不了转专业和跨国生活，准备给我找个心理老师谈谈。

随后我递交了一份很正式的DEFER申请给系主任，他当时正在出差，所以遗憾没能见面交流，也许他会很鼓励我呢。与之相反，几乎来跟我谈的学生中心的老师都在劝我坚持学习为第一位，可能的确觉得太折腾了，留学的手续本来就复杂，刚安定下来又开始走，是有点不可理喻，也意味着很多费用将面临赔付。也许是我最初的决定失误，如果想实践，就应该放在申请学校之前做完，而我没有。

但是，有的风景你没看过，你怎知道该如何前行？有时候走弯路不见得是错误的，在我看来不见得是，更何况让这种相对代价不大的弯路来兑换以后更好的成功，已经很划算了。

在我个人要求中我意识到的我自己的欠缺，是实战历练和更为清晰的专业目标。例如我从未经历过职场流程，没有在设计行业正儿八经的做过工作，没有接触过实战中的设计过程，也对实际存在与管理中的很多现实问题一无所知，无论我输入多少正确的理论在大脑中，那也仅仅只是输入，是不会具备主观认识的深度的，是一种无自我意识的呆滞状态，没有生命。

常有人说当今社会的设计怎样怎样，我们触碰的设计环境是怎样怎样，但我们再学到什么高度也要明白一点：人，是环境中的人；学以致用，是放在社会中用。

虽可以继续坚持上课，但我觉得如此宝贵的留学机会不应该只达到这样的效益，我也不想带着巨大的缺口去获取书本的知识，研究生和本科是不一样的，不是被动的、单向的去接收知识，而是应该带着既定的疑问和主动的观点，有方向有目的的去研究课题和讨论实际问题。

我申请了 DEFER，回国实践研修一年。

得到家人的支持后，我带着书本打理着回国的事，并和我的大学导师潘召南老师取得了再次联系。

Make the transition/ 谈“转型”

从本科选择的环境艺术设计专业到研究生课程选择的设计管理，实际上是一个转型的过程。就我个人的想法来说，想实现从技术到管理的过渡，实现一个自我提升的目标；如果把设计项目比作一个产品来说，设计师就相当于生产线上的思维和技术操作，创造，执行，实现，而管理者就好比监督和包装线，在生产之前，进行分析，统筹，整合，在生产过程中进行监督，检测，再对产品进行包装，提升其固有的价值最后送到市场，呈给客户。

设计管理的价值对于一个设计团队来说，非常重要。当今社会，各种层面的设计师，设计机构有很多，其中有很多人不明白自己在做什么，当然是除开学术性设计来说，设计管理是更偏向商业化的一个概念，他们就很纯粹的把设计方案当做产品来销售，我认为这样做不一定正确，因为同一个设计，在包装前和包装后在呈现出来的价值是有很大差别的，换种说法就是，1+1 不一定就是单单等于 2，他可能等于 10 等于 100，这也是设计管理创造的另一种附加价值在里面。这种传统的销售行为失去了一种趣味，设计管理要做的可能除了方案开发的本身，还要思考如何激发客户的欲望。

有的人声讨甲方，声讨业主不懂设计，但是从另一个角度来想，一个好的管理者，好的设计师，在和甲方做设计交流对接的时候，能让业主更清楚的知道什么是他真正的需求也很重要。有时候业主的需求是有问题的，在讨论的时候就一定会有摩擦和碰撞，在这过程中，我们应更努力让业主先知道它真正的需求是什么，然后再去满足。

上文我提到过“设计管理”第二个层面的职能。站在企业角度来说，企业层面的设计管理则更侧重企业领导从企业经营角度对设计进行的管理，是以企业理念和经营方针为依据，使设计更好地为企业的战略目标服务，例如 CIS 战略，典型的例子。

设计管理，介于设计师和客户之间，是一种纽带关系，如何管理一个设计项目，如何将设计更好的传达给客户甚至是设计专业素养并不高的客户，如何掌握客户的需求然后传达给设计师去进行执行监督，都是作为设计管理者最基本要会解决的问题，如果没有在设计团队进行过任何实践，不了解行业现状，社会需求，没有在管理层面去实战去面临，去学习解决过任何问题的前提下，仅仅学理论就想要做好设计管理，那就是纸上谈兵。

带着这些想法，我继续在我的实习岗位上观察、学习、总结。

Practice/“校企工作站”与我的研修

Sichuan fine art institute &. Shenzhen Grandland decoration group CO.,Ltd

The college and enterprises joint postgraduates training studio(environmental design: Shenzhen)– 川美 / 广田

校企联合培养研究生工作站（环境设计学科：深圳站）

回到美院在导师的办公室长谈、请教，格外亲切，老师在繁忙中抽出时间与我见面，交流，让我很感激，给了我信心。他说很支持我回来实践，也给我分析了设计管理这个专业的社会状态和在实际工作中不同结构团队的分工职能，更是激励我去沿海设计更为发达的设计企业学习，因此我有幸通过老师的推荐，得到设计院肖院长和邓院长的批准，有了到“深圳广田设计研究院”研修的机会。非常感谢我的导师也感谢广田设计院。

写这篇文章的时候，我仍然还在办公室坐着，还在研修中：设计院管理中心，品牌推广部。

入职之前，邓院长曾问过我想进哪个部门，我自己也说不清楚。

管理，远比想象中复杂。

虽然只是一通电话，当时我对这样一个大规模的设计院已有了一些印象在心中。我想象中的职场领导应该是距离感十足，很难接近的，这也是工作身份特定的特征和角色需求。

原来潘老师已经将我的特殊情况告诉了邓院长，所以她打来电话的时候就直接进入正题了，这点我到现在都深感失礼，也是因为紧张，打电话需得想拟个提纲来，生怕说错说漏了某些点，但是提纲没拟完，电话就响了，0755 的区号。也正是这样，我心头松了一把，邓院人很亲和，挂完电话又开心又紧张。

“学生就是学生”，不得不承认。

设计管理，想要得到这个专业在设计院的管理系统中的学习，并不是某一个部门或者某一个具体的职位就能通透的，这是一个综合体。对于室内设计专业来说，要做好管理，首先要懂室内设计，了解项目，了解团队结构，然后精通管理，再结合，并且管理这两个字，也都仅是一个统词、集合名词。

从一开始进公司的入职登记起，实际上就已经是一个学习的开始了，在新员工培训中，了解企业文化体系，了解公司的部门结构，职能以及员工管理制度对我们的实施执行，在日常工作中，设计师是如何在工作，管理者是一个怎样的工作状态。

品牌推广部在企业管理部门中主要负责品牌的对外推广，品牌塑造，宣传策划，杂志刊物，网站建设等等，对于企业来说这个部门十分重要，可以说是企业对社会外界打开的窗户，也是企业与社会，与消费者沟通的桥梁，在现代商战中的作用也是显而易见的。所以我认为在做这些工作前，对企业本身的认识非常重要，例如企业的文化、精神、理念以及企业的性质，层面和服务受众群，只有了解了这些，才能根据企业的发展需求制定出切合实际的推广策略，进行更有效的对外界的信息输出。

我目前主要的工作内容是制作项目期刊，研究院网站的推广更新以及各类大小会展的展示设计。在做方案之前，我都会对这个项目方案进行深入了解和学习。

因为大学是学室内设计出身，在学校的时候做过很多概念方案，所以对公司的室内装饰项目从专业角度上来说了解起来也更容易上手，这也是我自己的规划：做设计管理，“先学设计，再谈管理”。

每做一个方案，我都会向我的总监和院长请教，他们会细心的给我提建议，然后指正我的不足，因为才踏入社会，很多东西仅靠我的经历和知识储备是不足以去完全判断的，这涉及专业素养，行业规范以及商业常识。

更具体的说，在做某个项目或企业的推广册时，我会先了解这个项目的性质，定位和设计内容，总结出项目的亮点，思考设计师最极力想表现出来的内容，考虑如何安排能够表现的空间。从企业的角度换言之，就是客户在浏览这些媒介刊物的时候，作为我们的立场，我们最想要他在第一时间最直接捕捉到的信息是什么，我们将给予他信息的最大化。在展示制作时突出表现这一部分，文案的写作，配图的贴合等等，所以只有充分熟悉项目后，再生动的去表达它，配合平面视觉化设计，让我们企业的方案首先能够从一堆平庸中脱颖而出，然后再把重点从手中的册子中跳出来，这样的展示和推广，才是有灵性的，并非我会 PS，我会 Coreldraw 我就可以做好排版，我的工作就算完成。

有时候很多都不知道如何去做——这更多的是因为胆小害怕，怕做不好，怕做出来不符合行业的规范标准，但是我的部门总监和院长却不会给我看太多的所谓的“意向”，他们觉得看多了既定的东西，会影响我自己的创新思维。这让我非常感动，这种尊重和培养方式我非常感谢他们，所以在我的“自由发挥”后，再给他们审核，指正，对比，这样得出来问题再思考，改正，我觉得如此一来所吸收的东西更有营养。

第一次在工作站的阶段性汇报会议上做演讲的时候我说：

“虽然说大学四年都是努力在学设计专业，研究生课程我却选择了管理，并不是说就和设计没有关系了，我热爱设计，也希望培养自己的管理能力，所以在我的职业规划中，这二者都是必不可少的，一个是基础，一个是提升，要学的都还有很多。这一年的实践中，我会带着一如既往的热情去学习和工作，然后整理好所有的疑惑和感兴趣的课题，在以后的研究课业中有针对性的探讨和调研，努力得出一个让自己满意的阶段性成果，让理论结合在实践中实现其执行意义，这就是我此行研修的目标。”

在设计院研修的日子里，上下班之间，都会发现设计师们的工作状态，加班出于自愿，平时遇到问题需要解决的时候都是极力去谋求解决方案，管理中心的各位前辈亦如是。主动的思考问题，并不是企业给你什么任务，你完成了，任务就结束了，他们会主观提出意见和建议，自发的为企业贡献自己的力量。我很惊讶设计院的这种工作氛围，我更是好奇是一种什么样的管理机制能够如此提高设计师及员工的工作热情和效率。

后来从我的同事口中得出的答案是这样的：团队凝聚力。

不久后我也作为川美研究生的“一分子”加入了学校和设计院联合发起的“校企工作站”实验项目，当得知学校研究生有这个项目的时候，我很激动有这样的创新型培养项目，所以我也是无比感激和庆幸我能参与其中，我这个“叛徒”。

对于应用性设计科类学生来讲，实践是渴望的、经历更是宝贵的，我无法形容这样同时具备校内导师和企业导师联合的培养模式打造出来的学习平台对我们学生来说是多么的难得与珍贵。

每一天，在设计院研修的日子里，所见、所思、所感都是知识财富，通过这个平台，我能看到我所想看到的，找到一些问题的答案，即便是没有，我至少还能通过这样的经历提出自己的问题。学习是自己的事，无关他人。

有时候把设计院的工作忙完后，我也会自己通过作品展示的方式在外面接一些设计方案来做，因为现在的处境还是有一定尴尬的地方，专业的管理学习实际上还没有真正进入，之前的设计专业又在这个节点上开始转型，所以我本身也在摸索，也在寻找，就如书的名字一样，源于一种渴望。

说到自己争取来的方案，我用去大半自己下班后的时间，一方面生怕专注于管理的学习而丢掉了设计的思维和手上的工夫，所以我须得不间断的练习，也算是实战；另一方面从社会上争取来的设计方案其实也是另一种实践，并且我拿的主要也是针对偏向设计管理方面的案子，是的，我做的是 CIS 设计。再者说，我作为个人，我也无法去触及室内设计的项目，至少目前这个阶段不能，所以借着工作站这个平台，我至少也是天天听闻，看学，耳濡目染的能够与室内设计案打些交道，看看材料展示，看看来往管理中心的项目负责人，设计师，听他们的言谈、感受他们的交流，包括一些日常项目的图纸审批，再加上日常保持对设计的眼睛不停，输入不停，也还算不错。

CIS 是 Corporate Identity System 的缩写，是 20 世纪 80 年代作为一套"品牌管理体系"引入国内，是企业管理对内对外文化、形象的基础理论，通过对理念、行为、视觉三方面进行标准化、规则化，是设计管理的一个方面。

我接触到的基本上是一些中小型企业和品牌，给他们做企业理念的文案、企业的视觉识别设计，这些是得益于我大学时候对平面设计的爱好和美院带给我的综合艺术审美，所以做这些都上手很快，软件也很熟练，一些朋友或者是朋友的朋友看到我发布的设计作品就自发的来找到我，希望我和他们的团队共同来完成品牌的塑造。由此，我又有了更多的机会接触到一些新生团队的成长，换一个角度也可以说有了更多机会去主动接触到设计甲方、设计市场，管理团队，尽管他们来自不同的行业领域，但是设计是交融的，没有界限。

我是幸运的。

我向来有些"贪得无厌"，但凡是未知的、相关的、经历的，对我都有用。知识、感受，我一并收下，先捕捉，再筛选，好的用来学习，坏的用来警醒。

校企联合工作站，虽然缺席了最初的构建和成立阶段，但是作为一名执行秘书和站内的额外学生，我看到了这个项目的成长。

例如阶段会议，这是工作站最重要的脊梁，每一阶段的汇报、任务、目标都得详细的、有计划的提上议程，校内校外导师探讨对学生的评价和意见，费心思考要如何进展工作和教学任务才能更好的实现校企合作教学的意义和目标，学生也一样，积极配合老师，及时汇报每一阶段的学习进展，学习中遇到的困难，由此来共同推进工作站发展。

起初阶段，我在校企工作站主要负责工作站的跟进事宜，例如和老师一同组织准备会议的召开工作、站内研究生的阶段性进展汇报、采集记录训练阶段的资料反馈、统筹协助完成工作站的成果内容等由此来协助推进工作站的教学任务顺利完成。后期阶段我开始参与到具体的策划工作中去，担任工作站项目的书籍出版和展览策划助理，这样，我也刚好就成了这个项目的纽带，一头连接学校，一头连接企业，中间是与我联系的站内研究生，我在他们中间衔接好各种运行的机制措施，以确保导师与学生之间在计划上的有效进行，工作之余把自己在项目管理位置上的工作感悟笔录下来，以发现问题，优化工作，从被动任务的角色转换成主动为项目求进的状态。学生遇到问题可以直接跟我沟通，能在我这一层解决的问题，我便尽我所能的去处理，工作站工作期间和各导师保持充分沟通，传达学校的教育态度与企业的理念衔接，虽然并不是每一环节都能做到完美，但是每一环节的瑕疵都将是以后走向更好的基石。

很感激我的导师又给了我这个宝贵的机会和赋予的在工作站的工作身份，我得以参与到工作站这个项目的部分组织管理工作中去，每一次的工作经历都会让我提升很多，也能让我看到自己的问题。一次又一次的会议，大大小小，每次都能看到各位校内校外导师的良苦用心。

为了一个共同的目标而凝聚的力量和汗水，若不是亲身体会和见证这个过程，很难想象平日里在校不曾珍惜的学习机会其实是很多共同努力才能打造出来并最后使学生受益的，所以作为学生我们应无限感激老师为我们的付出，为教育事业的贡献。

My Reflections/ 收获 · 感悟

从 9 月份进站到现在半年有余，这半年带给我的所见已远远超过我预想的。无时无刻不在提醒自己应是怎样的状态去面对工作，是具象的投入，是专注，也是宏观的认识，是感悟。转型的学习，除了专业知识上存在跨度，更需要努力的我认为是一种思维。

设计中的管理是一份微妙的工作，道理虽大致趋同，理论也大可相通，但是在实际运用中，针对不同的设计团队、不同的设计企业、不同的运营结构所映射出来的本职是不一样的，管理模式在实战中千变万化，都值得学习，但都不能一概而论。

就现阶段而言，我在设计院的研修，我参与工作站的组织管理，更准确的说，就是锻炼一种执行能力，过渡一种思维状态，修正一种管理意识，我须得再往后的学习生涯中，经过专业的设

计管理专业的学习后，再结合这一次经历所认识到的，思考到的，那才是这一次学习带给我最大的收获。

用 Peter Gorb 的话来综述：

Design management is the effective deployment by project managers of design resources available to an organization in pursuance of its corporate objective.

“管理”不脱离于“设计”，就如题一般——管理之于设计，亦是设计。管理复杂，但是换一个角度看来，就是一种把控，对“过程”的把控，一种对整体规划的设计：设计过程、运行过程、对外过程、发展过程等等，假设用项目管理举例来说明成一场音乐会，乐队的总谱就相当于项目管理的一个计划，乐队指挥要按照项目计划进行项目工作才能得以展开。一个好的管理者，相当于乐队指挥，他的作用便是使整个项目团队齐心协力，大家形成一种合力，为达成项目的目标共同努力。

这个社会大多是“被设计的”，尤其是我们的行为。

我们生活在城市中，哪些是路，我们要如何走，走在哪里，我们是被设计的；我们工作在企业里，哪些该做，我们要如何做到本职，我们是被设计的；历史长河里国家的发展，古往今来，改革变迁，命运是被设计的。

设计行为无所不在，都有其各自领域的艺术价值所在。

Acknowledgement/ 我的致谢

这一趟“研修的旅行”，一路的风景，把我带到千丝万缕的设计联系中去。体验是无穷的，感受亦是。

我所参与的某项具体的工作虽不够多，但通过我所在的每一个点发散出去，触角所达到的每一寸地方，打开一扇门，每扇门外都是探索，都是新奇，都是渴望，都是欣喜。平台、事物、人物创造与传播的知识和带来的历练，受益良多。

我没想过我会这么幸运，不敢想。

对设计的热爱，希望以后无论遇到什么困难都会像这次一样勇敢，为了目标不断的做出自己的抉择，不断的探寻。转型对于我来说是提升，是为了让设计的路走得更远，发挥自己更多的力量。

这里我想向诸多在这次研修中给予我直接或间接帮助的人表达我的感谢。谢谢你们对我学习过程中的帮助、指导与包容。

我的大学导师潘召南老师，也是这次校企联合培养研究生工作站的的发起者。他是我大学里最敬爱的一位导师，也是我人生中十分重要的一位导师，在他的身上我学到了很多，除了知识，尤其是态度。大学的日常和授课、大学最后阶段的毕业设计创作、本次研修的进站学习，他对我的学习进步付出了巨大的帮助、鼓励和支持，学生一直心存感激，感谢老师。

感谢我在工作站即广田设计院的领导和总监。入职以来，向我普及了“设计管理”在企业团队的实际工作中的具体应用，让我对专业概念有了实战性的认识，并在实践工作中给予我专业上的指导。

感谢四川美术学院研究生处王天祥老师，在进入工作站之初，王老师听闻我是一名设计转型管理回来进行实践历练的学生后，每次交流都会不断启发我应用新的方式和角度去重新审视问题、寻找问题由此来获取实际应用中的答案。

川美的各位负责工作站事宜的组织管理老师，谢谢你们平时在工作站管理日常工作中对我的工作指导和学习帮助。以及我在实践工作中的同事，感谢你们对我平时工作的包容。

最后，感谢我在新加坡的学校 RAFFLES DESIGN INSTITUTE，谢谢你们的理解并支持我休学参与实践，我会带着这些收获更好的投入下一阶段的学习之中。

这一次的经历让我终生难忘，我一定会带着所学所获，始终保持学习的初衷，在往后的求学生涯中，更努力的去执行完成每一次学习目标，不断进步。

导师副线

潘召南
Pan Zhaonan

她是一个充满活力而又有主见的学生，在我所教的众多学生中属于优秀之一。由于课程安排的原因，他们那个班的课我上得较多，久而久之，对于同学们的情况比较了解。加之两次同他们近距离的接触，一次外出两周的民居考察和指导部分学生几个月的毕业设计，对他们的性格、能力、爱好等方面大致清楚。我虽从教多年，深知有教无类的道理，但仍然有优劣偏颇之心。在教学中发现天资聪慧、勤奋好学的学生，总难免要特别关注一些，总是希望他们能够早日成才，不枉老师一番用心栽培，唐旗就属此类。

2014 年的毕业设计是给我留下深刻印象的教学经历，我带的 13 学生几乎个个都像打了鸡血一样，亢奋、努力的作毕业前的创作，这种情形有点像都德的《最后一课》，并且相互较劲。经过一段时间的相互比拼，想法、意识、能力、知识面等所谓的后劲开始呈现出各自的特色与优劣，唐旗在其中除了表现出可贵的热情和认真，特别引起我注意的是她对空间与功能的整体性考虑，而不是从形式入手，以概念元素进行视觉化的空间处理。在每个阶段都能拿出经过努力思考的成果，并能给你带来可供进一步讨论的话题。这种能力在学生中少见，符合她的性格，体现出较全面的综合素质。毕业展上我带的 13 位同学都有很好的表现，高分不少，多数学生在“为中国而设计”、“全国美展”、“中装杯”等重大展赛活动中获奖，也让我兴奋不已。唐旗无疑是其中佼佼者之一，从此番表现我已确认她将继续专攻设计，成为一名优秀的设计师，因为她具备成才的潜质。

让我意想不到的是她转学设计管理，匆匆忙忙的赶到新加坡留学。更为惊讶的是一个多月后她又回来，寻找她在学习中自认为必须具备的条件，这不仅仅需要勇气，更对她是一个新的考验，从设计执行到设计管理，虽然都与设计相关，但各自的学科领域却存在很大的距离。我曾经历过从设计师到设计管理和经营者的转变，有较长时间的多种身份的尝试，对于我来说教训多过成就，其中最为重要的是身份的认识和转换。设计是一个容易产生情节的职业，是一个必须专注于追求并具有较强自我意识的职业，而设计管理却是严格理性化的角色，从知识结构上已经跨越了设计本身的范畴，与设计相关，但主要与经营发生直接的关系，通过对各种资源的组织调配，使设计的效益和效率最大化。我的尝试是不成功的，因为我的把控能力和管理知识不能随企业快速的发展而成长，不能超越设计师的身份，理智的处理管理中的问题。而深圳有许多优秀的设计企业，他们中大部分管理者是从设计师成长起来的，他们都是设计行业中是佼佼者。当唐旗征求我的意见到哪里去完成相关工作经历时，我毫不犹豫的告诉她去深圳，正好我们同广田集团开展校企联合研究生培养项目，既可以满足她学习需要，又能为这个项目做些具体工作。经我推荐广田设计院作为人力资源部门工作人员接纳了她，并由邓院长亲自带领和指导她的工作安排与学习，成为本次活动中唯一的双重身份的学生（0.5 个培养对象）。

通过半年多的工作、学习，在她身上已经能看到一个职场人员应有的素质和工作态度，每一次工作会都能看到她整理的文件和详细的记录，能看到她有条不紊的汇报和询问。这次读到她写的文章，依然出乎我的意料，这些看似普通的 90 后女该竟然有如此的理想与抱负，她们思考的问题如此丰富，又如此努力，前景光明，真应了那一句话——后生可畏。

后记 Postscript

——写在《寻》出版之际

王天祥
Wang Tianxiang
四川美术学院研究生处处长、教授

2014 年 5 月，四川美术学院·深圳广田建筑装饰集团有限公司校企联合培养研究生工作站正式成立。这是四川美术学院研究生教育改革的一件大事，这亦是深化艺术学学科研究生培养改革的一件具有重要意义的事情。

这两天看到一个微信，把读研与坐监相类比，当读研结束与刑满释放时，二者的感受一样：脱离社会太久。尽管此为戏谑之言，却一针见血地指出了当前研究生教育存在的重大弊端：教育与社会的严重脱节。

作为一门应用型学科，设计学科的研究生教育必然应该贴近社会需求。正是在这样的认识下，当然也是在国家研究生教育改革大的背景下，四川美术学院设计学科校企联合培养研究生工作站在中国改革开放的前沿、设计之都——深圳得以成立。第一批 7 名研究生陆续进入工作站。

工作站的成立，熔铸了工作站两位站长潘召南先生、肖平先生的心血。又尤感深圳广田建筑装饰集团董事局主席叶远西先生的远见卓识，尤感工作站导师肖平、杨邦胜、琚宾、孙乐刚、严肃五位导师的无私投入。广田建筑装饰设计院的邓薇女士亦为工作站付出甚多。学校领导黄政书记、罗中立校长，侯宝川副校长亲自出席了成立仪式，对工作站的支持无以复加。许许多多的同志，如研究生处刘珊珊老师一样，为工作站作了大量细致耐心的工作。每每想起，心里泛起无尽的感激和谢意！

工作站成立，亦有业内人士冷静地指出：多数此类校企联合培养学生的探索与实践，多停留在形式，没有实现深度融合，没有实现很好的良性互动。四川美术学院深圳研究生联合培养工作站会走向哪里，他亦乐意以旁观者的身份，见证这个工作站的发展与超越。

工作站成立，时逢深圳文博会。一个季度的运行评估，增强了大家对工作站运行的信心。半年的中期检查，落实了年度成果形式与内容。临近一年，又在重庆开展研讨，并继续在深圳推进落实。一年时间，转瞬即逝。熔铸着学校与企业、导师与学生心血的成果，书籍即将付印，展览即将举行。此时，心情颇为复杂，亦深觉旁观者之言颇有道理。校企联合，学校与企业各有诉求，难为站长和导师们，克服自身工作任务繁重，抽出大量时间指导学生成长和推进工作站的运行，此情此义，感人至深！

各位进驻工作站的研究生们，其间的蜕变与感受自然甚深，在此也对他们的收获与成长表示祝贺！

本书能够在这么紧张的时间内出版，除了作者们的努力，更要感谢中国建筑工业出版社的慧眼，感谢李东禧先生的鼎力支持！

“非关乎钱，关乎梦想！”

最后，我想借用工作站（企业）站长肖平先生的这句话，来彰显我们共同的决心和信心！期待工作站能为深化研究生教育改革树立典范，希望工作站能为设计行业树立发展标高！同时，本书亦是一本“有温度”的书，希望大家喜欢。

2015 年 5 月

图书在版编目（CIP）数据

寻 环境设计学科研究生校企联合培养的探索与实践 / 潘召南，肖平等著. —北京 ：中国建筑工业出版社，2015.5
ISBN 978-7-112-18058-5

Ⅰ. ①寻… Ⅱ. ①潘…②肖… Ⅲ. ①环境设计—研究生教育—产学合作—研究—中国 Ⅳ. ①TU-856 ②G643

中国版本图书馆CIP数据核字（2015）第079100号

责任编辑：李东禧 唐 旭 张 华
特约编辑：刘珊珊
书籍设计：汪宜康 陈奥林
责任校对：李美娜 陈晶晶

寻 环境设计学科研究生校企联合培养的探索与实践
潘召南 肖平 等著
*
中国建筑工业出版社出版、发行（北京西郊百万庄）
各地新华书店、建筑书店经销
恒美印务（广州）有限公司印制
*
开本：889×1194毫米 1/20 印张：13 字数：350千字
2015年5月第一版 2015年5月第一次印刷
定价：78.00元
ISBN 978-7-112-18058-5
（27315）